# HTML5 & CSS3

## 標準デザイン講座 第2版

〈 flexboxレイアウト／レスポンシブ 対応 〉

草野あけみ 著

# 30 LESSONS
## LECTURES & EXERCISES

## 本書内容に関するお問い合わせについて

本書に関する正誤表、ご質問については、下記のWebページをご参照ください。

**正誤表** https://www.shoeisha.co.jp/book/errata/
**刊行物Q&A** https://www.shoeisha.co.jp/book/qa/

インターネットをご利用でない場合は、FAXまたは郵便にて、下記にお問い合わせください。電話でのご質問は、お受けしておりません。

〒160-0006　東京都新宿区舟町5　（株）翔泳社　愛読者サービスセンター
FAX番号 03-5362-3818

※本書に記載されたURL等は予告なく変更される場合があります。
※本書の出版にあたっては正確な記述につとめましたが、著者や出版社などのいずれも、本書の内容に対してなんらかの保証をするものではなく、内容やサンプルに基づくいかなる運用結果に関してもいっさいの責任を負いません。
※本書に掲載されているサンプルプログラムやスクリプト、および実行結果を記した画面イメージなどは、特定の設定に基づいた環境にて再現される一例です。
※本書に記載されている会社名、製品名はそれぞれ各社の商標および登録商標です。

# はじめに

はじめまして。草野あけみと申します。フリーのコーダーをやりつつ、初心者向けのコーディングセミナー講師などをやっています。このたび、2015年に刊行した前著『HTML5&CSS3 標準デザイン講座』を、改訂させていただくことになりました。

本書が主に対象としているのはこれまでと同様、「Webサイト制作スキルをゼロから身につけたい方」「これからWeb制作の現場を目指す方」および「既にWeb制作の現場についているが実務に活かせる正しい知識・技術を基礎からしっかり学び直したい方」です。全てのWeb制作の土台となるHTMLとCSSの知識と技術を基礎からしっかり解説することを重視している点はこれまでと変わりません。

今回の改訂では、ここ数年の制作環境の変化（特にIE10以前のバージョンのサポート終了）を踏まえ、原則としてIE11以降＋最新のモダン環境を対象とした内容に教材を整理・統合しました。また、flexbox、gridレイアウト、といった新しいWebレイアウト技術についても、これからのWeb制作の主流となるものとして初心者の方にも分かりやすいように解説を加えています。gridレイアウトについては本書ではまだ補講扱いですが、flexboxについては既にWeb制作の現場ではfloatに代わる主要なレイアウト手法として定着してきていますので、本書においてもそれを踏まえて教材の内容を調整しております。

最初に標準デザイン講座シリーズで執筆させていただいた2012年からの8年間で、Web制作をめぐる技術や環境は大きく変わりました。そして今も日々新しい技術や環境が登場しています。これからWeb制作の勉強を始める方は、数年おきにドラスティックに変化するWeb制作の知識・テクニックに関する膨大な情報の中から「今必要な、使える情報は何か？」ということを見つけ出す必要があるのですが、初心者の方にとっては多くの場合そのこと自体が困難です。

本書は、ちまたにあふれる膨大な情報を適切に切り取って「現実に即した、今必要な技術とノウハウ」を初心者の方に提供することを主眼においています。そのため「最先端の技術を知りたい！」という方には少々物足りないかもしれません。しかしその分、現在のWeb制作の現場でスタンダードとされているHTML5/CSS3/マルチデバイス対応/レスポンシブといった知識とテクニックをこれから始める方が無理なく学べるよう、基礎から応用まで徐々にレベルアップするように構成しています。

この本を通じて一人でも多くの方が「今すぐ、そしてこれからも使えるベーシックな技術とノウハウ」を身につけ、広大なWeb制作の世界を渡っていく足がかりとしていただけたら幸いです。

最後に、改訂版執筆の機会を与えてくださった翔泳社の関根様、いつものセミナー内容を元に書籍化することを快く了承してくださったサポタントの橋和田様、様々な現場のノウハウ・テクニックを公開してくださっている全てのWeb関係者の方々、そして陰で支えてくれた家族に感謝の意を表します。ありがとうございました。

2019年2月
草野あけみ

# CONTENTS

## CHAPTER01　HTMLで文書を作成する

| LESSON01 | HTMLの概要 | 14 |
| LESSON02 | HTML文書のマークアップを考える | 20 |
| LESSON03 | ブロックレベルの基本タグの使い方と文法ルール | 32 |
| LESSON04 | テキストレベルの基本タグの使い方と文法ルール | 42 |

## CHAPTER02　CSSで文書を装飾する

| LESSON05 | CSSの概要 | 56 |
| LESSON06 | 基本的なプロパティの使い方 | 63 |
| LESSON07 | 基本的なセレクタの使い方 | 75 |
| LESSON08 | 背景画像を使った要素の装飾 | 92 |
| LESSON09 | CSSを使った要素の装飾 | 102 |
| LESSON10 | 初歩的な文書のレイアウトとボックスモデル | 109 |

## CHAPTER03　表組みとフォーム

| LESSON11 | 表とフォームを設置する | 124 |
| LESSON12 | 表組みと入力フォームのスタイリング | 137 |

## CHAPTER04　CSSレイアウトの基本

| LESSON13 | floatレイアウト | 150 |
| LESSON14 | positionレイアウト | 167 |
| LESSON15 | flexboxレイアウト | 178 |
| 補講 | CSS gridレイアウト | 201 |

## CHAPTER05　本格的なHTML5によるマークアップを行うための基礎知識

| LESSON16 | セクション関連の新要素 | 208 |
| LESSON17 | 新しいカテゴリとコンテンツ・モデル | 219 |

| | | |
|---|---|---|
| LESSON18 | その他の新要素と属性 | 225 |

## CHAPTER06　思い通りにデザインするためのCSS3基礎知識

| | | |
|---|---|---|
| LESSON19 | CSS3 セレクタ | 232 |
| LESSON20 | CSS3 の装飾表現 | 245 |
| LESSON21 | 変形・アニメーション | 271 |
| LESSON22 | メディアクエリ | 288 |

## CHAPTER07　マルチデバイス対応の基礎知識

| | | |
|---|---|---|
| LESSON23 | デバイスの特性を理解する | 298 |
| LESSON24 | モバイル対応 Web サイト制作の基礎知識 | 312 |

## CHAPTER08　レスポンシブサイトの設計と下準備

| | | |
|---|---|---|
| LESSON25 | レスポンシブサイトの画面設計 | 322 |
| LESSON26 | スムーズに制作するためのコーディング設計 | 329 |

## CHAPTER09　レスポンシブサイトのコーディング

| | | |
|---|---|---|
| LESSON27 | ベースのテンプレートを準備する | 354 |
| LESSON28 | ベースとなるスマートフォン向け画面のコーディング | 362 |
| LESSON29 | メディアクエリを使ったレイアウトの調整 | 371 |
| LESSON30 | マルチデバイス対応を意識した各種デザイン実装 | 381 |
| 補講 | レスポンシブにまつわる各種 TIPS | 391 |

---

**学習用サンプルファイルおよび会員特典について**

本書で使用するサンプルファイルは、以下のサイトからダウンロードできます。
URL https://www.shoeisha.co.jp/book/download/9784798158136/

さらに、もっと学びたい方のために会員特典（PDF）を用意しました。
以下からダウンロードしてください（会員登録が必要です）。
URL https://www.shoeisha.co.jp/book/present/9784798158136/

ORIENTATION

 レッスンを始める前に

##  準備するもの

　HTML+CSSの学習をするには特別なソフトは必要ありません。最低限、テキストエディタとブラウザがあればOKです。作成したWebサイトをインターネット上に公開するためには、レンタルサーバの契約と、サーバへデータを転送するためのFTPソフトが必要になりますが、勉強するだけなら自分のパソコンだけあれば大丈夫です。

### テキストエディタ

　Webページはテキストエディタを使ってソースコードを書くことで作ります。Windowsの方はメモ帳、Macの方はテキストエディットなどのOS標準エディタが付属していますが、これらはWebサイトの制作をするには機能不足であるため、別途テキストエディタをインストールすることをおすすめします。また、Web開発専用の高機能エディタであれば、入力補完機能などの便利な機能を利用できるので、より効率的な制作ができます。

● 一般のテキストエディタ

| Windows | Mac |
| --- | --- |
| サクラエディタ（無料）<br>http://sakura-editor.sourceforge.net/ | CotEditor（無料）<br>https://coteditor.com/ |
| TeraPad（無料）<br>https://tera-net.com/library/tpad.html | mi（無料）<br>http://www.mimikaki.net/ |

● Web開発専用の高機能エディタ

| Windows | Mac |
| --- | --- |
| Brackets（無料）　　http://brackets.io/<br>※このエディタが扱える文字コードはUTF-8のみです。 | |
| Atom（無料）<br>https://atom.io/ | |
| Sublime Text（有料 $80／機能制限なしで試用可能）<br>http://www.sublimetext.com/<br>※各種設定を行うにはコンソール／ターミナルの利用が必須となります。 | |
| Crescent Eve（無料）<br>http://www.kashim.com/eve/ | Coda2（有料 ¥9,800）<br>https://panic.com/jp/coda/ |

※URL、価格は2019年1月時点の情報です。

> **Memo**
> ホームページ・ビルダーやAdobe Dreamweaverなどのホームページ作成ソフトをお持ちの方はそれらを利用しても結構です。ただし、本書はソースコードを手打ちすることが前提ですので、学習の際には各ソフトのソースコード入力画面をご利用ください。

006

## ブラウザ

### ▶ 確認用ブラウザのインストール

　Windows 標準のブラウザは Internet Explorer（IE）（Windows 10 以降は Edge）、macOS 標準のブラウザは Safari ですが、それ以外に Google Chrome、Firefox、Opera などの主要なブラウザがあります。Web サイトを制作する場合はできるだけ多くのブラウザをインストールして表示の確認をすることが望ましいと言えます。本書では Windows・Mac 両対応で、世界シェアの大きい Google Chrome を確認用ブラウザとして使用しますので、インストールしていない場合は以下からダウンロードしてインストールしてください。

### ▶ Google Chrome 公式サイト
URL https://www.google.com/intl/ja/chrome/

### ▶ Mac 環境での IE・Edge などの表示確認

　Mac 環境の方が IE や Edge の表示確認をする場合は、基本的に「Mac 上に仮想 Windows 環境を構築する」方法がおすすめです。
　特に Microsoft が提供している「Modern.IE」を使えば、Mac 上に複数バージョンの Windows+IE 環境を無料で構築できます。Modern.IE のインストール・利用方法はインターネット上に情報がありますので、余裕のある方は Windows 環境構築をしてみましょう。
　ただし、本書の内容を学習するにあたって IE がないと困る場面はほとんどありませんので、無理に環境構築する必要はありません。

> Memo: Modern.IE を利用するには VMwareFusion（有料）・Parallels Desktop（有料）・VirtualBox（無料）などの仮想化ソフトが必要となります。

## 拡張子の表示

　Web 制作で扱うファイルはアイコンだけでは種類を判別できないものが多いため、拡張子（.txt や .html などファイルの末尾に記す識別子）を表示する設定にしておく必要があります。

### ▶ Windows 10 ／ 8 の場合

　目的のフォルダを開いて、「表示」タブ＞「表示／非表示」欄の「ファイル名拡張子」にチェックを入れる。

「ファイル名拡張子」にチェックを入れる

▶ Mac の場合

Finder ＞環境設定＞詳細＞「すべてのファイル名拡張子を表示」にチェックを入れる。

「すべてのファイル名拡張子を表示」にチェックを入れる

## HTML と CSS に触れてみる

　本格的に HTML+CSS の勉強を始める前に、Web ページがどういう仕組みで作られているのか実際に作って触れてみることで、これから勉強することの大まかなイメージをつかんでみましょう（このパートは、初めて HTML に触れる人のためのウォーミングアップです。これまでに一度でも自分で HTML や CSS を書いたり勉強したりしたことのある方は飛ばして Chapter01 から読み進めていただいて結構です）。

### HTML を書いてみる

HTML を書く簡単な流れを体験するため、まずは以下の手順通りに書いてみましょう。

#### 1 新規 HTML ファイルを作成する

　エディタで新規ファイルを作成し、index.html という名でデスクトップに保存します。ファイル名は必ず全て半角英数字でつけてください。

#### 2 最低限必要な HTML の骨組みを書く

　HTML はタグというしるしを使って書いていきます。タグは全て半角で記述します。また、HTML タグは原則として開始タグと終了タグがセットになっていて、<html> に対応する終了タグは </html> というように、終了タグには「/（スラッシュ）」がつきます。

```
<html>
<head>
</head>
<body>
</body>
</html>
```

008

## 3 HTML 文書にタイトルをつける

`<head>` と `</head>` の間にタイトルタグを追加して上書き保存します。

```
<html>
<head>
<title>HTMLの練習</title>
</head>
<body>
</body>
</html>
```

## 4 ブラウザでタイトル表示を確認する

ブラウザで新規ウィンドウを開き、直接 index.html をドラッグ＆ドロップします。

ブラウザ最上部のタイトルバーの部分に先程記述した `<title>` タグのテキストが表示されます。

## 5 コンテンツを記述する

`<body>` と `</body>` の間に、次のテキストを入力して上書き保存してから、ブラウザで表示を確認します。

```
<html>
<head>
<title>HTMLの練習</title>
</head>
<body>
はじめてのHTML
今日はじめてHTMLを書きました。
</body>
</html>
```

## 6 ブラウザでコンテンツ表示を確認する

ブラウザに表示させると、`<body>` から `</body>` の間に書いた文字はウィンドウに表示されます。しかし改行されずに1行になってしまいました。

## 7 コンテンツを HTML タグで意味付ける

見出しと文章それぞれを、次の HTML タグで囲みます。

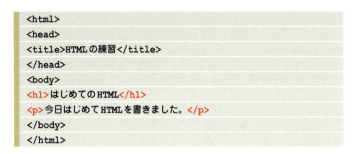

Memo：<h1> は見出し、<p> は段落（文章）という意味を与えるタグです。

## 8 ブラウザでコンテンツ表示を再度確認する

ブラウザに表示させると今度は見出しと文章がそれぞれ 1 行で表示され、見出しの方は文字が大きく表示されました。

Memo：<h1> タグによって「見出し」という意味が与えられたので、ブラウザがそれにふさわしい形で表示してくれるようになりました。

このように、HTML 文書は HTML タグというものを使って記述されています。手順 2 で記述したものが HTML 文書としての最低限の骨格で、<head> から </head> の中にその文書の補足情報、<body> から <body> の中に文書のコンテンツ本体を記述します。<body> から </body> の中に書いたものが実際にブラウザのウィンドウに表示されます。HTML は「文書」なので基本的にコンテンツはテキストが主体になります。それらのテキストも全て役割に応じて何らかの HTML タグの中に入れていくことになります。

### CSS で装飾してみる

コンテンツを HTML タグ（例えば h1 など）で囲むとそれなりに見た目も作ってくれますが、HTML は本来見た目を作るものではありません。HTML 文書の見た目（デザイン）をコントロールするのは CSS の役割になります。

簡単な CSS を使って HTML 文書を装飾してみましょう。

## 1 &lt;head&gt; 内に CSS を記述するためのスペースを確保する

```
<head>
<title>HTMLの練習</title>
<style>
</style>
</head>
```

## 2 見出しの文字を赤くするための記述を書く

&lt;style&gt;〜&lt;/style&gt; の中に h1 タグで囲まれた文字の色を赤くするための CSS を書きます。color と red の間は「:（コロン）」、行末は「;（セミコロン）」です。これらは全て半角英数字で記述する必要があります。

```
<style>
    h1{color:red;}
</style>
```

## 3 上書き保存してブラウザで表示する

「はじめての HTML」という &lt;h1&gt; タグで囲った部分の文字色が赤くなれば CSS によるデザイン変更は成功です。

このように、CSS は HTML 文書の中の特定の領域を HTML タグを手がかりに指定し、その部分の様々な属性（文字の色や大きさ、背景や枠線など）の設定を変更することで見た目のコントロールを行います。実際の Web サイトはもっとコンテンツが多く内容も複雑ですが、HTML と CSS で行っていることの基本は全く同じです。

ここではごく簡単に Web ページ作成の流れを体験しました。Chapter01 から本格的に HTML・CSS の学習を進めていくことになりますが、少し難しいなと感じたらこの Orientation で体験した HTML と CSS の基本を思い出してください。

## Column

### Web サーバと FTP

ローカル環境（自分のパソコンの中）で作成した Web ページをインターネット上で公開するためには、「Web サーバ」とそこにファイルを転送するための「FTP ソフト」が必要になります。本書ではこの作業は必要ありませんが、作ったものを公開する場合にはこの 2 つを用意する必要があるので注意してください。

### Web サーバ

Web サーバは通常、共有サーバをレンタルします。無料のものもありますが、広告が表示されたり商用利用不可のものもありますので、利用条件をよく読んで選んでください。有料のものは容量や使える機能などに応じて月額数百円程度から契約できます。ホームページを公開するだけなら無料でも十分ですが、将来的にブログ構築やプログラミングなどをやりたい方はそれらに対応できるサービスを契約しておいた方が良いでしょう。

```
【サーバレンタルサービスの例】
・FC2（無料）                http://web.fc2.com/
・TOYPARK（無料）           http://www.toypark.in/
・ロリポップ！（有料）       http://lolipop.jp/
・さくらインターネット（有料） http://www.sakura.ne.jp/
```

### FTP ソフト

FTP ソフトはインターネット回線を通じて Web サーバにローカルのファイルを転送するためのソフトです。高機能な有料のものもありますが、無料のものでも特に問題はありません。自分が使いやすいと思うものを選択すれば良いでしょう。Dreamweaver やホームページ・ビルダーなどには標準機能として備わっています。

```
【Windows 用】
・FFFTP（無料）      http://sourceforge.jp/projects/ffftp/
・FileZilla（無料）   http://sourceforge.jp/projects/filezilla/
・WinSCP（無料）     https://ja.osdn.net/projects/winscp/
```

```
【Macintosh 用】
・Cyberduck（無料）  http://cyberduck.io/
・FileZilla（無料）   http://sourceforge.jp/projects/filezilla/
・Fetch（有料）      https://fetchsoftworks.com/fetch/
・Transmit（有料）   http://www.panic.com/jp/transmit/
```

# CHAPTER 01

## HTMLで文書を作成する

LESSON 01

02

03

04

最初の章では、HTML本来の役割をしっかり理解し、正しいHTMLが書けるように基本ルール全般について学習していきます。HTML自体は難しいものではありませんが、やみくもに書くのではなく、HTMLの持つ役割をしっかり意識しながら書くことが重要です。本章では、簡単なサンプル文書をHTML化することを通して、HTMLの基礎知識全般について学習します。

CHAPTER 01　HTML で文書を作成する

LESSON
01

# HTML の概要

Lesson01 では、HTML という言語の役割と基本ルールを学習します。標準規格である HTML5 を基準に解説していますが、その他の HTML 言語規格でも基本は同じです。

## 講義　HTML の役割と基本構造を理解する

### HTML の役割

　HTML（Hyper Text Markup Language）は、Web ページを作成するためのマークアップ言語の1つです。「マークアップ」とは、コンテンツの始めと終わりに「タグ」と呼ばれるしるしをつけ、その部分に何らかの「意味付け」をすることを指します。

`<p>はじめてのHTML</p>`

　例えばこの例では、開始タグ `<p>` と終了タグ `</p>` で挟まれたコンテンツに「段落」という意味を与えています。他にも見出し・段落・箇条書き・強調など、様々な意味を与えるためのタグがあります（詳しくは Lesson02 以降で解説します）。こうした様々なタグでテキストに意味付けをしていくこと（マークアップすること）で、コンピュータでも利用しやすい文書情報を作ることが HTML の役割です。

### HTML の基本構文

▶ 要素（Element）

　開始タグと終了タグに囲まれた範囲のことを「要素」と呼びます。次の例では `<p>` と `</p>` がタグ、それに挟まれた全体が要素です。要素は HTML を構成する最も基本的な単位になります。

# HTMLの概要

図 01-1 タグと要素

## ▶ 属性（Attribute）

要素に対する様々なオプション設定のような役割を持つのが「属性」です。各要素に共通な属性もあれば、特定の要素にしか存在しない属性もあります。次の例では a 要素に href 属性が設定されています。a 要素の意味は「ハイパーリンク」ですが、href 属性でそのリンク先情報を指定しています。

図 01-2 属性

## HTML 文書の基本構造

HTML 文書の基本的な構造は、html 要素の中に head 要素と body 要素が入っているというものになります。また、html 要素が始まる前の文書冒頭に DOCTYPE 宣言と呼ばれるものを記述することで、その文書で使用する HTML の種類を指定します。

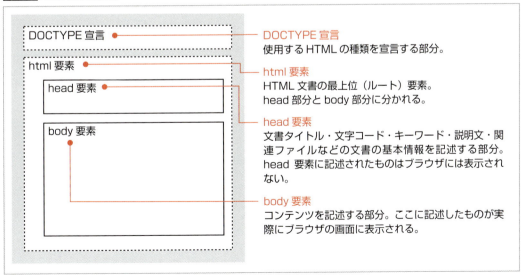

図 01-3 HTML 文書の構造図

## ドキュメントツリー

HTML 文書は要素の入れ子によって構成されています。その状態をツリー状に表したものがドキュメントツリーで、ある要素の上位（外側）にある要素を親要素、下位（内側）にある要素を子要素と呼びます。

図 01-4 要素の入れ子とドキュメントツリー

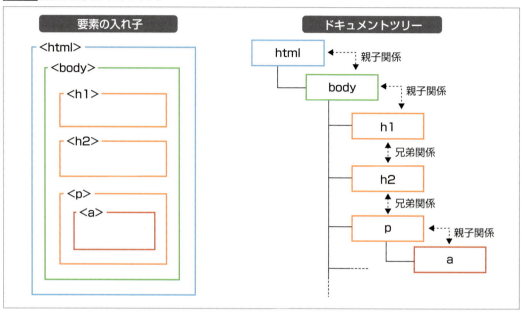

## DOCTYPE 宣言（文書型宣言）

DOCTYPE 宣言とは、どのバージョンの HTML 言語で作成されているのか（ドキュメントタイプ）を明示するためのもので、HTML 文書の冒頭に記述する決まりとなっています。現在の標準規格は HTML5 ですので、特別な理由がなければ <!DOCTYPE html> を使用します。使用する HTML の規格によって DOCTYPE の書き方は厳密に決められていますので、選択した HTML の言語規格に応じた正しい DOCTYPE を入れるようにしましょう。

表 01-1 HTML のバージョン

| 言語規格 | | DOCTYPE 宣言 |
| --- | --- | --- |
| HTML5 | | `<!DOCTYPE html>` |
| HTML4.01 | Strict | `<!DOCTYPE HTML PUBLIC "-//W3C//DTD HTML 4.01//EN" "http://www.w3.org/TR/html4/strict.dtd">` |
| | Transitional | `<!DOCTYPE HTML PUBLIC "-//W3C//DTD HTML 4.01 Transitional//EN" "http://www.w3.org/TR/html4/loose.dtd">` |
| XHTML1.0 | Strict | `<!DOCTYPE html PUBLIC "-//W3C//DTD XHTML 1.0 Strict//EN" "http://www.w3.org/TR/xhtml1/DTD/xhtml1-strict.dtd">` |
| | Transitional | `<!DOCTYPE html PUBLIC "-//W3C//DTD XHTML 1.0 Transitional//EN" "http://www.w3.org/TR/xhtml1/DTD/xhtml1-transitional.dtd">` |

## Column

### HTML5 以外の HTML 規格について

現在、HTML と言えば HTML5 が主流であり、Web サイト制作における標準規格となっていますが、世の中には HTML5 より古い規格の HTML で記述された Web サイトも数多く残っています。特に、Web サイトの商用利用が盛んになった 1990 年代後半から 2000 年代初頭に仕様が整備された「HTML4.01」と、その後 2000 年代半ばから 2010 年代前半頃に Web 制作現場での標準規格化が進んだ「XHTML1.0」という 2 つの HTML 規格については、現在でも一部のサイトで現役で使われ続けています。

本書はこれから新しく HTML を勉強しようとする方を対象としていますので、過去の規格である HTML4.01 や XHTML1.0 については基本的に特に解説はしていませんし、これから始める方の多くはこれら古い規格について詳細に知る必要もないと考えます。

ただし、HTML4.01 や XHTML1.0 といったバージョン違いの HTML 規格が存在するという事実は知っておいた方が良いと思います。

その HTML 文書がどのバージョンの HTML で記述されているのかという情報は DOCTYPE 宣言を見れば分かりますので、既存サイトのメンテナンス等をする必要がある場合にはまずここをチェックするようにしましょう。

なお、HTML4.01 や XHTML1.0 であっても基本的な役割や文法などは HTML5 と変わりませんが、使えるタグの種類や一部の文法ルールなどが HTML5 とは若干異なります。もし古い規格の HTML を触る必要がある場合には、別途検索して調べるなど、少し勉強が必要になりますので注意してください。

## html 要素

html 要素は HTML 文書の最上位（ルート）の要素であり、文書全体を包括する要素となります。html 要素には一般的に lang 属性（文書の言語コード）を記述するのが慣例となっています。代表的な言語コードは ja（日本語）、en（英語）、zh（中国語）などです。

```
<html lang="ja">
```

**Memo**
【主な言語コード】
en（英語）ja（日本語）zh（中国語）ko（韓国語）fr（フランス語）de（ドイツ語）it（イタリア語）es（スペイン語）pt（ポルトガル語）ru（ロシア語）hi（ヒンディー語）など

## head 要素

HTML 文書のタイトル、文字コード、キーワード等、文書の補足情報を記載するのが head 要素です。CSS や JavaScript などの外部読み込みファイルの指定、検索エンジン向けの情報など、様々な情報を必要に応じて記述します。

```
<head> 〜 </head>
```

### title 要素

　title 要素はその名の通り HTML 文書のタイトルを表します。title 要素は SEO 対策の面でも非常に重要であり、全ての HTML 文書はその内容を適切に表す文言を title 要素に設定する必要があります。

```html
<title>文書タイトル</title>
```

### meta 要素

　meta 要素は、文字コード・文書の概要・キーワードなど、ブラウザ画面には表示されない文書情報を記述するための要素です。主な meta 情報は以下の通りです。

```html
<meta charset="utf-8">
<meta name="description" content="文書の概要が入ります">
<meta name="keywords" content="キーワードA, キーワードB">
```

### 文字コードの指定

　HTML 文書では、head 要素の中で必ず文字コードの指定を行う必要があります。
　文字コードの指定方法は、前述の通り

```html
<meta charset="utf-8">
```

という短い書式で記述する他、

```html
<meta http-equiv="Content-Type" content="text/html; charset=UTF-8">
```

のように長い書式で指定することもできます。まれにこの書式が使われることもありますので、覚えておきましょう。

　文字コードで注意することは、HTML ファイルの実際の文字コードと、meta 要素の文字コード指定を必ず一致させるということです。もしここが一致していないと、ブラウザで表示したときに文字化けしてしまう原因になります。実際の文字コードが何であるかということは、多くの場合使っているテキストエディタのどこかに表示がありますのでそこで確認します。

> **Caution**
> Brackets (http://brackets.io/) や Sublime Text (https://www.sublimetext.com/) など、比較的最近登場した Web 開発専用エディタの中には utf-8 しか扱えないものも存在します。詳しくはお使いのエディタのマニュアル等を確認してください。

# HTMLの概要

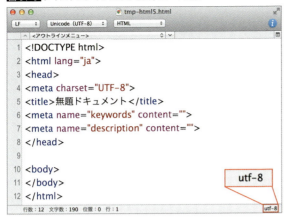

図 01-5 テキストエディタにおける文字コード表示

Memo: テキストエディタには「改行コード」の設定もありますが、HTML文書では文書の改行コードを指定するところは特にありませんので、Windows標準のCR+LFと、Mac/UNIX標準のLFのどちらで作成しても構いません。

　もしも使いたい文字コードとは異なる文字コードになっていた場合は、保存時に文字コードの種類を選べるタイプのテキストエディタで保存し直すか、文字コードを一括変換するフリーソフトなどを利用して変更しておきましょう。

　ちなみにWindows標準の文字コードはShift-JISですが、近年のWeb制作では文字コードにutf-8を選択することが標準となっていますので、特別な理由がない場合は文字コードはutf-8で作成するようにしましょう。

## ひな型コードサンプル

　以下に次のLesson02で使用するひな型のソースコードを掲載しておきます。各要素が何を意味するのかをしっかり理解した上で、このくらいのシンプルなひな型であれば1から全部自分で書けるようにすると良いでしょう。

```
<!DOCTYPE html>
<html lang="ja">
<head>
<meta charset="utf-8">
<title>無題ドキュメント</title>
<meta name="keywords" content="">
<meta name="description" content="">
</head>

<body>
</body>
</html>
```

**Point**
- HTMLの役割は、文字列に文書情報としての「意味付け」をすること
- 使用するマークアップ言語の種類をDOCTYPE宣言で指定する
- HTMLのひな型コードの意味をしっかり理解する

CHAPTER 01　HTMLで文書を作成する

# LESSON 02　HTML文書のマークアップを考える

Lesson02では、簡単なサンプル文書を例にして原稿テキストから文書構造を読み取り、マークアップを考える練習をしていきます。ここでは、文書構造を読み取る際のヒント、および代表的なHTML要素の定義などについて解説します。

chapter01 ▶ lesson02 ▶ before ▶ index.html

## 実習　文書構造をマークアップする

### HTML文書のひな型を使って文書のベースを作る

サンプルのlesson02/beforeフォルダには、原稿テキスト（text-index.txt）とHTMLのひな型データ（index.html）が入っています。ひな型データにはDOCTYPE宣言をはじめHTML文書として必要な「お約束」の記述が既に用意されています。このひな型を使ってHTMLの土台である文書構造を作っていきます。

**1　ひな型ファイルを開き、中身を確認する**

```
1  <!DOCTYPE html>
2  <html lang="ja">
3  <head>
4  <meta charset="UTF-8">
5  <title>無題ドキュメント</title>
6  <meta name="keywords" content="">
7  <meta name="description" content="">
8  </head>
9
10 <body>
11 </body>
12 </html>
```

lesson02/beforeフォルダ内のindex.htmlをテキストエディタで開きます。

HTMLでは<body>〜</body>の中に書かれたものしかブラウザのウィンドウには表示しないことが分かります。

## 2 文書タイトルを変更する

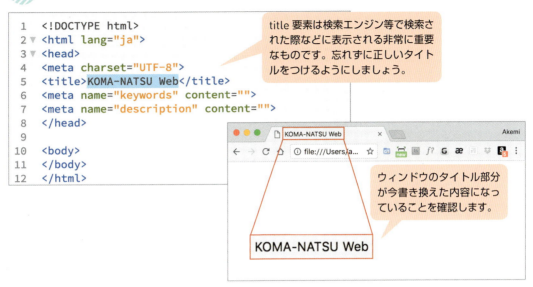

## 3 meta要素にキーワードと説明文を設定する

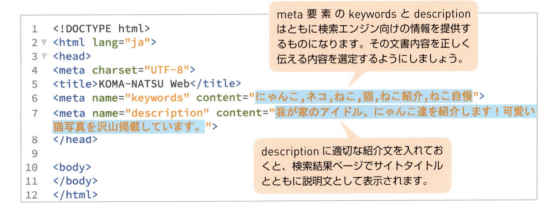

## 4 テキスト原稿を流し込む

> 原稿テキストの中身を index.html の <body>～</body> にコピー&ペーストして保存します。原稿中の区切り線 /*---------------------*/ は、コンテンツの区切りが分かりやすいように仮に入れておいたものですので、最終的には削除します。

```html
1  <!DOCTYPE html>
2  <html lang="ja">
3  <head>
4  <meta charset="UTF-8">
5  <title>KOMA-NATSU Web</title>
6  <meta name="keywords" content="にゃんこ,ネコ,ねこ,猫,ねこ紹介,ねこ自慢">
7  <meta name="description" content="我が家のアイドル、にゃんこ達を紹介します！可愛い猫写真を沢山掲載しています。">
8  </head>
9  
10 <body>
11 KOMA-NATSU Web
12 
13 我が家のアイドル、にゃんこ達を紹介します！
14 
15 ・はじめに
16 ・我が家のにゃんこ
17 ・飼い主紹介
18 
19 /*-----------------------------*/
20 
21 はじめに
22 ご訪問ありがとうございます。
23 このページは我が家の可愛い黒猫・白猫姉妹を紹介する親馬鹿ホームページです。可愛い写真を沢山掲載していますので、楽しんでいってくださいね。
24 ※掲載している写真の無断転用・転載はご遠慮ください。
25 
26 /*-----------------------------*/
27 
28 我が家のにゃんこ
29 
30 ●小町（こまち・♀）
31 ［写真］
32 生後2ヵ月弱で我が家にやってきた長女・小町。
33 生粋の箱入り娘なので超人見知りでビビり。人見知りすぎて玄関チャイムが「ピンポーン」と鳴った瞬間にダッシュで消えるため、家族以外にとっては「幻の猫」。
34 →もっと見る
35 
36 ●小夏（こなつ・♀）
37 ［写真］
38 小町のお友達に、と1年後に貰われてきた次女・小夏。
39 埼玉県飯能市の炭鉱で生まれ育った元野生児。小町とは対照的に天真爛漫で社交的。よく食べ、よく遊び、よく眠る元気いっぱいな女の子。
40 →もっと見る
41 
42 /*-----------------------------*/
43 
44 飼い主紹介
45 ［アバター画像］
46 H.N. ：roka404
47 仕事 ：フリーランスでWeb関係のお仕事してます
48 mail ：info@roka404.main.jp
49 Web  ：http://roka404.main.jp/blog/
50 
51 Copyright © KOMA-NATSU Web All Rights Reserved.
52 </body>
53 </html>
```

> **Caution** コンテンツとして画面に表示させたい内容は、全て <body>～</body> の中に記述しなければなりません。

## 原稿の文書構造を考える

### 1 マークアップ前のHTML文書を確認する

　メタ情報と原稿テキストを流し込んだindex.htmlをブラウザで確認してみると、次のように表示されます。

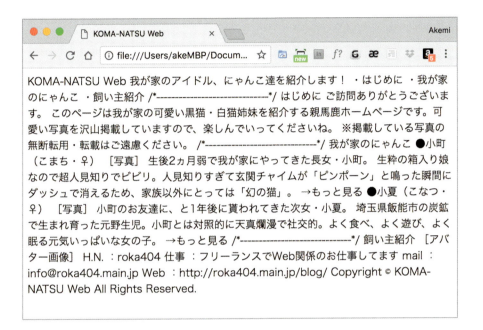

　コンテンツ部分が一切HTMLタグでマークアップされていないため、このように改行もなくダラダラと文字が連なる形で表示されてしまいます。この状態では「この文書のタイトルはどこですか？」「見出しとそれに関連する内容はどこからどこまでですか？」「どこがメニューでどこがコンテンツですか？」などと聞かれても、読み解くことは困難です。

　このように正しくマークアップされていないHTML文書はコンピュータからすると分析困難なただの文字の固まりであり、情報としては非常に利用しづらいものになってしまっています。そこで制作者はHTMLタグを使って==コンテンツを適切に意味付け==し、コンピュータからでも構造が解析しやすいものにする必要があります。これがHTMLを書く＝「マークアップする」ことの意味です。適切にマークアップされたHTML文書は、音声ブラウザでも内容を正しく読みあげやすくなるため、アクセシビリティの向上にもつながります。

> **Memo**
> **アクセシビリティ**
> アクセシビリティとは、特にWebサイトにおける情報やサービスへの「アクセスのしやすさ」を指します。高齢者や障がい者も含めたあらゆる人が、どのような環境からでも必要な情報にアクセスできるように構築する際に配慮すべきものになります。

## 2 原稿から文書構造を読み取る

　正しいマークアップをするためには、HTML で表現可能な範囲でその文書の情報構造（文書構造）を読み取って、それにふさわしい適切な要素を当てはめていく必要があります。これは Web ページを作る人が自分で判断する必要があります。以下に文書構造を考える際のヒントを記しましたので、これを参考に今回の原稿テキストの文書構造を考えてみましょう。

**図 02-1** 原稿テキストの文書構造

---

KOMA-NATSU Web　　　　　　　　　　　　　　　　　　　　　　　メインタイトル

我が家のアイドル、にゃんこ達を紹介します！

- ・はじめに
- ・我が家のにゃんこ　　　　　　　　　　　　コンテンツ①・②・③へのリンクメニュー
- ・飼い主紹介

/*----------------------------*/

はじめに　　　　　　　　　　　　　　　　　　　　　　　コンテンツ①「ごあいさつ」
ご訪問ありがとうございます。
このページは我が家の可愛い黒猫・白猫姉妹を紹介する親馬鹿ホームページです。
可愛い写真を沢山掲載していますので、楽しんでいってくださいね。
※掲載している写真の無断転用・転載はご遠慮ください。

/*----------------------------*/

我が家のにゃんこ　　　　　　　　　　　　　　　　　　コンテンツ②「にゃんこ紹介」

●小町（こまち・♀）　　　　　　　　　　　　　　　　　1匹目紹介
[写真]
生後 2 ヵ月弱で我が家にやってきた長女・小町。
生粋の箱入り娘なので超人見知りでビビり。人見知りすぎて玄関チャイムが「ピンポーン」と鳴った瞬間にダッシュで消えるため、家族以外にとっては「幻の猫」。
→もっと見る

●小夏（こなつ・♀）　　　　　　　　　　　　　　　　　2匹目紹介
[写真]
小町のお友達に、と 1 年後に貰われてきた次女・小夏。
埼玉県飯能市の炭鉱で生まれ育った元野生児。小町とは対照的に天真爛漫で社交的。
よく食べ、よく遊び、よく眠る元気いっぱいな女の子。
→もっと見る

/*----------------------------*/

飼い主紹介　　　　　　　　　　　　　　　　　　　　　コンテンツ③「飼い主紹介」
[アバター画像]
H.N.：roka404
仕事：フリーランスで Web 関係のお仕事してます
mail：info@roka404.main.jp
Web：http://roka404.main.jp/blog/

Copyright © KOMA-NATSU Web All Rights Reserved.

## 3 見出し要素を見つけて文書の骨格を決める

　文書構造を考えるときの基本となるのが「見出し」です。「何についての情報が書かれているのか？」ということを意識しながらコンテンツの情報をグループ分けしていき、各グループの見出しにあたる部分を「見出し要素」とするようにします。見出しを表すh要素は、大見出し・中見出し・小見出しといった見出しレベルに応じて h1 から h6 までの 6 段階がありますので、見出しレベルに応じた要素を考えるようにします。また、見出し要素を h1 → h2 → h3 と入れていくと、それによって情報の「ツリー構造」が出来上がります。従って、見出しの位置とそのレベルは、文書の情報ブロックのツリー構造に合わせて設定することになります。

**図 02-2** 見出し要素によるコンテンツのツリー構造

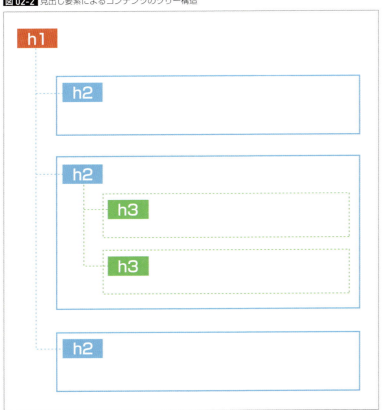

Memo　HTML では見出し要素によってその文書に含まれる情報のツリー構造＝文書構造の骨格が作られることになります。同じレベルの見出しから次の同じレベルの見出しまでが、1 つの情報の固まりとしてみなされますので、マークアップを検討する際にはその文書のコンテンツ構造をよく考え、まず「見出しをどこに置くか？」ということを最優先で検討する必要があります。

## 4 見出し以外の要素を文書構造に合わせて意味付けする

### ▶ リスト構造を探す

　見出しが決まったら、次に見つけやすいのが「箇条書きリスト」になっている情報です。コンテンツの一部として存在する場合もあるでしょうが、最も分かりやすいのは「ナビゲーション」の部分です。Webサイトは多くのHTML文書から構成されており、それらの文書を行き来しやすいように何らかのナビゲーションが設置されることが多くなります。複数の項目からなるナビゲーションの部分は、基本的にul要素またはol要素でマークアップします。また、同じ箇条書きでも、単純な項目の羅列ではなく、「項目とその説明」がワンセットとなる形の少し複雑なリスト構造もあります。この場合は「記述リスト」としてdl要素でマークアップした方がより適切です。

### ▶「文章の固まり」を探す

　見出しと箇条書きの部分が決まると、残ったものの多くは単体のテキストや、本文などの文章コンテンツとなります。こうした「ひと固まりのテキスト」部分は「段落」としてマークアップします。

### ▶ その他の情報構造を探す

　HTMLの文書構造は見出し・箇条書きリスト・段落の3種類が中心になることが多いのですが、中にはそれでは表現できないもの、他にもっと適切な要素が存在するものなどが含まれる場合があります。あらかじめどんな要素が存在するのかを理解していないとなかなか見つけられないかもしれませんが、次のよく使われる要素の一覧表と照らし合わせて、適切な要素があればそれを使用するようにします。

**表 02-1** よく使う要素一覧

| 分類 | 要素 | 用途 | 備考 | 利用頻度 |
|---|---|---|---|---|
| ブロックレベルの要素 | `<h1>`〜`</h1>` …… `<h6>`〜`</h6>` | 見出し | h1〜h6の6段階 | ★★★ |
| | `<p>`〜`</p>` | 段落 | | ★★★ |
| | `<ul>`〜`</ul>` | 箇条書きリスト（順不同） | li要素とセットで使用する | ★★★ |
| | `<ol>`〜`</ol>` | 箇条書きリスト（順序有） | li要素とセットで使用する | ★★ |
| | `<dl>`〜`</dl>` | 記述リスト | dt要素・dd要素とセットで使用する | ★★ |
| | `<table>`〜`</table>` | 表組み | tr要素、td要素などとセットで使用する | ★★ |
| | `<address>`〜`</address>` | 連絡先 | | ★ |
| | `<div>`〜`</div>` | 任意の範囲・グループ化 | | ★★★ |
| インラインレベルの要素 | `<a>`〜`</a>` | ハイパーリンク | | ★★★ |
| | `<em>`〜`</em>` | 強調 | | ★ |
| | `<strong>`〜`</strong>` | 重要な語句 | | ★★ |
| | `<img>` | 画像 | | ★★★ |
| | `<span>`〜`</span>` | 任意の範囲 | | ★★★ |

# HTML文書のマークアップを考える

> **Memo**
> この表に記載されているものはHTML5以前から存在する代表的な要素です。どのバージョンのHTMLでも必ず使う要素ですので、まずはこれらをしっかり使い分けられるようにしましょう。
> HTML5から新たに追加された新要素についてはChapter05のLesson16で詳しく紹介していますのでそちらを参照してください。

**図02-3** 基本の文書構造と使用する要素

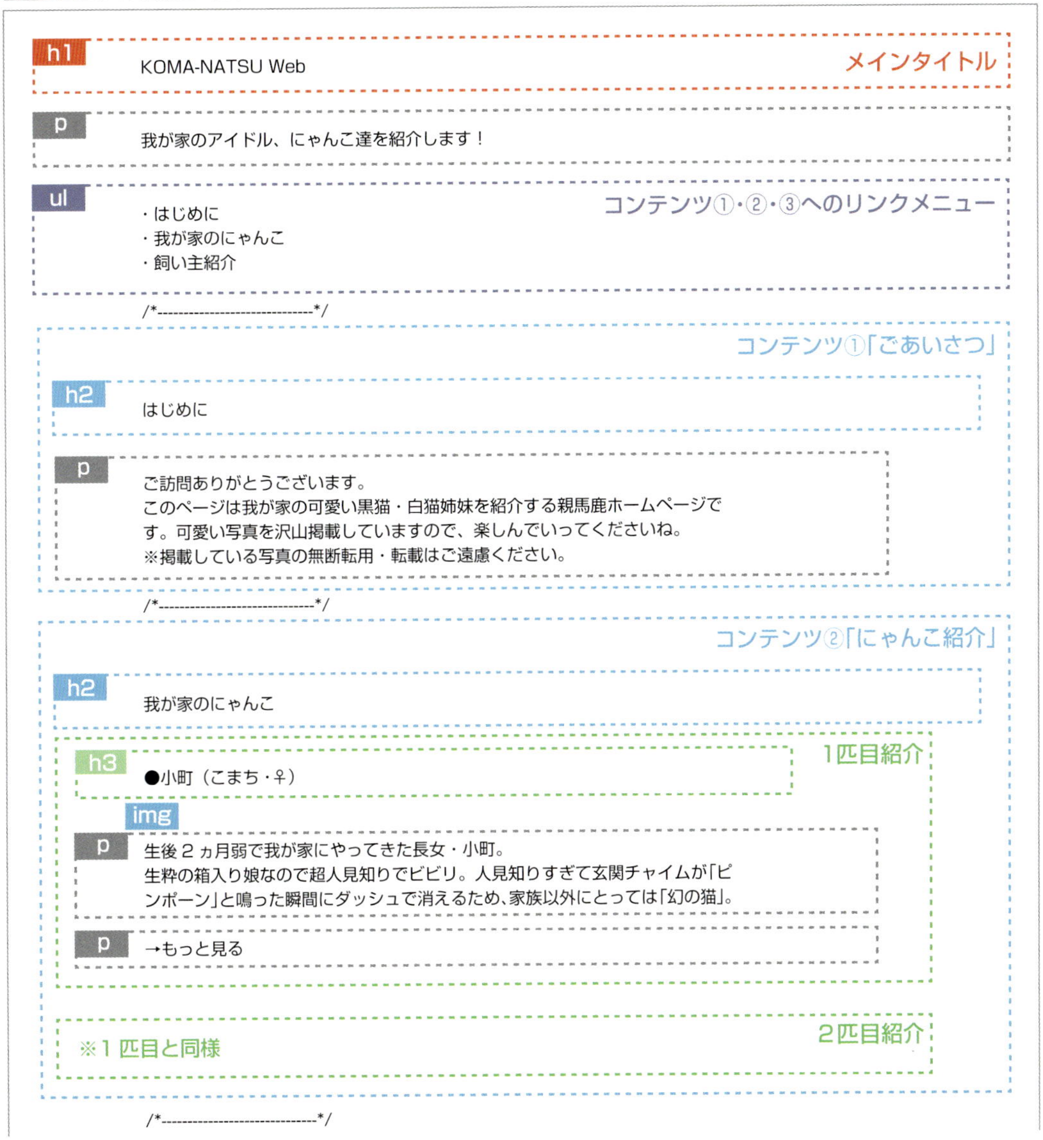

**h1** KOMA-NATSU Web　　　　　　　　　　　　　　　　メインタイトル

**p** 我が家のアイドル、にゃんこ達を紹介します！

**ul**
・はじめに
・我が家のにゃんこ　　　　　　　　コンテンツ①・②・③へのリンクメニュー
・飼い主紹介

/*--------------------*/

コンテンツ①「ごあいさつ」

**h2** はじめに

**p** ご訪問ありがとうございます。
このページは我が家の可愛い黒猫・白猫姉妹を紹介する親馬鹿ホームページです。可愛い写真を沢山掲載していますので、楽しんでいってくださいね。
※掲載している写真の無断転用・転載はご遠慮ください。

/*--------------------*/

コンテンツ②「にゃんこ紹介」

**h2** 我が家のにゃんこ

**h3** ●小町（こまち・♀）　　　　　　　　　　　1匹目紹介

**img**

**p** 生後2ヵ月弱で我が家にやってきた長女・小町。
生粋の箱入り娘なので超人見知りでビビリ。人見知りすぎて玄関チャイムが「ピンポーン」と鳴った瞬間にダッシュで消えるため、家族以外にとっては「幻の猫」。

**p** →もっと見る

※1匹目と同様　　　　　　　　　　　　　　　　2匹目紹介

/*--------------------*/

## 5 情報領域のグループ化とグループ単位での意味付けをする

　図02-3は、今回の原稿テキストを文書構造に基づいてマークアップした例です。見出し・箇条書き・段落などの個別要素は全て基本のHTMLタグで意味付けされており、これだけでもHTML文書として成立しています。しかし、HTML5ではここからさらに文書全体の構造に合わせて情報領域をグループ化し、そこに意味付けを加えていくのが一般的です。今回の文書を情報領域ごとにグループ化すると、図02-4のような形となります。

**図02-4** 情報領域のグループ化とその役割

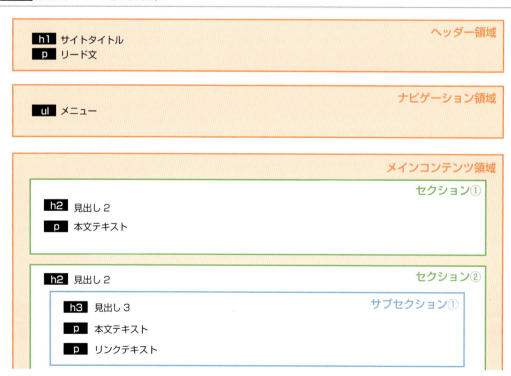

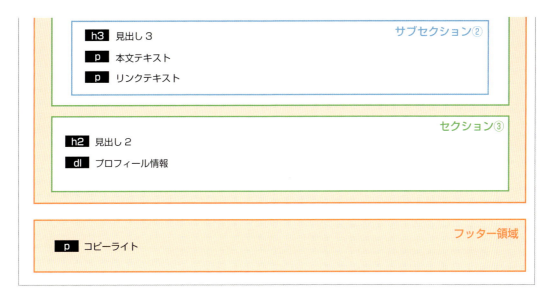

　これらの情報グループ領域については、かつてはそれを意味付けする要素が存在しなかったため、単にグループ化を表す汎用ブロック要素である div 要素でマークアップしていました。しかし HTML5 では header、footer、section 等の文書のセクション構造を表す新しい要素が追加されたため、実際の構造に合わせて適切な要素でマークアップすることが推奨されています。以下の表 02-2 に、文書のセクション構造を表す新しい要素の一覧をまとめてありますので、これを参考に各情報グループ領域をマークアップすると、図 02-5 のようになります。

> **セクション**
> セクションとは、「見出しとそれに伴うコンテンツのひと固まり」を意味しています。HTML5 では一般的な論理構造を表すセクションは section 要素になります。また特別な意味を持つセクションとして article 要素・aside 要素・nav 要素というものもあり、そのセクションの意味合いをより明確にする場合はそちらを使用します。

**表 02-2** HTML5 で追加されたセクション関連の新しい要素

| 要素 | 意味 |
| --- | --- |
| header | 文書およびセクションのヘッダー領域 |
| footer | 文書およびセクションのフッター領域 |
| main | メインコンテンツ領域 |
| section | 見出しを伴う一般的な論理構造を表すセクション |
| article | それだけで独立した自己完結したセクション |
| aside | 補足的なセクション |
| nav | ナビゲーションのセクション |

図 02-5 HTML5のセクション関連要素を使ってマークアップした例

以上のように、HTMLを書く際には、まず原稿の内容をきちんと整理・理解して、その情報構造をはっきりさせ、どのようなHTML要素で意味付けするかを考える作業が必要となります。これが「マークアップ」という作業であり、HTMLを書く工程の中で最も重要なものになります。

マークアップ作業というものは、複雑な内容になればなるほど、作る人によって違いが生じやすく、また唯一絶対の正解というものも存在しません。ですから最初は「本当にこれでいいんだろうか？」と悩むことになると思います。しかし、マークアップ本来の役割と各要素の意味をしっかり考慮して作業に取り組めばそう大きく間違った内容にはならないと思います。HTMLの文書構造はさほど厳密なものではありませんので、あまり深刻に考えず、まずは==要素の意味と照らし合わせて「不適切ではない」ことを目標に==取り組みましょう。

## Column

### div要素とセクション関連要素の使い分け

div要素というのは、特別な意味を持たない汎用的なグループ化要素です。通常、HTMLのタグでマークアップされた領域には何かしらの「意味付け」がされるのですが、div要素の場合はそのような意味付けはされません。従って、主にCSSでスタイリングすることを前提に、レイアウト・装飾適用のための枠として利用されます。

それに対してheader、footer、sectionといったセクション関連要素は、複数のタグブロックをグループ化した上で、さらに文書構造上の意味付けを行いますので、単純にレイアウト都合で枠が欲しいだけの領域にむやみに使ってはいけません。

このように、div要素とsection要素に代表されるセクション関連要素は明確に用途が違うため、適切に使い分けることが求められます。

ただし、セクション関連要素については必ず使わなければならないというものでもないため、本当はセクション関連要素でマークアップすることが望ましい領域であっても、敢えて昔のようにdiv要素で代用したとしても文法的には問題ありません。従って、グループ領域についてはまず一度全てdiv要素でマークアップしておき、慣れてきたらその中から文書構造的にきちんと意味付けした方が良いものについてはセクション関連要素で置き換えていくという手順でマークアップするようにすると良いでしょう。

なおHTML5より前の規格でマークアップする場合はそもそもセクション関連要素自体が存在しないため、グループ領域は全てdiv要素でマークアップすることになります。

## Point

- マークアップのキモはコンテンツの内容を理解して、「文書構造」を見つけること
- HTMLの文書構造の基本は「見出し」「箇条書き」「段落」
- HTML5では文書全体のセクション構造もsection要素などで適切にマークアップする

CHAPTER 01　HTMLで文書を作成する

# LESSON 03　ブロックレベルの基本タグの使い方と文法ルール

Lesson03では、Lesson02で検討したマークアップ案に沿って実際にHTMLタグを書きながら、それぞれのタグの詳しい使い方や文法ルールについて学習していきます。また、HTMLを書く上で必ず覚えておきたいマークアップのルールについても解説します。

Sample File　chapter01 ▶ lesson03 ▶ before ▶ index.html

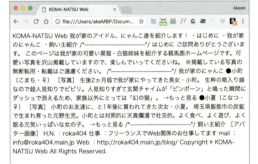

032

# 実習 ブロックレベルの基本タグの使い方

## 1 見出しをマークアップする

**図 03-1** hx 要素の基本書式

```
<h1>見出しテキスト</h1>
```

● index.html

```
10  <body>
11  <h1>KOMA-NATSU Web</h1>
12
13  我が家のアイドル、にゃんこ達を紹介します！
                    省略
21  <h2>はじめに</h2>
22  ご訪問ありがとうございます。
                    省略
28  <h2>我が家のにゃんこ</h2>
29
30  <h3>●小町（こまち・♀）</h3>
31  ［写真］
32  生後2ヵ月弱で我が家にやってきた長女・小町。
                    省略
36  <h3>●小夏（こなつ・♀）</h3>
37  ［写真］
38  小町のお友達に、と1年後に貰われてきた次女・小夏。
                    省略
44  <h2>飼い主紹介</h2>
45  ［アバター画像］
46  H.N. : roka404
```

> 記述方法は、見出しにしたいテキストの前後を <h1> コンテンツ </h1> のように開始タグと終了タグで挟むだけです。ソースを参考に必要な箇所に <h1> ～ </h1>・<h2> ～ </h2>・<h3> ～ </h3> を記述してください。

> 記述できたら一度保存してブラウザで表示を確認します。

**KOMA-NATSU Web**

我が家のアイドル、にゃんこ達を紹介します！ ・はじめに ・我が家のにゃんこ ・飼い主紹介 /*------------------------*/

**はじめに**

ご訪問ありがとうございます。このページは我が家の可愛い黒猫・白猫姉妹を紹介する親馬鹿ホームページです。可愛い写真を沢山掲載していますので、楽しんでいってくださいね。※掲載している写真の無断転用・転載はご遠慮ください。 /*------------------------*/

**我が家のにゃんこ**

●小町（こまち・♀）

［写真］ 生後2ヵ月弱で我が家にやってきた長女・小町。生粋の箱入り娘なので超人見知りでビビリ。人見知りすぎて玄関チャイムが「ピンポーン」と鳴った瞬間にダッシュで消えるため、家族以外にとっては「幻の猫」。 →もっと見る

●小夏（こなつ・♀）

［写真］ 小町のお友達に、と1年後に貰われてきた次女・小夏。埼玉県飯能市の炭鉱で生まれ育った元野生児。小町とは対照的に天真爛漫で社交的。よく食べ、よく遊び、よく眠る元気いっぱいな女の子。→もっと見る /*------------------------*/

**飼い主紹介**

［アバター画像］ H.N. ：roka404 仕事 ：フリーランスでWeb関係のお仕事してます mail ：info@roka404.main.jp Web ：http://roka404.main.jp/blog/ Copyright © KOMA-NATSU Web All Rights Reserved.

見出しが設定されたところは、文字が大きく、太字になり、改行されて前後に空白ができるのが分かります。ブラウザ側が「見出しである」ことを理解して、自動的にそれにふさわしい表示にしてくれます。なお、文字の大きさや前後の空白の状態などは後ほどCSSで自由に変更できますので、マークアップの段階では気にする必要はありません。

　見出しはh1からh6まで6段階用意されています。最上位の見出しがh1で、これはページに1つ必須となります。h2以下は文書構造に応じて適宜使用していきますが、間のレベルを飛ばしたり、レベルの上下関係を入れ替えたりすることは原則としてできません。h1〜h6の見出し要素によって作られたツリー構造は、そのままHTMLの文書構造の骨格となります。

## 2 段落をマークアップする

図 03-2　p要素の基本書式

```
<p>段落テキスト</p>
```

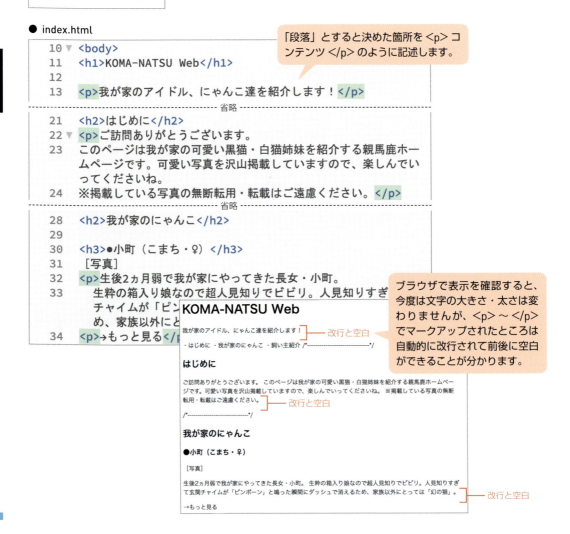

## 3 箇条書きをマークアップする

**図 03-3** ul 要素・ol 要素の基本書式

```
<ul>
  <li>リスト項目</li>
</ul>
```

```
<ol>
  <li>リスト項目</li>
</ol>
```

「箇条書きリスト」に使える要素は ul 要素、ol 要素です。どちらも「箇条書きリスト」ですが、ul 要素が「順不同」つまり情報の順序は問わないリストであるのに対して、ol 要素は情報の順序を厳密に示すためのリストであるという違いがあります。これは、<ul> と <ol> でマークアップした 2 つのリストをブラウザで表示させてみるとよく分かります。<ul> は頭に「・」がつきますが、<ol> は「1.2.3...」と番号を振ります。箇条書きのマークアップをするのにどちらを使ったら良いか迷ったら、その情報が「順番通りに読んでもらわないと意味が通らない、または困る」ような場合は ol 要素を使い、そうでない場合は全て ul 要素にしておけば良いでしょう。

**図 03-4** ul と ol の表示の比較

- ulリスト
- ulリスト
- ulリスト

1. olリスト
2. olリスト
3. olリスト

今回は ul 要素でマークアップすることにします。

ul（ol）要素は、h 要素や p 要素のように単体の開始タグ／終了タグだけで成り立っているわけではなく、「箇条書きエリアを示すためのタグ」と「個別のリスト情報を示すためのタグ」の二重構造を持っています。具体的には、以下のように記述します。テキスト原稿上にあるリスト先頭の「・」は、削除しておきます。

● index.html

```
15  <ul>
16    <li>はじめに</li>
17    <li>我が家のにゃんこ</li>
18    <li>飼い主紹介</li>
19  </ul>
```

箇条書き(ul)の範囲

- はじめに
- 我が家のにゃんこ
- 飼い主紹介

ul（ol）要素と li 要素は 2 つでセットなので、それぞれを単独で使うことはできません。また、ul（ol）要素の直下には li 要素しか入れることはできません。ただし、li 要素の中にさらに別の要素を入れることは可能なので、次のように ul（ol）要素を入れ子（ネスト）にして複雑な階層構造を持つ箇条書きリストを作ることも可能です。

図 03-5 入れ子リスト例

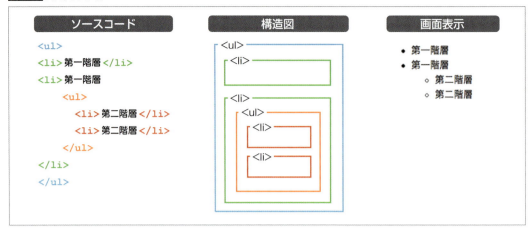

## 4 記述リストをマークアップする

図 03-6 dl 要素の基本書式

```
<dl>
    <dt>項目タイトル</dt>
    <dd>項目内容テキスト</dd>
</dl>
```

　記述リストとは、「項目とその説明」がワンセットになったリスト構造です。以下のようにまず全体を<dl>～</dl>で囲み、項目を<dt>～</dt>、その説明を<dd>～</dd>でマークアップします。なお、この<dt>と<dd>がワンセットとなって1つの情報項目となりますので、<dt>のみ、<dd>のみの使用はできません。1つの<dt>に対して複数の<dd>がぶら下がるという構造は可能です。

● index.html

036

飼い主紹介のプロフィール部分を記述リストでマークアップしてください。

　記述リストはちょうど 2 列の表組みで表現できるような構造を持った部分に用いられることが多い要素です。この場合の多くは dl 要素ではなく table 要素でマークアップしても問題ないケースになります。このように、同じ構造でも要素の候補が複数あるケースも存在します。

> **Memo**
> dl 要素はもともと「定義リスト」と呼ばれ、その名の通り用語集のように「用語」と「その定義」を表すものだったのですが、本来の「用語の定義」という役割を越えて拡大解釈されて使用されたため、HTML5 で実態に合わせて利用範囲を拡大した経緯があります。dl 要素の使用例としては、例えば更新履歴の「日付と更新内容」とか Q&A の「質問と回答」といった使い方が挙げられます。
> なお用途拡大に伴い、本来の「用語の定義」として使用する際には、<dt><dfn>用語</dfn></dt> のように、dt 要素の内側に dfn 要素を入れることで「定義する用語」を表す必要があります。

## 5　セクション構造をマークアップする

**図 03-7** section 要素の基本書式

```
<section>セクション領域</section>
```

　個別の要素のマークアップが完了したら、ヘッダー、フッター、セクション等の文書全体のセクション構造もマークアップしておきます。セクション構造や div 要素などのグループ化要素は、開始タグと終了タグがかなり離れた場所に位置することが多くなりますので、今回のように後からマークアップする際には、上から順番に書いていくのではなく、グループ化したい範囲を確認しながら開始タグと終了タグをワンセットにしながら記述した方が間違いが少なくなります。

　また、見出しや箇条書きなどの意味付けタグと違い、グループ化のための要素についてはマークアップしてもブラウザの表示上、見た目は何も変化しません。グループ化した領域をどのように見せるか？　ということは全て CSS で制御する前提となっていますので、マークアップの段階では見た目のことは考えず、構造的な意味付けのことだけを考えて作業するようにしてください。

**図 03-8** セクション構造図

● index.html

```
10  <body>
11  <header>
12    <h1>KOMA-NATSU Web</h1>
13    <p>我が家のアイドル、にゃんこ達を紹介します！</p>
14  </header>
15
16  <nav>
17    <ul>
18      <li>はじめに</li>
19      <li>我が家のにゃんこ</li>
20      <li>飼い主紹介</li>
21    </ul>
22  </nav>
23
24  <main>
25
26    <section>
27      <h2>はじめに</h2>
28      <p>ご訪問ありがとうございます。
---------------省略---------------
30      ※掲載している写真の無断転用・転載はご遠慮ください。</p>
31    </section>
32
33    <section>
34      <h2>我が家のにゃんこ</h2>
35      <section>
36        <h3>●小町（こまち・♀）</h3>
37        ［写真］
38        <p>生後2ヵ月弱で我が家にやってきた長女・小町。
---------------省略---------------
          とっては「幻の猫」。</p>
40        <p>→もっと見る</p>
41      </section>
42      <section>
43        <h3>●小夏（こなつ・♀）</h3>
44        ［写真］
45        <p>小町のお友達に、と1年後に貰われてきた次女・小夏。
46        埼玉県飯能市の炭鉱で生まれ育った元野生児。小町とは対照的に天真爛漫で社交的。よく食べ、よく遊び、よく眠る元気いっぱいな女の子。</p>
47        <p>→もっと見る</p>
48      </section>
49    </section>
50
51    <section>
52      <h2>飼い主紹介</h2>
53      ［アバター画像］
54      <dl>
55        <dt>H.N. ：</dt><dd>roka404</dd>
56        <dt>仕事 ：</dt><dd>フリーランスでWeb関係のお仕事してます</dd>
57        <dt>mail ：</dt><dd>info@roka404.main.jp</dd>
58        <dt>Web ：</dt><dd>http://roka404.main.jp/blog/</dd>
59      </dl>
60    </section>
61
62  </main>
63
64  <footer>
65    <p>Copyright © KOMA-NATSU Web All Rights Reserved.</p>
66  </footer>
67  </body>
68  </html>
```

Memo　先にグループ化の構造タグを書いてから、コンテンツの個別の構造タグとテキスト原稿を中に入れていく方が、閉じ間違いなどのミスはさらに少なくなります。あらかじめどのような文書構造でマークアップするのか設計が済んでいることが前提となりますが、原稿の記述とマークアップを同時に行う場合には、その方が効率も良くなりますのでおすすめです。

## 6　不要な区切り線を削除する

最後に、テキスト原稿に入っていた区切り線（/*---------------------*/）を削除しておきましょう。

## 講義　覚えておきたいマークアップのルール

### 要素の入れ子（ネスト）と親子関係

　ul／li 要素に限らず、HTML 文書全体が、html 要素を最上位（ルート）の親要素とする入れ子による親子関係で成り立っています。外側にある要素が「親要素」、その内側にある要素が「子要素」、さらにその内側にある要素が「孫要素」…といった具合です。また入れ子ではなく、同じ階層で並列に並んでいる要素同士は「兄弟要素」となり、ソースコード上で先に出てくるものが「兄要素」、後で出てくるものが「弟要素」と呼ばれます。

図 03-9　要素の入れ子と親子関係

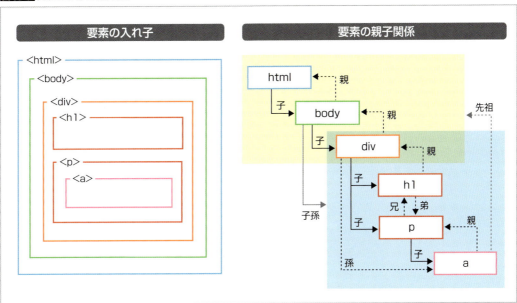

　ブラウザは HTML 文書が読み込まれた際、ソースコードに記述された要素の入れ子状態を確認して各要素のツリー構造を作っていきます（ドキュメントツリー）。このツリー構造が正しく作られないと、ブラウザでの表示もおかしくなってしまうため、HTML の記述をする際には常に==要素の入れ子関係を正しく保つ==という点に注意をしなければなりません。

図 03-10　入れ子が正しい／正しくない例

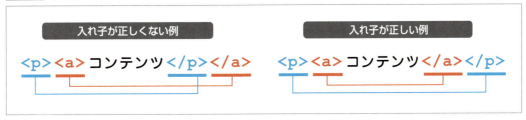

このような要素の入れ子関係を意識することは、CSS でページレイアウトをする際に非常に重要になってきます。ひとつひとつの要素を 1 つのボックス（箱）として捉え、要素の入れ子でボックスの入れ子を作っていく状態を頭の中でシミュレーションできるようになると、CSS を使ったレイアウトが理解しやすくなります。マークアップする際には日頃から要素の入れ子関係を意識する癖をつけておくようにしましょう。

図 03-11 要素の入れ子関係

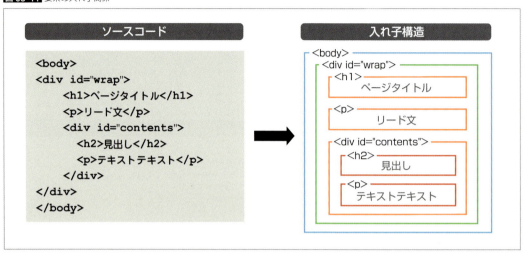

## コンテンツモデルと要素の分類

　HTML では要素同士を入れ子にして組み上げていくことは既に説明した通りですが、要素同士を入れ子にする際には明確なルールが存在します。「ある要素の中にどんな要素を入れることができるか」を定めたルールのことを「コンテンツモデル」と呼びます。

　HTML5 のコンテンツモデルは、正直なところ非常に複雑です。もちろん最終的にはきちんと理解した方が良いのですが、初めのうちはもう少しシンプルな考え方で把握しておいて、結果的に HTML5 のコンテンツモデルのルールにも抵触しない、ゆるめのルールで学習を進めた方が分かりやすいと思います。

　そのシンプルな考え方とは、HTML5 以前の HTML 規格で定められていた「ブロック要素／インライン要素」という分類方法の考え方を踏襲するやり方です。
　HTML5 以前の規格では、ほぼ全ての要素は「ブロック要素」と「インライン要素」の 2 つのカテゴリに分類されていました。「ブロック要素」とは、見出し、段落、箇条書き、表組み等の、文書構造の骨組みを構成する要素群であり、これらはいわば情報の「入れ物」であると考えることができます。

　「入れ物」の中には「中身」が入ります。HTML での情報の「中身」とは、テキストデータや画像などのコンテンツです。「インライン要素」は、この中身となるコンテンツを直接意味付けする用途で用いられる要素で、それ自身がテキストデータと同じ扱いを受けるテキストレベルの要素になります。

表02-1で紹介した「よく使う要素一覧」も、実はこうした考え方をもとに分類をしています。このようにHTMLの要素を大きく2種類のカテゴリに分けて考えたとき、コンテンツ・モデルとして覚えるべきルールはたった1つ、「ブロックの中にインラインを入れることはできるが、その逆は許されない」。これだけです。

「入れ物」の中に「中身」を入れることはできますが「中身」の中に「入れ物」を入れることはできませんよね？ それと同じことです。

ちなみに、最も手軽にブロック／インラインを見分ける方法は、その要素を記述したときにブラウザ側が自動的に改行するかどうかということです。自動的に改行される＝ブロックレベル、改行されない＝インラインレベルと覚えておけば良いでしょう。

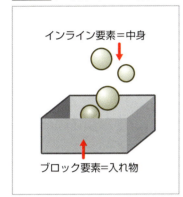

**図 03-12** ブロック／インライン概念図

**図 03-13** 要素の内包関係

HTML5の正式なコンテンツ・モデルの解説はChapter5 Lesson17を参照してください。

**Point**
- 文書構造を表現するブロックレベルの要素は、マークアップすると自動改行される
- ul、ol、dlのように特定のタグを組み合わせる必要があるなど、要素ごとに守るべき文法ルールが存在する
- 要素の入れ子・内包関係のルールを順守しよう

# CHAPTER 01　HTMLで文書を作成する

## LESSON 04　テキストレベルの基本タグの使い方と文法ルール

Lesson04では、画像などのコンテンツの挿入やテキストレベルの細かい意味付け、およびリンクの設定を学習していきます。リンクの設定では絶対パス・相対パスといった少し分かりにくい概念が登場しますが、Webを制作する上では必須事項になりますので、しっかり理解するようにしてください。

**Sample File**　chapter01 ▶ lesson04 ▶ before ▶ index.html

● Before

### KOMA-NATSU Web

我が家のアイドル、にゃんこ達を紹介します！

- はじめに
- 我が家のにゃんこ
- 飼い主紹介

### はじめに

ご訪問ありがとうございます。このページは我が家の可愛い黒猫・白猫姉妹を紹介する親馬鹿ホームページです。可愛い写真を沢山掲載していますので、楽しんでいってくださいね。※掲載している写真の無断転用・転載はご遠慮ください。

### 我が家のにゃんこ

●小町（こまち・♀）

［写真］

生後2ヵ月弱で我が家にやってきた長女・小町。生粋の箱入り娘なので超人見知りでビビり。人見知りすぎて玄関チャイムが「ピンポーン」と鳴った瞬間にダッシュで消えるため、家族以外にとっては「幻の猫」。

→もっと見る

●小夏（こなつ・♀）

［写真］

小町のお友達に、と1年後に貰われてきた次女・小夏。埼玉県飯能市の炭鉱で生まれ育った元野生児。小町とは対照的に天真爛漫で社交的。よく食べ、よく遊び、よく眠る元気いっぱいの女の子。

→もっと見る

### 飼い主紹介

［アバター画像］

H.N. :
　roka404
仕事 :
　フリーランスでWeb関係のお仕事してます
mail :
　info@roka404.main.jp
Web :
　http://roka404.main.jp/blog/

Copyright © KOMA-NATSU Web All Rights Reserved.

● After

# 実習 テキストレベルの基本タグの使い方

## 1 読みやすいように段落内で改行する

**図 04-1** br 要素（強制改行）の基本書式

```
<br>
```

　用意した原稿では段落内で何箇所か改行が入れてありますが、通常のテキストファイルの改行はブラウザ上では半角スペースに変換されてしまい、改行になりません。段落の途中で改行したいところには br 要素（強制改行）を入れます。テキスト原稿中の改行箇所に br 要素を入れ、ブラウザで表示を確認しましょう。なお、br 要素のように開始タグのみで終了タグが存在しない要素を「空要素」と呼びます。

● index.html

```
26  <section>
27    <h2>はじめに</h2>
28    <p>ご訪問ありがとうございます。
29  このページは我が家の可愛い黒猫・白猫姉妹を紹介する親馬鹿ホームページです。可愛い写真を沢山掲載していますので、楽しんでいってくださいね。<br>
30    ※掲載している写真の無断転用・転載はご遠慮ください。<p>
31  </section>
```

他のコンテンツ文も同様に、必要な箇所に <br> を入れましょう。

### はじめに

ご訪問ありがとうございます。　このページは我が家の可愛い黒猫・白猫姉妹を紹介する親馬鹿ホームページです。可愛い写真を沢山掲載していますので、楽しんでいってくださいね。 ← ここで強制改行
※掲載している写真の無断転用・転載はご遠慮ください。

**図 04-2** br 要素の間違った使い方

```
<section>
  <h2>はじめに</h2>
  <p>ご訪問ありがとうございます。
このページは我が家の可愛い黒猫・白猫姉妹を紹介する親馬鹿ホームページです。可愛い写真を沢山掲載していますので、楽しんでいってくださいね。<br>
  <br>
  <br>
  <br>
  <br>
  ※掲載している写真の無断転用・転載はご遠慮ください。<p>
</section>
```

br要素を連続させてスペースを作るのはNG！

### はじめに

ご訪問ありがとうございます。　このページは我が家の可愛い黒猫・白猫姉妹を紹介する親馬鹿ホームページです。可愛い写真を沢山掲載していますので、楽しんでいってくださいね。

※掲載している写真の無断転用・転載はご遠慮ください。

## 2 重要な語句を強調する

**図 04-3** strong 要素（重要な語句・内容であることを示す）の基本書式

```
<strong>重要な語句</strong>
```

　コンテンツの中で特に重要な語句がある場合、strong 要素を使って強調できます。strong 要素を使うと多くのブラウザでは太字で表示しますが、あくまで「重要である」という意味付けをしたことによって結果として太字になっただけです。決してデザイン的に太字で見せたいという理由で strong 要素を使ってはいけません。

> **Memo**
> HTML5 には strong 要素の他、em 要素、b 要素、i 要素など、テキストの強調や区別に関する意味付け要素が複数あります。いずれも用途が異なるため、「どういう意図で強調／区別したいのか？」を考えて使い分ける必要があります。
>
> **表 04-1** HTML5 のテキストの強調や区別に関する主な意味付け要素
>
> | 要素名 | 意味 |
> | --- | --- |
> | strong | 重要な語句・内容であることを示す |
> | em | アクセントをつけて強調する（強調したい箇所を変えることで伝えたいニュアンスも変わる） |
> | i | 心の声や気分、専門用語など、他と質が異なるテキストを示す |
> | b | キーワードや固有名詞、他と区別したいテキストなどを示す |

● index.html

```
26 ▼ <section>
27     <h2>はじめに</h2>
28     <p>ご訪問ありがとうございます。
29     このページは我が家の可愛い黒猫・白猫姉妹を紹介する親馬鹿ホームペー
       ジです。可愛い写真を沢山掲載していますので、楽しんでいってください
       ね。<br>
30     <strong>※掲載している写真の無断転用・転載はご遠慮くださ
       い。</strong></p>
31 </section>
```

> **はじめに**
>
> ご訪問ありがとうございます。 このページは我が家の可愛い黒猫・白猫姉妹を紹介する親馬鹿ホームページです。可愛い写真を沢山掲載していますので、楽しんでいってくださいね。
> **※掲載している写真の無断転用・転載はご遠慮ください。**

## 3 注釈・細目などであることを明示する

　HTML5 には small 要素というものがあります。これは免責事項・警告・法的制約・著作権表記・ライセンス要件・誤解を避けるための注意書きなど、慣例的に小さな文字で書くような注釈・細目を表す要素です。一般的な Web サイトの中では主に著作権や消費税に関する記載（外税・内税など）等で比較的多く使われます。

なお、small 要素でマークアップされると自動的に文字サイズが一回り小さくなりますが、これはあくまで意味付けされた結果として小文字で表示されているのであり、単にデザイン目的で文字を小さくするために small 要素を用いてはいけません。こうした考え方は他の要素でも全て同じです。

**図 04-4** small 要素の基本書式（免責事項・警告・法的制約・著作権表記など）

```
<small>注釈・細目など</small>
```

今回の文書では一番下にある著作権表記に使用するのが適当です。p 要素の内側を small 要素でマークアップしておきましょう。

● index.html

```
68  <footer>
69      <p><small>Copyright © KOMA-NATSU Web All Rights Reserved.</small></p>
70  </footer>
```

## 4 画像を挿入する

HTML 文書に画像を挿入するのが img 要素です。img 要素の基本書式は以下の通りです。

**図 04-5** img 要素の基本書式

```
<img src="img/komachi.jpg" width="480" height="320" alt="小町">
         画像ファイルへのパス    幅           高さ           代替テキスト
```

❶ src 属性
目的の画像までのパスを記述します（パスについては講義「絶対パスと相対パス」参照）。

❷ width 属性（幅）と height 属性（高さ）
必須項目ではありませんが、指定しておくとレンダリング（Web ページの画面表示）の体感速度が上がるので、表示サイズを固定する場合は指定しておくと良いでしょう。

❸ alt 属性
画像が表示されない環境で閲覧した際、代わりに表示するテキストです。alt テキストを見ればそこに何の画像があるのか分かるようなテキストを入れる必要があります。もし、イメージ写真や装飾用の画像で、内容が分からなくても特に問題ないような場合は、「alt=""」という形で空の alt 属性を入れておきます。

> **Memo**　空 alt にするような装飾用画像やイメージ写真などは、「情報」としての意味を持たないため、HTML 上に img 要素として挿入するのではなく、できる限り CSS で背景画像として配置することが望ましいと言えます。

では 1 匹目の紹介文に、写真を挿入しましょう。テキスト原稿に入っていた［写真］の文字は削除して 1 枚目の画像を挿入します。

● index.html

```
36  <section>
37      <h3>●小町（こまち・♀）</h3>
38      <img src="img/komachi.jpg" width="480" height="320" alt="小町">
39      <p>生後2ヵ月弱で我が家にやってきた長女・小町。<br>
40      生粋の箱入り娘なので超人見知りでビビリ。人見知りすぎて玄関チャイムが「ピンポーン」と鳴った瞬間にダッシュで消えるため、家族以外にとっては「幻の猫」。</p>
41      <p><a href="cats/komachi.html">→もっと見る</a></p>
42  </section>
```

●小町（こまち・♀）

生後2ヵ月弱で我が家にやってきた長女・小町。 生粋の箱入り娘なので超人見知りでビビリ。人見知りすぎて玄関チャイムが「ピンポーン」と鳴った瞬間にダッシュで消えるため、家族以外にとっては「幻の猫」。

小夏の写真と、飼い主プロフィール画像についても同様に記述してください。

● 小夏の写真

```
<img src="img/konatsu.jpg" width="480" height="320" alt="小夏">
```

● 飼い主プロフィール画像

```
<img src="img/avatar.png" width="250" height="250" alt="アバター画像">
```

## 5 リンクを設定する

コンテンツにハイパーリンクを設定するのが a 要素です。基本書式は以下の通りです。

図 04-6　a 要素の基本書式

```
<a href="index.html">コンテンツ</a>
     href属性：リンク先情報
```

リンクを貼るには、そのコンテンツを <a>〜</a> で囲みます。しかしこれだけではどこにもリンクしないため、href 属性にリンク先の情報を記述します。リンク先には主に次のような種類があります。

- 同一ページ内の別の場所（ページ内リンク）
- 同一サイト内の別ページ（内部リンク）
- 別のサーバにある外部 Web ページ（外部リンク）

## ▶ ページ内ジャンプメニューにリンクを貼る

　ページ内リンクを設定するためには、ジャンプしたいリンク先の要素に id 属性を使ってあらかじめ名前をつけておく必要があります。今回は「はじめに」「我が家のにゃんこ」「飼い主紹介」の各ブロックの section 要素に次のように id 属性を設定しておきます。

● index.html

```
26  <section id="intro">
27      <h2>はじめに</h2>
28      <p>ご訪問ありがとうございます。
29      このページは我が家の可愛い黒猫・白猫姉妹を紹介する親馬鹿ホーム
        ページです。可愛い写真を沢山掲載していますので、楽しんでいって
        くださいね。<br>
30      <strong>※掲載している写真の無断転用・転載はご遠慮くださ
        い。</strong></p>
31  </section>
32
33  <section id="cats">
34      <h2>我が家のにゃんこ</h2>
35      <section> … </section>
42      <section> … </section>
49  </section>
50
51  <section id="profile">
52      <h2>飼い主紹介</h2>
53      [アバター画像]
54      <dl> … </dl>
60  </section>
```

**Memo — id 属性**
id 属性とは、HTML の要素に対して固有の識別名（その要素を特定するための固有の名称）をつけることができる属性です。

**Caution**
リンク先の名前は半角英数字と「-（ハイフン）」「_（アンダーバー）」の記号が使用できます。また、リンク先の名前は必ずアルファベットで始まる必要があります。数字や記号から始まる名称ではリンクが動作しません。

　リンク先の要素に id 名をつけたら、a 要素の href 属性には「#リンク先 id 名」という形式でリンク先を記述します（この場合の # は「現在のページ」を意味しており、<a href="#intro"> は「現在のページで intro という名前がつけられている場所」という意味になります）。

　ページ内リンクの設定が終わったら、ブラウザの高さを小さくして、リンクをクリックしてみましょう。設定した場所にジャンプしたら成功です。

● index.html

```
16  <nav>
17      <ul>
18          <li><a href="#intro">はじめに</a></li>
19          <li><a href="#cats">我が家のにゃんこ</a></li>
20          <li><a href="#profile">飼い主紹介</a></li>
21      </ul>
22  </nav>
```

047

### ▶ サイト内の別ページにリンクを貼る

　小町と小夏の2匹の紹介文の最後にある「もっと見る」は、それぞれの猫専用の紹介ページへリンクを貼ることを想定しています。このように同一 Web サイト内の別のページへ貼るリンクのことを「内部リンク」と呼びます。内部リンクの場合は href 属性の中に ==目的のファイルまでのパス== を記述します。

● index.html　　　　　　　　　　　　　　　　　　　図 04-7 ファイル構成

```
35 ▼      <section>
36           <h3>●小町（こまち・♀）</h3>
37           <img src="img/komachi.jpg" width="480"
             height="320" alt="小町">
38           <p>生後2ヵ月弱で我が家にやってきた長女・小町。
39           生粋の箱入り娘なので超人見知りでビビリ。人見知りすぎて玄関チ
             ャイムが「ピンポーン」と鳴った瞬間にダッシュで消えるため、家
             族以外にとっては「幻の猫」。</p>
40           <p><a href="cats/komachi.html">→もっと見る</a></p>
41       </section>
42 ▼      <section>
43           <h3>●小夏（こなつ・♀）</h3>
44           ［写真］
45           <p>小町のお友達に、と1年後に貰われてきた次女・小夏。
46           埼玉県飯能市の炭鉱で生まれ育った元野生児。小町とは対照的に天
             真爛漫で社交的。よく食べ、よく遊び、よく眠る元気いっぱいな女
             の子。</p>
47           <p><a href="cats/konatsu.html">→もっと見る</a></p>
48       </section>
```

### ▶ 外部サイトにリンクを貼る

　プロフィールの中で外部ブログ URL へのリンクを貼ります。ドメインが異なる外部のサイトへ貼るリンクのことを「外部リンク」と呼びます。外部リンクの場合は、href 属性の中に ==http から始まる URL（絶対パス）== を記述する必要があります。また、==target 属性== を「==_blank==」とすることで新規ウィンドウ/タブで目的の URL を開くことができます。

● index.html

```
54 ▼      <dl>
55           <dt>H.N.  ：</dt><dd>roka404</dd>
56           <dt>仕事  ：</dt><dd>フリーランスでWeb関係のお仕事してます</dd>
57           <dt>mail  ：</dt><dd>info@roka404.main.jp</dd>
58           <dt>Web  ：</dt><dd><a href="http://roka404.main.jp/blog/"
             target="_blank">http://roka404.main.jp/blog/</a></dd>
59       </dl>
```

### ▶ メールアドレスにリンクを貼る

　href 属性の中に ==mailto: メールアドレス== と記述することで、自動的にメールソフトを起動するように指定できます。ただし、このようにいつでもすぐメールを送れる状態でサイトを公開すると、イタズラメールや悪意のあるメールが送られてきてしまう可能性が高まりますので、実際に使用するかどうかは慎重に判断した方が良いでしょう。

● index.html

```
54  <dl>
55      <dt>H.N.  :</dt><dd>roka404</dd>
56      <dt>仕事  :</dt><dd>フリーランスでWeb関係のお仕事してます</dd>
57      <dt>mail  :</dt><dd><a href="mailto:info@roka404.main.jp">info@roka404.main.jp</a></dd>
58      <dt>Web   :</dt><dd><a href="http://roka404.main.jp/blog/"
        target="_blank">http://roka404.main.jp/blog/</a></dd>
59  </dl>
```

> **Memo** `<a href="tel:0312345678">03-1234-5678</a>` のように href 属性を tel: 電話番号 という書式にすると、クリックすることで電話をかけることができるようになります（携帯電話・スマートフォンの場合）。今回は使用しませんが、モバイル向けの Web サイト制作の際にうまく活用すると、ユーザの利便性を高めることができます。

## 講義　絶対パスと相対パス

　画像やリンクの指定では「パス」というものが登場しました。パスは「ファイルの場所」を示すための大切な仕組みであり、その仕組みを理解することは Web 制作において避けて通ることはできません。ここでは、絶対パス・相対パスの仕組みについて学習します。

### 絶対パス

　絶対パスというのは、http から始まる Web サイトのアドレス（URL）を使ってファイルの場所を指定する方法です（最上位階層をルート階層と呼びます）。以下は http://www.hogehoge.com/ というサイトのファイル階層図です。

図 04-8　絶対パスの場合

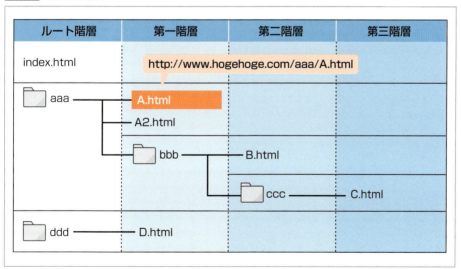

　絶対パスは常に URL を基準としてファイルの場所を示すので、A.html を表す場合は http://www.hogehoge.com/aaa/A.html、C.html を表す場合は http://www.hogehoge.com/aaa/bbb/ccc/C.html となります。絶対パスというのは住所のようなものなので、どこから指定しようが常に同じパスが示されます。この方法を使うのは、主に違うサーバに存在するファイルを指定する場合です。

## 相対パス

相対パスというのは、現在のファイルから目的のファイルまでの相対的な位置関係を指定する方法です。サイト内部のファイルを指定する場合は通常この方法を使います。相対パスは絶対パスと違って少々分かりづらいのですが、非常に重要なのでしっかり理解するようにしてください。

### ▶ 同一階層へのパス

相対パスにおいて、現在のファイルと同じ階層は「./」で表します。A.html と A2.html は同一階層ですので、A から A2 へのパスは「./A2.html」となります。ただし「./」は省略可能ですので単に「A2.html」とするのが普通です。

図 04-9 同一階層へのパス

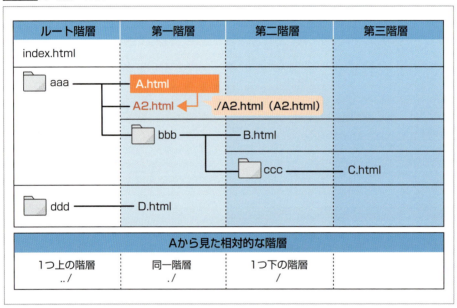

### ▶ 下の階層へのパス

下の階層はフォルダ名を「/」で区切った後ファイル名を指定します。A から B の場合は「bbb/B.html」、A から C の場合は「bbb/ccc/C.html」といった具合です。現在のよりも下の階層にあるファイルを指定するパスは、このように目的のファイルまでに通過するフォルダ名を全て「/」で区切っていけば良いだけなので比較的分かりやすいです。

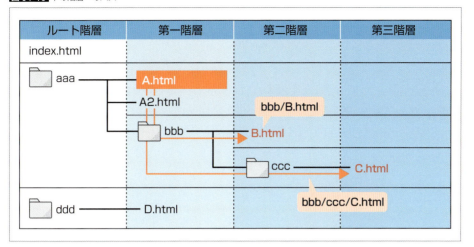

図 04-10 下の階層へのパス

▶ 上の階層へのパス

　現在より上の階層を指定する場合は、1つ上の階層を「../」と表します。2つ上は「../../」3つ上は「../../../」です。従ってAから1つ上の階層にあるルートのindex.htmlへのパスは「../index.html」、CからAへのパスは「../../A.html」、Cからルートindexへのパスは「../../../index.html」となります。

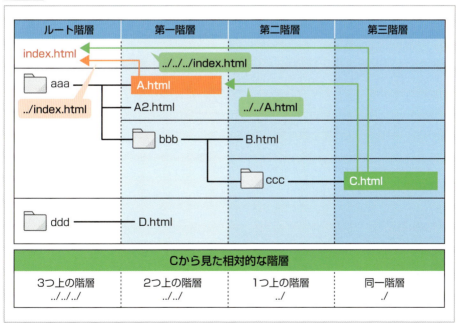

図 04-11 上の階層へのパス

### ▶ フォルダをまたぐ場合のパス

　AからDのように、所属するフォルダが異なるファイルを指定する場合、一旦親（先祖）フォルダが同一の階層に存在しているところまで戻って、そこから目的のフォルダの中に入り直すという方法で指定しなければなりません。AからDの場合は、一旦それぞれの親フォルダが同一階層にある1つ上の階層に戻り、そこから改めてdddフォルダの中に入り直すというルートを辿ります。これを相対パスで表記すると「../ddd/D.html」となります。このルールに従うと、CからDへのパスは「../../../ddd/D.html」となります。

図 04-12 フォルダをまたぐ場合のパス

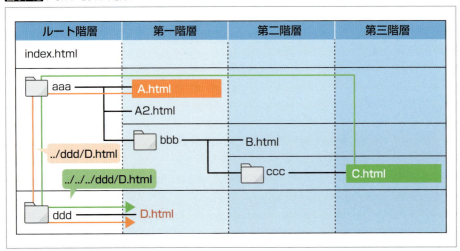

　相対パスの仕組みは初心者の方には少し分かりづらいものですが、この仕組みでファイル指定をしておくと、「ローカル環境（自分のパソコン上）でもリンク等がきちんと機能する」という大きなメリットがあります。絶対パスでは何か修正するたびにいちいちファイルをサーバにアップロードしないと表示確認ができませんが、相対パスなら公開する前に自分のパソコン環境の中できちんと表示や動作の確認を行うことができます。また、相対パスで指定されたものは、Webサーバにアップロードしてもそのままきちんと機能しますし、サーバを引越ししてもパスを修正する必要がありません。お互いの相対的な位置関係でファイル指定をしているだけなので、サイト丸ごとどこに引越しをしても問題なく表示できるというわけです。

### ▍ルート相対パス

　本書では使用しませんが、もう1つ「ルート相対パス」というものもあります。相対パスがそのときのファイルの場所を基準とするのに対し、ルート相対パスは常に最上位のルート階層を基準とします。例えばAからA2を指定する場合、相対パスでは「A2.html」となりますが、ルート相対の場合は「/aaa/A2.html」のように常に「/」＝ルートから順番にパスを指定していく形となります。どの階層から呼び出されようが常に同じパスで表現できるという点では、絶対パスと似た性質を持っています。

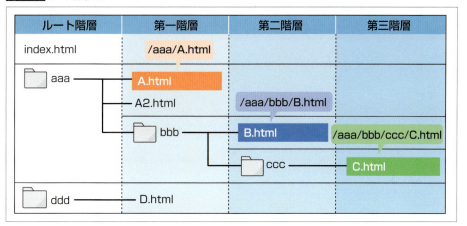

図 04-13 ルート相対パス

　ルート相対パスは、サイト全体で使い回すメニュー等をパーツ化し、それをプログラム言語などによって全てのHTMLに埋め込んで表示させるなど、高度なWebサイト制作の仕組みを作る際にしばしば採用されます。相対パスの場合は呼び出される階層によってパスの表記が変わってしまうため、ソースの使い回しがしづらいのですが、ルート相対パスであればどの階層から呼び出されても常に一定のパス記述で良いため、パーツを共通化できるからです。

### Column　文法チェックのすすめ

　マークアップが終わったら、必ず一度HTMLの文法チェック（バリデート）をかけるようにしましょう。

　HTMLの文法チェックができるサービスはいくつかありますが、W3C（World Wide Web Consortium）が提供しているオンラインの文法チェックツール（バリデーター）である「W3C Markup Validation Service」が便利です。

● W3C Markup Validation Service

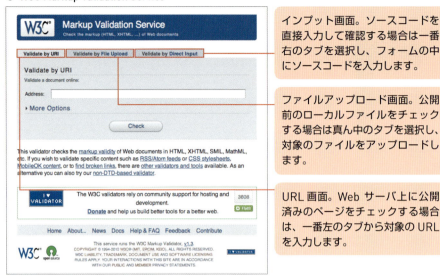

インプット画面。ソースコードを直接入力して確認する場合は一番右のタブを選択し、フォームの中にソースコードを入力します。

ファイルアップロード画面。公開前のローカルファイルをチェックする場合は真ん中のタブを選択し、対象のファイルをアップロードします。

URL画面。Webサーバ上に公開済みのページをチェックする場合は、一番左のタブから対象のURLを入力します。

URL http://validator.w3.org/

● HTML5文書のチェック結果

Error
文法エラー項目です。原則として修正が必要です。

Info
文書の書式に関する情報です。特に気にする必要はありません。

Warning
注意情報です。内容に応じて対処してください。

チェック結果

　チェック結果も全て英語にはなりますが、指摘されたエラーの原因をきちんと確認することは、最小限の労力で正しい文法を身につけることにつながります。その意味でも、文法チェックを習慣づけることをおすすめします。

- img 要素は代替テキストの alt が必須
- a 要素の href 属性を変えることで様々なタイプのリンクを作ることができる
- 絶対パス・相対パスの仕組みを理解することは Web 制作において必須

# CHAPTER 02

## CSSで文書を装飾する

LESSON 05

06

07

08

09

10

本章では、CSSの基本書式、セレクタ、プロパティ、ボックスモデルなど、CSSを利用する上で絶対にマスターしておかなければならない事項を解説していきます。また、色や余白、文字のスタイル設定など、よく使う文書の装飾をしながら基本的なCSSプロパティの練習をしていきます。

CHAPTER 02　CSSで文書を装飾する

# LESSON 05 CSSの概要

Lesson05では、CSSの役割や基本の書式など、実際にCSSを書く前の予備知識を解説します。

## 講義　CSSの概要と基本ルール

### CSSとは

CSS（Cascading Style Sheets）は、==HTML文書に装飾・レイアウトをほどこすための言語==です。CSSはあくまでもHTMLという土台をもとに様々な表示をコントロールする言語なので、土台となるHTMLがきちんと正しく作られていることがCSSを楽に設定するための前提条件となります。

HTMLとCSSの関係は、建築物の基礎構造と内装・外装の関係に似ています。Webページも、文書情報としての基本性能を担保するためのHTMLマークアップと、人が心地良く分かりやすく読めるようにするためのCSSの両方が揃っていることが理想的であると言えます。

正しくマークアップされていなくても見た目を整えることは可能ですが、きちんと構造化されたシンプルなHTMLを元にした方がCSS自体もシンプルに効率よく書くことができます。CSSを書き始める前に今一度HTMLソースを見直しておきましょう。

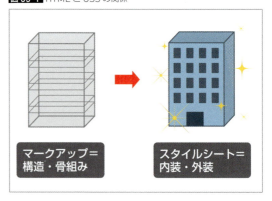

図 05-1　HTMLとCSSの関係

## CSS でできること

CSS は HTML 文書に装飾・レイアウトをほどこすための言語であることは既に述べた通りですが、具体的には以下のようなことが実現できます。

- 文字組みの整形（文字サイズ、文字スタイル、行間・文字間、字下げ、行揃えなど）
- 色の変更（前景色、背景色）
- レイアウトの調整（ボックスサイズ、余白、段組みなど）
- 要素の装飾（影、角丸、グラデーション、背景画像の貼り付けなど）
- 要素の変形（拡大縮小・回転・傾斜・反転など）
- アニメーション効果（トランジション効果・キーフレームアニメーション）
- 特定の条件によって適用するスタイルを変更する機能（メディアクエリ）　など

登場した初期の頃は文字組みと色・簡単なレイアウトの調整程度しかできなかった CSS ですが、現在ではいろいろな装飾や変形・アニメーション効果、複雑なレイアウトの作成などもできるようになってきています。CSS は現在も進化しており、できることは今後も徐々に増えていく予定です。ただし、実際に使えるかどうかは各種ブラウザがその機能をきちんと実装しているかどうかにかかっているため、新しい機能が登場したからといってすぐに実際の Web サイトに導入できるとは限りません。なお、本書では原則として執筆時点（2018 年秋）での標準的なブラウザ環境で問題なく使える機能に絞って紹介していますので、特別に注釈がない限りはこの本で紹介されている機能については安心して使ってもらって大丈夫です。

> **Memo　実装**
> 実装とは、ある機能を実現するための開発過程において、実際に動作する状態に持っていくための作業のことで、Web 制作の場合では主に HTML・CSS・JavaScript などの言語を使って Web サイトの表示や機能を作り上げる工程のことを指しています。

## CSS を HTML に組み込む方法

CSS と HTML は役割の違う全く別の言語なので、CSS を使うには何らかの方法で HTML に CSS を組み込んでやる必要があります。CSS を HTML に組み込むには、次の 3 つの方法があります。

### ▶ インライン

```html
<h1 style="color:#FF0000;">見出し1</h1>
```

HTML タグの中に直接 style 属性によって CSS を記述できます。直感的で分かりやすい方法ですが、構造である HTML ソースコードに直接デザインの指定をしてしまうことになるため、一時的にテストするとき以外は原則として使用しません。

### ▶ 内部参照

```
<head>
<style>
    h1{color:#FF0000;}
</style>
</head>
```

　HTML文書のhead要素の中に、style要素を設定し、その中にCSSを記述できます。HTMLソースコードとスタイルの指定を分離することはできますが、head要素の中に記述したCSSはあくまでそのページでしか使うことができません。従ってやはり一時的なテストか、例外的にそのページのみで使いたいスタイル指定を記述するなど、ごく限定的な使い方にとどめておいた方が良いでしょう。

### ▶ 外部参照

```
<head>
    <link href="外部CSSファイルへのパス" rel="stylesheet" media="all">
</head>
```

または

```
<head>
<style>
    @import url(外部CSSファイルへのパス);
</style>
</head>
```

　CSSを外部ファイル化し、それを参照する方法です。link要素を使って参照する方法と、@import構文（CSSの中から別のCSSファイルを参照するための構文）を使って参照する方法の2種類がありますが、link要素を利用して外部参照する方法の方が一般的です。
　CSSをHTMLに組み込む場合は、次項で解説する大きなメリットがあるため、原則として外部CSSファイルを参照する形を取ることが推奨されます。

#### CSSを外部ファイル化するメリット

　CSSを外部ファイル化する最大のメリットは、複数ページ間でスタイルの使い回しができるということです。個別のHTMLにスタイルを書いてしまうと、デザインに修正や変更が入った場合、全てのHTMLファイルを修正しなければなりません。しかし外部CSSファイルでスタイル情報を一元管理しておけば、たとえ何百ページあったとしてもCSSファイル1つを直すだけで修正が完了します。これは、CSSを使うメリットそのものであるとも言えます。外部ファイルにしないのであればCSSを使うメリットは激減すると言っても過言ではありません。

図 05-2　スタイル使い回しの概念図

また、ある程度の規模のWebサイトになると、スタイル情報はあっという間に膨大な量になります。その膨大な量のスタイル情報を、1ページで管理・運用するということはあまり現実的ではないため、多くの場合は役割に応じて複数のCSSファイルに分割して管理することになります（例えばサイト共通CSS・トップページ専用CSS・下層ページ用個別CSSに分割し、それぞれ必要なCSSのみを読み込むといった具合です）。
　このようにCSSをコンポーネント化して分割管理するといった運用上のメリットも、外部ファイル化してあるからこそ享受できるものになります。

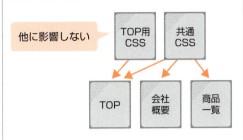

図 05-3 分割管理の概念図

> Memo　あまり細かく分割しすぎるのは表示パフォーマンス上良くないため、分割するとしても数枚程度に収めるようにするのが一般的です。また、実際の制作現場では作業効率と表示パフォーマンスの両方を追求するため、作業中のCSSは細かく分割しておき、最終的にはツールを使って1枚のCSSに結合するといったワークフローを採用することもあります。

## CSSの基本ルール

### ▶ 基本書式

　CSSの基本書式はとてもシンプルです。土台となるHTMLソースコード中の、「どの部分の」「どんな属性を」「どのような値にするのか」ということを決まった書式に従ってひたすら書いていくというのがCSSの基本です。「どこの（＝セレクタ）何を（＝プロパティ）どうする（＝値）」この基本書式とその意味を、まずしっかり頭に入れるようにしましょう。

図 05-4 CSS基本書式

### ▶ CSSでの色指定

　上記の例に挙げたh1{color:#FF0000;}は、「h1要素の文字の色を赤にする」という命令になります。色を変えるというのはCSSを使う第一歩になりますが、CSSでの色指定は一般的に16進数のRGB値を使います。
　16進数のRGB値は大文字でも小文字でも構いません。また、RGBそれぞれがゾロ目の場合は、省略して3桁で表現することもできます。先述の例で言えば、#FF0000・#ff0000・#F00・#f00のどのパターンでもきちんと認識されます。
　他には10進数のRGB値や、不透明度も指定できるRGBaの値（IE9以上）、決められた色の名前でも定義できます。

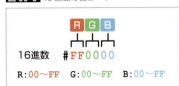

図 05-5 16進数の色コード

図 05-6 CSS による色表現書式

```
#FF0000
#ff0000
#F00
#f00
rgb(255,0,0)
rgb(100%,0%,0%)
rgba(255,0,0,1)
```

いずれも「赤」を表している

表 05-1 カラーネーム一覧（抜粋）

| | | | |
|---|---|---|---|
| black(#000000) | ■ | silver(#c0c0c0) | ■ |
| navy(#000080) | ■ | aqua(#00ffff) | ■ |
| olive(#808000) | ■ | lime(#00ff00) | ■ |
| maroon(#800000) | ■ | fuchsia(#ff00ff) | ■ |
| gray(#808080) | ■ | white(#ffffff) | □ |
| teal(#008080) | ■ | blue(#0000ff) | ■ |
| green(#008000) | ■ | yellow(#ffff00) | ■ |
| purple(#800080) | ■ | red(#ff0000) | ■ |
| snow(#fffafa) | ■ | skyblue(#87ceeb) | ■ |
| pink(#ffc0cb) | ■ | tomato(#ff6347) | ■ |

※カラーネームは全部で147色あります。
※参考：カラーネーム一覧
（https://lab.syncer.jp/Document/Color/Color-Name/）

## ▶ CSS で使う単位

プロパティと合わせて覚えておきたいのが CSS で使う単位です。CSS で扱うことができる主な単位は下記の通りですが、このうち Web 制作で実際に使う単位は「px（ピクセル）」「%（パーセント）」「em（エム）」などの相対単位がほとんどです（印刷用スタイルシートを作成するときなどは pt や mm などの絶対単位を使う場合もありますが頻度は非常に低いです）。

表 05-2 主な単位一覧

●相対単位

| | |
|---|---|
| px | モニタの画素（ピクセル）を1とする単位 |
| % | パーセントで割合を指定 |
| em | 親要素の大文字Mの高さ（=フォントサイズ）を1とする単位 |
| ex | 親要素の小文字xの高さを1とする単位 |
| rem | ルート要素（html要素）の大文字Mの高さを1とする単位 |
| vw | viewportの幅の1/100を1とする単位 |
| vh | viewportの高さの1/100を1とする単位 |

●絶対単位

| | |
|---|---|
| pt | ポイント。1ポイントは1/72インチ |
| pc | パイカ。1パイカは12ポイント |
| mm | ミリメートル |
| cm | センチメートル |
| in | インチ。1インチは2.54センチメートル |

Memo
**viewport**
PC ブラウザやスマートフォン・タブレットの画面表示領域のことを指します。

「em」は親要素に指定（または継承）されているフォントサイズを基準とした単位です。ユーザ環境によってフォントのサイズが変わってしまう Web デザインにおいて、「1文字分余白をあける」とか「行間を文字の高さの1.5倍にする」などのようにその時々のフォントサイズに応じたサイズ指定ができるのが特徴です。日常生活ではあまり目にすることのない単位ですが、CSS ではよく使用されますので覚えておきましょう。

図 05-7 em の使い所の例

## em と rem の違い

CSS には em とよく似た「rem」という単位もあります。em と rem はいずれも「大文字 M の高さ＝全角 1 文字分」を基準とする相対単位であるという点では同じ性質を持っています。ただし、em が「直近の親要素に指定されているフォントサイズ」を基準として計算されるのに対し、rem は常に最上位のルート要素に指定されているフォントサイズを基準に計算されるという点で違いがあります。

例えばルートで指定されているフォントサイズが 16px のとき、li 要素を 1.2em に指定した場合と 1.2rem に指定した場合でどのような違いが生じるかを図にしてみると次のようになります。

図 05-8 em と rem の違い

```
ソースコード
<ul>
    <li> 第一階層のテキスト </li>
    <li> 第一階層のテキスト
        <ul>
            <li> 第二階層のテキスト </li>
        </ul>
    </li>
</ul>
```

単位 em で指定した場合

```
html { font-size: 16px; }
li   { font-size: 1.2em; }
```

・第一階層のテキスト
・第一階層のテキスト    16×1.2＝19.2px
　・第二階層のテキスト
　　**19.2**×1.2＝23.04px

単位 rem で指定した場合

```
html { font-size: 16px; }
li   { font-size: 1.2rem; }
```

・第一階層のテキスト
・第一階層のテキスト    16×1.2＝19.2px
　・第二階層のテキスト
　　**16**×1.2＝19.2px

このように、emの場合は要素が入れ子になった場合、基準となるサイズ自体が変わってしまいます。それに対してremの場合は、常に基準サイズが一定なので要素を入れ子にする際に意図せずサイズが変わってしまう現象を防ぐことが可能となります。

- CSSの基本は「どこの（セレクタ）、何を（プロパティ）、どうする（値）」
- CSSは原則として外部ファイル化した方が良い
- 16進数のRGB色と、px・％・emなどの相対単位に慣れておく

CHAPTER 02　CSSで文書を装飾する

LESSON 06

# 基本的なプロパティの使い方

Lesson06では、色・文字組み・ボックスのサイズや余白など、よく使う基本的なプロパティを使って実際に文書を装飾していく手順を学習します。また、CSSが適用されるときの仕組みや、効率の良いCSSの書き方などについても解説します。

Sample File　chapter02 ▶ lesson06 ▶ before ▶ index.html、style.css

## 実習　基本プロパティで文書を装飾する

　lesson06/beforeのindex.htmlとstyle.cssをエディタで開き、index.htmlはブラウザで表示しておきます。CSSで書いたものがどう表示されるのか、すぐに分かる状態にしておいた方が最初は理解しやすいので、下図のようにパソコン画面上で編集ファイルとブラウザ表示が並列で比較できるような形にレイアウトしておくことをおすすめします。

**図 06-1** 画面配置

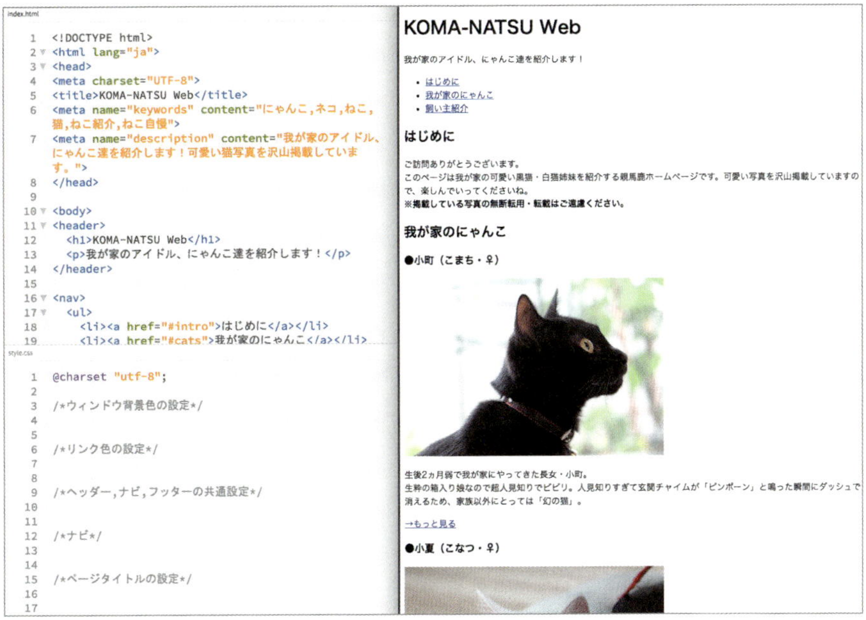

063

● Before

**KOMA-NATSU Web**

我が家のアイドル、にゃんこ達を紹介します！

- はじめに
- 我が家のにゃんこ
- 飼い主紹介

**はじめに**

ご訪問ありがとうございます。
このページは我が家の可愛い黒猫・白猫姉妹を紹介する親馬鹿ホームページです。可愛い写真を沢山掲載していますので、楽しんでいってくださいね。
※掲載している写真の無断転用・転載はご遠慮ください。

**我が家のにゃんこ**

●小町（こまち・♀）

生後2ヵ月弱で我が家にやってきた長女・小町。
生粋の箱入り娘なので超人見知りでビビリ。人見知りすぎて玄関チャイムが「ピンポーン」と鳴った瞬間にダッシュで消えるため、家族以外にとっては「幻の猫」。

→もっと見る

●小夏（こなつ・♀）

小町のお友達に、と1年後に貰われてきた次女・小夏。
埼玉県飯能市の炭鉱で生まれ育った元野生児。小町とは対照的に天真爛漫で社交的。よく食べ、よく遊び、よく眠る元気いっぱいな女の子。

→もっと見る

**飼い主紹介**

H.N. ：
　　　roka404
仕事 ：
　　　フリーランスでWeb関係のお仕事してます
mail ：
　　　info@roka404.main.jp
Web ：
　　　http://roka404.main.jp/blog/

Copyright © KOMA-NATSU Web All Rights Reserved.

● After

KOMA-NATSU Web

我が家のアイドル、にゃんこ達を紹介します！

- はじめに
- 我が家のにゃんこ
- 飼い主紹介

はじめに

ご訪問ありがとうございます。
このページは我が家の可愛い黒猫・白猫姉妹を紹介する親馬鹿ホームページです。可愛い写真を沢山掲載していますので、楽しんでいってくださいね。
※掲載している写真の無断転用・転載はご遠慮ください。

我が家のにゃんこ

●小町（こまち・♀）

生後2ヵ月弱で我が家にやってきた長女・小町。
生粋の箱入り娘なので超人見知りでビビリ。人見知りすぎて玄関チャイムが「ピンポーン」と鳴った瞬間にダッシュで消えるため、家族以外にとっては「幻の猫」。

→もっと見る

●小夏（こなつ・♀）

小町のお友達に、と1年後に貰われてきた次女・小夏。
埼玉県飯能市の炭鉱で生まれ育った元野生児。小町とは対照的に天真爛漫で社交的。よく食べ、よく遊び、よく眠る元気いっぱいな女の子。

→もっと見る

飼い主紹介

H.N. ：
　　　roka404
仕事 ：
　　　フリーランスでWeb関係のお仕事してます
mail ：
　　　info@roka404.main.jp
Web ：
　　　http://roka404.main.jp/blog/

Copyright © KOMA-NATSU Web All Rights Reserved.

## 外部 CSS ファイルにリンクする

### 1 外部 CSS ファイルを用意する

今回は style.css という名前であらかじめひな型を用意してあります。

図 06-2 style.css

```
1   @charset "utf-8";
2
3   /*ウィンドウ背景色の設定*/
4
5
6   /*リンク色の設定*/
7
8
9   /*ヘッダー,ナビ,フッターの共通設定*/
10
11
12  /*ナビ*/
13
14
15  /*ページタイトルの設定*/
16
17
18  /*大見出しの設定*/
19
20
21  /*小見出しの設定*/
22
23
24  /*コンテンツ枠の設定*/
25
26
27  /*「もっと見る」リンクの設定*/
28
29
30  /*リンク種別アイコン*/
31
```

> 文字コード指定…これがないと CSS ファイルの中で日本語を使った場合、その部分が文字化けしてしまう可能性があります。

> /* ～ */（コメント）…ブラウザの表示には関係のないメモ書き部分となります。CSS を書く場合には適宜コメントを入れて、何のスタイル指定なのか分かるようにしておくのがマナーです。

### 2 HTML から外部 CSS ファイルへリンクする

index.html の head 要素に、外部 CSS ファイルを参照する link 要素を設定します。lesson06/before/ の index.html を開いて、head 要素の中に以下の記述を追加してください。

● index.html

```
7   <meta name="description" content="我が家のアイドル、にゃんこ達を紹介します！可愛い猫写真を沢山掲載しています。">
8   <link href="style.css" rel="stylesheet" media="all">
9   </head>
```

**図06-3** 外部CSS読み込みの基本書式

| | |
|---|---|
| href属性 | 外部参照するCSSファイルのパスを記述する。 |
| rel属性 | 外部参照するファイルの種類。CSSファイルを参照する場合は常にこの指定を記述する。 |
| media属性 | そのCSSファイルを適用する対象メディアに応じて値を指定する。 |

> **Memo** media属性に使える値
> media属性の値には決められた「メディアタイプ」を指定します。主要なメディアタイプはscreen（モニタ）、print（印刷）、speech（スクリーンリーダー）、all（全てのデバイス）の4種類です。

## 要素に対して基本的な装飾を設定する

ここからの記述は全て style.css に記述します。また、1つのプロパティを記述したらその都度保存してブラウザで表示確認をするようにしましょう。正しく書けているかどうかの確認と、プロパティと表示の関係のイメージをつかむのに役立ちます。

### 1 ウィンドウ背景色を設定する

● style.css

```
3   /*ウィンドウ背景色の設定*/
4 ▼ body {
5       background-color: #fbf9cc;
6   }
```

覚えよう！ ▶ background-color ［背景色］

### KOMA-NATSU Web

我が家のアイドル、にゃんこ達を紹介します！

- はじめに
- 我が家のにゃんこ
- 飼い主紹介

**はじめに**

ご訪問ありがとうございます。
このページは我が家の可愛い黒猫・白猫姉妹を紹介する親馬鹿ホームページです。可愛い写真を沢山掲載していますので、楽しんでいってくださいね。
※掲載している写真の無断転用・転載はご遠慮ください。

**我が家のにゃんこ**

●小町（こまち・♀）

ブラウザウィンドウ全体の背景に対して背景色を設定したい場合は、body要素をセレクタにします。

## 2 リンクの文字色を設定する

● style.css

```
 8    /*リンク色の設定*/
 9    a {
10        color: #df4839;
11    }
```

- はじめに
- 我が家のにゃんこ
- 飼い主紹介

color プロパティを使うと文字色を変更することができます。このプロパティの定義は「文字色」と説明されることが多いのですが、実は文字の色だけではなく、後に出てくる線の色も color プロパティで変更することができます。従って、厳密には「文字色」ではなく「前景色」と言うのが正しい説明になります。ただし線の色については color プロパティの他にズバリ「border-color」という専用のプロパティがあり、そちらで指定することが多いため、実質的にこのプロパティを使う場面はほぼ「文字色」を変えたいときだけであると言っても過言ではありません。

## 3 ページタイトル（h1）のボックスを設定する

まず h1 要素にここまでで学んだ背景色と文字色を設定しておきます。背景色を設定すると、マークアップされた要素の枠の領域が明確になります。この枠のことを「ボックス」と呼びます。

● style.css

```
19    /*ページタイトルの設定*/
20    h1 {
21        background-color: #6fbb9a;
22        color: #fff;
23    }
```

### ▶ border / padding / margin

CSS の世界ではボックスの境界線のことを border、border の内側の余白を padding、外側の余白を margin と呼んで区別しています。要素自身の内余白を設定するときには padding を、隣り合う別の要素との間隔を設定するときには margin を使います。次のように border、padding、margin を設定し、ボックスの上下左右の四辺に対して一律に同じ値が設定されていることを確認してください。

● style.css

```
19    /*ページタイトルの設定*/
20    h1 {
21        margin: 40px;
22        padding: 30px;
23        border: 5px solid #95dbbd;
24        background-color: #6fbb9a;
25        color: #fff;
26    }
```

図 06-4 border/margin/padding の関係

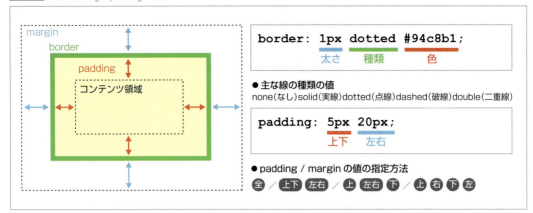

▶ width / height

　ボックスのサイズを決めているのが width（幅）と height（高さ）です。幅も高さも基本的には何も指定せず初期値である auto の状態に任せておき、特別にサイズを指定したいときにだけ width / height を設定するのが通例です。特に height に関しては、高さを指定しなければならない特別な理由がない限り、原則は「auto＝コンテンツの内容量に応じて成り行き」という状態で作成するのが Web デザインでの鉄則です。

Memo　ボックスのサイズ指定に関連する詳細な概念やルールについては、Lesson10 で詳しく解説しています。

● style.css

```
19    /*ページタイトルの設定*/
20 ▼  h1 {
21      width: 300px;
22      margin: 40px;
23      padding: 30px;
24      border: 5px solid #95dbbd;
25      background-color: #6fbb9a;
26      color: #fff;
27    }
```

　width でボックスの幅を固定すると、ブラウザに対して左端に寄っているのが分かります。原則として全てのボックスは左寄せで配置されるのがデフォルトだからです。width が固定されたボックスの左右の margin に auto を設定すると、ボックス全体をブラウザの左右中央に配置することができます。

Memo　margin の値を 2 つ設定した場合、最初の値は上下、2 つ目の値は左右を表しています。詳しくは Lesson08 のコラム「よく使うショートハンド」を参照してください。

基本的なプロパティの使い方

● style.css
```
19    /*ページタイトルの設定*/
20 ▼  h1 {
21        width: 300px;
22        margin: 40px auto;
23        padding: 30px;
24        border: 5px solid #95dbbd;
25        background-color: #6fbb9a;
26        color: #fff;
27    }
```

覚えよう！
- width　　　［ボックスの幅］
- height　　 ［ボックスの高さ］
- border　　 ［ボックスの境界線］
- padding　　［ボックス境界線の内側の余白］
- margin　　 ［ボックス境界線の外側の余白］

 **4　ページタイトル（h1）の文字組みを設定する**

● style.css
```
19    /*ページタイトルの設定*/
20 ▼  h1 {
21        width: 300px;
22        margin: 40px auto;
23        padding: 30px;
24        border: 5px solid #95dbbd;
25        background-color: #6fbb9a;
26        color: #fff;
27 ▼     font-size: 300%;
28        text-align: center;
29        line-height: 1;
30    }
```

覚えよう！
- font-size　　［文字サイズ］
- text-align　 ［行揃え］（値は left・center・right・justify の4種類）
- line-height　［行の高さ］

Memo　お使いのパソコン環境によって2行で表示される場合もありますが、ここでは気にする必要はありません。

　ページタイトルの文字組みスタイルを設定します。
　文字サイズを大きくしてセンタリングし、行の高さを文字サイズと同じ（=1em）にして複数行になった場合に間延びするのを防いでおきます。

Memo
**line-height の値**
line-height の値の「1」は「1em」の単位を省略した形式です。line-height で em 単位を省略するのは、line-height より大きな font-size が指定された場合、行の高さに収まりきらない部分の文字が切れて表示されてしまうことがある問題を回避するための措置です。

069

## 5 大見出し（h2）を設定する

ここまで学習した基本のプロパティを使って、大見出しをデザインしてみましょう。

● style.css

```
33   /*大見出しの設定*/
34 ▼ h2 {
35       padding: 10px;
36       margin-bottom: 30px;
37       border: 1px dotted #94c8b1;
38       border-left: 10px solid #d0e35b;
39       color: #6fbb9a;
40   }
```

はじめに

　border / margin / padding は上下左右の四辺の値をそれぞれ個別に指定することができます。下の margin だけ設定したければ margin-bottom、左の線だけ設定したければ border-left といった具合に、それぞれ *-top、*-bottom、*-left、*-right という形で上下左右個別に指定できます。

　色の変更、文字組み、ボックスのスタイル変更に関連するプロパティは、全てのサイトでほぼ必ず使うことになる基本中の基本です。実習教材の中では紹介しきれなかったものも含め、以下に最初に覚えるべき基本プロパティの一覧を用意しておきましたので、何度も書いてできるだけ早い段階で覚えてしまうようにしましょう。

**表 06-1** 基本プロパティの一覧

● 色

| プロパティ | 意味 | 値 |
| --- | --- | --- |
| background-color | 背景色 | カラーコード、カラーネーム |
| color | 文字色（前景色） | カラーコード、カラーネーム |

● フォント・文字組み

| プロパティ | 意味 | 値 |
| --- | --- | --- |
| font-family | フォントの種類 | フォント名 |
| font-size | 文字のサイズ | 単位付き数値 |
| font-weight | 文字の太さ | normal / bold |
| font-style | 文字スタイル | normal / italic |
| text-align | 行揃え | left / center / right / justify |
| text-decoration | 下線・上線・打ち消し線 | none / underline / overline / line-through |
| text-indent | 行頭の字下げ | 単位付き数値 |
| letter-spacing | 文字間 | 単位付き数値 |
| line-height | 行の高さ | 単位なし数値（em）を推奨 |

## 基本的なプロパティの使い方

●ボックス

| プロパティ | 意味 | 値 |
|---|---|---|
| width | ボックスの幅 | auto｜単位付き数値 |
| height | ボックスの高さ | auto｜単位付き数値 |
| margin | ボックス境界線の外側の余白 | auto｜単位付き数値 |
| padding | ボックス境界線の内側の余白 | 単位付き数値 |
| border | ボックスの境界線 | 線の太さ 線の種類 線の色 |

### Column

#### 書いた CSS が反映されない !?

CSS 初心者の頃は、書いた CSS がブラウザに反映されず困惑することも多くあるかと思います。そんなときは次の項目を 1 つずつチェックしてみると良いでしょう。

❶ プロパティや値のスペルは正しいか？
❷ : や ; などの構文は正しいか？
❸ { } の閉じかっこを忘れていないか？
❹ 全角で書いていないか？
❺ 正しくセレクタを記述しているか？
❻ 16 進数色コードの # を忘れていないか？（色指定の場合）
❼ 16 進数色コードの桁数が間違っていないか？（色指定の場合）
❽ 編集したファイルを保存し忘れていないか？
❾ 編集している CSS と HTML がきちんと関連付けられているか？
❿ 編集しているファイルと違うものをブラウザで表示していないか？

#### W3C CSS 検証サービス（http://jigsaw.w3.org/css-validator/）

W3C CSS 検証サービスは CSS の文法をチェックし、誤りがあると思われる箇所を指摘してくれます。目視で間違いが見つけられない場合に活用してみると良いでしょう。ただし、閉じかっこ忘れのような重大な構文エラーの場合は「解析エラー」となってしまいますので、必ずしも問題の箇所を特定できるとは限りません。慣れないうちはうっかりミスも多くなりがちですので、間違っている箇所を特定しやすくするため、できるだけこまめに表示確認するようにしましょう。

## 講義　プロパティの継承と上書き

CSSの表示の仕組みにはいくつかのルールが存在していますが、その中でも最も基本的なルールがプロパティの「継承と上書き」です。

### プロパティの継承

「継承」というのは、ある要素に指定されたプロパティの値が、その子要素、孫要素にも受け継がれていく仕組みのことを指します。値が継承されるかどうかはプロパティごとに異なっており、厳密にはひとつひとつリファレンス等で調べて確認する必要があるのですが、大まかに言うと、

- フォントや文字組みに関するプロパティは継承される
- それ以外の多くのプロパティは継承されない

と理解しておくと良いでしょう。

例えば、親要素に基本のフォント設定（文字色、文字サイズ、行の高さ、行揃えなど）を設定しておけば、その子要素となる全ての要素にも自動的にそれらの設定が継承されるため、個別の要素ごとにいちいち同じ設定をする必要がなくなります。

図 06-5 プロパティの継承

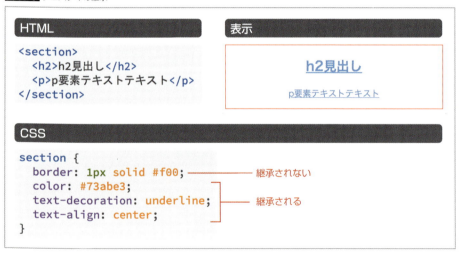

### プロパティの記述順による値の上書き

一方、CSSは基本的に記述された順番通りに上から順に読み込まれて実行されていくため、同じプロパティに異なる値が指定された場合には、原則として後から記述された値で上書きされます。

例えば実習教材の大見出しのスタイル指定を見てみると、

```
h2 {
    …省略…
    border: 1px dotted #94c8b1;
    border-left: 10px solid #d0e35b;
    …省略…
}
```

このようにまず border プロパティで四辺一括して 1px の点線を引いておき、次の行で border-left で左辺だけ 10px の実線に変更しているのが分かります。この記述を上下入れ替えてみると、左辺のスタイルは点線となり、border-left の指定が効かなくなることが分かります。これは、同じ左辺の線に対して、border と border-left でそれぞれ異なる値を指定した際に、後から記述した方の値で上書きをしているということを表しています。

図 06-6 プロパティ上書きの事例

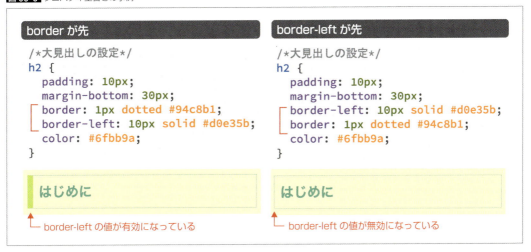

## 効率的な CSS の書き方

CSS 初心者が書いたソースを見てみると、何度も同じプロパティを指定していたり、不要なプロパティが無駄に記述されていたりすることがよくあります。その原因の多くは、「継承と上書きの仕組み」といった基本的な CSS のルールを理解しないままやみくもにトライ＆エラーで書き散らしていることが原因であったりします。

効率の良いスマートな CSS であることの条件の 1 つは、「無駄な記述がない」ということにあります。そのためにはまず、

- デフォルトの値のままでよいものはわざわざ指定しない
- 親要素から継承されるプロパティをうまく活用し、必要最小限の上書き指定でデザインを実現できるようにする

ということを心がける必要があります。そのような CSS を書くためには様々な「CSS のルール」を理解することが欠かせません。その第一歩として、まずは「継承と上書き」の仕組みをしっかり理解するようにしましょう。

- CSS とは「どこの」「何を」「どうする」の繰り返し
- よく使うプロパティは何度も書いて覚える
- 「継承と上書き」のような CSS のルールを理解することが効率の良い CSS のための第一歩

# CHAPTER 02
## CSSで文書を装飾する

### LESSON 07 基本的なセレクタの使い方

Lesson07では、基本的なセレクタの種類と使い方について学習していきます。セレクタの仕組みを理解することはWebページを思い通りにスタイリングするために欠かせない知識です。それぞれのセレクタの特徴と、どのような場面で使うべきなのかしっかり学んでいきましょう。

**Sample File** chapter02 ▶ lesson07 ▶ before ▶ index.html、style.css

## 実習　基本のセレクタでスタイルを設定する

● Before

● After

> Memo
> ページタイトルはお使いのパソコン環境によっては2行で表示されます。

075

### 要素に名前をつけてスタイルを設定する

　Lesson06では要素自体をセレクタとして直接スタイルを設定していましたが、実際のWeb制作の現場では、要素に対して直接個別のスタイルを設定することは原則としてありません。Webページの中では同じ要素が何度も繰り返し使われることになりますが、例えば同じ種類の要素が全て同じスタイルになるとは限らないからです。また、仮に制作当初は同じ要素が同じスタイルを持つような形で実現できていたとしても、運用しているうちに違うスタイルも適用したくなるということは十分考えられますし、逆に見た目は同じスタイルのままだけれども、マークアップの要素だけを変更したくなるということも考えられます。

　このように、HTMLの要素に対して直接スタイルを指定してしまうと、実際の制作時には困ったことが発生するため、原則としてスタイルを設定したい要素には==あらかじめ「名前」をつけておき、その名前を使ってスタイルを設定==するのが一般的なやり方です。

　要素に名前をつけるには、2つの方法があります。1つが「id属性」を使う方法、もう1つが「class属性」を使う方法です。ここではid属性とclass属性でそれぞれ任意の名前をつけてスタイルを管理する方法と、使い方の注意点について解説します。

　なお、ここからの作業は、「HTMLを修正する→CSSを書く」の順番で、HTMLとCSSを交互に行き来しながら進めていくことになります。

 **1　メインコンテンツ領域にid属性で名前をつける［HTML］**

　現在main要素でマークアップされているメインコンテンツ領域に対して、スタイル適用のために「contents」という名前をつけようと思います。この場合、id属性でもclass属性でもどちらで名前をつけてもスタイルの適用は可能です。ただ、「メインコンテンツ領域」となるのはページの中でここ1箇所だけであり、そこに適用するためのスタイルもこの1箇所だけで利用するものであり、他に使い回すことは想定していません。

　このように==ページの中で1箇所しか存在しない特定のエリアを表す名前==をつけたい場合には、「id属性」を利用することができます。

● index.html

```
25 ▼ <main id="contents">
26
27 ▼   <section id="intro">
28       <h2>はじめに</h2>
29       <p>ご訪問ありがとうございます。<br>
```

> id属性はソースコード上の場所を1箇所特定するためのものですので、id属性でつけた名前はそのページの中で1つだけである必要があります。例えば同じページの中にid="contents"が複数回出てくるというようなソースの書き方は文法違反となります。

## 2 id属性をセレクタにしてスタイルを指定する［CSS］

● style.css

```css
45    /*コンテンツ枠の設定*/
46    #contents {
47        margin: 40px;
48        padding: 40px 80px;
49        border: 1px solid #f6bb9e;
50        background-color: #fff;
51    }
```

- 我が家のにゃんこ
- 飼い主紹介

### はじめに

ご訪問ありがとうございます。
このページは我が家の可愛い黒猫・白猫姉妹を紹介する親馬鹿ホームページです。可愛い写真を沢山掲載していますので、楽しんでいってくださいね。
※掲載している写真の無断転用・転載はご遠慮ください。

### 我が家のにゃんこ

　idセレクタは「要素名#id名」という形式で記述します。<main id="contents">の場合はmain#contentsとなります。ただし、id属性名は仕様的にページの中で唯一であり、わざわざその名前を使用している要素名を明示する必要は特にないため、要素名を省略して単に#contentsのように記述する方が一般的です。

## 3 「もっと見る」リンクにclass属性で名前をつける［HTML］

　次に猫紹介の詳細ページへ誘導するリンク「もっと見る」を右寄せにしたいと思います。ここはp要素でできていますが、p要素は本文など様々なところで繰り返し利用されるものであるため、特定のスタイルを適用するには名前をつけて区別する必要があることが分かります。また、先程のメインコンテンツ領域とは違い、「もっと見る」のリンクは2箇所に存在しており、両方とも同じように右寄せする必要がありますので、id属性は使えません。このように、複数箇所で同じスタイルを使い回すためにつける名前は必ず「class属性」を使う必要があります。

● index.html

```html
42        <p class="more"><a href="cats/komachi.html">→もっと見る</a></p>
43    </section>
```

※もう1匹分も同様にclass="more"を追加する

> class属性はスタイルを分類するためのもので、id属性と違って同じ名称を何度使い回しても構いません。今回は同じスタイル設定を持つ「もっと見る」リンクが2箇所あるため、id属性ではなくclass属性で名前をつけなければなりません。

## 4 class 属性をセレクタにしてスタイルを設定する［CSS］

● style.css

```
53    /*「もっと見る」リンクの設定*/
54 ▼  .more {
55        text-align: right;
56    }
```

家族以外にとっては

→もっと見る

　classセレクタは「要素名.class属性名」という形式で記述します。<p class="more">の場合はp.moreとなります。id 同様に要素名は省略可能なので単に .more とすることも可能です。要素名をつけた場合はその要素限定で利用可能な class となります。要素名を省略すればどの要素でも利用可能な汎用 class となります。

## 5 h2, h3 の見出しスタイルを class セレクタで管理できるように変更する［HTML / CSS］

　class セレクタでスタイルを管理することを学びましたので、大見出し（h2）、小見出し（h3）についても class 名でスタイル管理できるように変更しておきましょう。

● index.html

```
27 ▼  <section id="intro">
28        <h2 class="h">はじめに</h2>
29        <p>ご訪問ありがとうございます。<br>
30        このページは我が家の可愛い黒猫・白猫姉妹を紹介する親馬鹿ホームページです。可
          愛い写真を沢山掲載していますので、楽しんでいってくださいね。<br>
31        <strong>※掲載している写真の無断転用・転載はご遠慮ください。</strong></p>
32    </section>
33
34 ▼  <section id="cats">
35        <h2 class="h">我が家のにゃんこ</h2>
36
37 ▼      <section>
38            <h3 class="h-sub">●小町（こまち・♀）</h3>
39            <img src="img/komachi.jpg" width="480" height="320" alt="小町">
40            <p>生後2ヵ月弱で我が家にやってきた長女・小町。<br>
――――――――――――――――――――――――――― 省略 ―――――――――――――――――――――――――――
49            埼玉県飯能市の炭鉱で生まれ育った元野生児。小町とは対照的に天真爛漫で社交
              的。よく食べ、よく遊び、よく眠る元気いっぱいな女の子。</p>
50            <p><a href="cats/konatsu.html">→もっと見る</a></p>
51        </section>
――――――――――――――――――――――――――― 省略 ―――――――――――――――――――――――――――
56 ▼  <section id="profile">
57        <h2 class="h">飼い主紹介</h2>
58        <img src="img/avater.png" width="250" height="250" alt="アバター画
          像">
```

● style.css
```
32    /*大見出しの設定*/
33 ▼  .h {
34        padding: 10px;
35        margin-bottom: 30px;
36        border: 1px dotted #94c8b1;
37        border-left: 10px solid #d0e35b;
38        color: #6fbb9a;
39    }
```

## 要素の親子関係を利用してスタイルを設定する

id 属性や class 属性で直接名前をつける以外の方法として、要素の親子関係を利用して場所を絞り込む方法があります。これは「子孫セレクタ」と呼ばれます。

### 1 小見出し（h3）の読み・性別を span 要素で囲む［HTML］

● index.html
```
37 ▼   <section>
38         <h3 class="h-sub">●小町<span>（こまち・♀）</span></h3>
39         <img src="img/komachi.jpg" width="480" height="320" alt="小町">
40         <p>生後2ヵ月弱で我が家にやってきた長女・小町。<br>
                            ------省略------
45 ▼   <section>
46         <h3 class="h-sub">●小夏<span>（こなつ・♀）</span></h3>
47         <img src="img/konatsu.jpg" width="480" height="320" alt="小夏">
48         <p>小町のお友達に、と1年後に貰われてきた次女・小夏。<br>
```

小見出しの中の（読み・性別）の部分だけ、細文字にして少し見た目を控えめにしたいと思います。CSS でスタイル指定するためには、何らかの要素で囲まれている必要があるのですが、該当の箇所には要素がありません。このようなときには、スタイル指定に必要な要素を追加する必要があります。文書構造や伝えたい情報の種類に応じて何か適切な意味付け要素があればそれを使いますが、「特別な意味は持たせる必要はないがスタイル指定のために何らかの要素は必要」というような場合、div 要素もしくは span 要素を使用します。div 要素は他のタグを含むブロック範囲を指定する場合に使う要素、span 要素はテキストレベルの範囲指定をする要素なので、今回は span 要素を使用します。

### 2 読み・性別を細字にする［CSS］

● style.css
```
42    /*小見出しの設定*/
43 ▼  .h-sub span{
44        font-weight: normal;
45    }
```

●小町（こまち・♀）

●小夏（こなつ・♀）

「小見出し（.h-sub）の中の span 要素」のように要素同士の親子関係で場所を特定できる場合には、子孫セレクタを使うことができます。子孫セレクタは「親要素 子孫要素」というように、外側にある先祖要素から順番に半角スペースでセレクタを区切りながら場所を絞り込んでいく形式で記述します。

## 要素の兄弟・親子関係を利用してスタイルを設定する

子孫セレクタのように HTML 要素の構造を利用したセレクタは他にもあります。

- ある要素に続けて出現する（隣接する）要素にのみスタイルを適用する…隣接セレクタ
- ある要素の直下の子要素のみにスタイルを適用する…子セレクタ

これらを使って図 07-1 のように、#contents 直下にあるセクションとセクションの間に余白を設定したいと思います。

**図 07-1** セクション間の余白指定

## 1 section要素に隣接するsection要素に上余白を設定する

● style.css

```
64    /*セクション間隔*/
65 ▼  section + section {
66        margin-top: 80px;
67    }
```

ここも80pxになってしまう

　セクション間に余白をつけたいので、まずはsection要素の後に続けて出てくるsection要素に上余白を設定してみます。ところが、単純に隣接セレクタでsection + sectionとしてしまうと、小見出しh3から始まる下層のセクションも対象となってしまいます。

## 2 上余白をつける section 要素を #contents 直下のものに限定する

● style.css

```
64    /*セクション間隔*/
65  ▼ #contents > section + section {
66        margin-top: 80px;
67    }
```

サブセクション間は
対象外になる

　そこで子セレクタを使って対象となる section 要素を #contents 直下のものに限定すると、希望するデザイン通りに余白をつけることができるようになります。

　HTMLの構造を利用したセレクタを使ってスタイル指定することのメリットは、一度スタイルを設定してしまえば後は同じ構造が繰り返される限りマークアップするだけで自動的に指定のスタイルが適用されていくため、制作効率が良いという点です。逆に、HTML構造が変わってしまったり、適用するスタイルにイレギュラーなものが多かったりするようなケースではデメリットの方が大きくなるため、実際に利用するのかは明らかにメリットの方が大きいと判断できる場合に限定した方が無難です。

### 複数のセレクタに一括で同じスタイルを設定する

　異なる複数のセレクタを、「,（カンマ）」で区切って列挙することで、「グループセレクタ」を作ることができます。グループセレクタは、複数のセレクタに同じスタイルを一括で適用したい場合に利用すると

便利です。今回は、ヘッダー、ナビ、フッターの各領域のテキストを全て中央寄せにするように指定してみましょう。

● style.css

```css
13    /*ヘッダー,ナビ,フッターの共通設定*/
14  ▼ header,nav,footer {
15        text-align: center;
16    }
```

## 特定の条件を満たしたときだけスタイルを適用する

テキストリンクは「クリックできる領域である」ことを視覚的に分かりやすく伝えるため、マウスが乗ったときに何らかのスタイル変更を行うことが一般的です。このようにある要素が特定の条件を満たしたときにだけ反応するセレクタを作るためのものを「疑似クラス」と言います。リンクに関しては :link（未訪問リンク）:visited（訪問済みリンク）:hover（マウスが乗ったとき）:active（マウスクリックされているとき）:focus（フォーカスされているとき）といった具合に適用スタイルの切り分けができます。今回のようにマウスが乗っているかいないかの二択で良い場合は、:hover 疑似クラスのみ設定します。

● style.css

```css
 8    /*リンク色の設定*/
 9  ▼ a {
10        color: #df4839;
11    }
12  ▼ a:hover {
13        color: #ff705b;
14        text-decoration: none;
15    }
```

表 07-1 リンクに使う疑似クラス

| :link | 未訪問リンク |
|---|---|
| :visited | 訪問済みリンク |
| :hover | マウスが乗ったとき |
| :active | マウスクリックされているとき |
| :focus | フォーカスされているとき |

Memo　マウスが乗っているかいないかの二択ではなく、全てのリンクの状態に疑似クラスで細かくスタイルを適用したい場合は、表 07-1 に記載した順番通りにセレクタを記述するようにしてください。セレクタの順番が違うとうまくスタイルが適用されない場合があります。

## CSS で装飾用の要素を出力する

「もっと見る」のリンクの後ろに矢印アイコンを設置したいと思います。アイコン自体はあくまで装飾であるため、HTML に直接アイコン画像を貼り付けるのではなく、CSS で表示することが望ましいと言

えます。「疑似要素」という特殊なセレクタを使うと、HTML 側にタグを記述することなく CSS だけでコンテンツを出力することができます。なお、HTML テキスト原稿の「→」は削除しておいてください。

● style.css

```
62    /*「もっと見る」リンクの設定*/
63 ▼  .more {
64        text-align: right;
65    }
66 ▼  .more::after {
67        content: url(img/arrow.png);
68        margin-left: 3px;
69        vertical-align: middle;
70    }
```

もっと見る ●

::after というのが疑似要素です。疑似要素とは、HTML ソースコード上には存在しないが要素のように振る舞うことができる特殊なセレクタで、::after はそのうちの 1 つです。::after 疑似要素は対象となる要素の閉じタグの直前に、content プロパティを使ってコンテンツを出力します。出力できるものはテキスト、画像、空のボックスなどがありますが、今回は url(img/arrow.png) という形でアイコン画像を出力しています。

> Memo ::after と同様に CSS だけでコンテンツを生成できる疑似要素として ::before というものもあります。::before は対象となる要素の開始タグの直後にコンテンツを生成します。::before / ::after に関するより詳しい解説、およびその他の疑似要素については、講義「セレクタの種類と覚えておきたいセレクタのルール」の疑似要素を参照してください。

## リンクの種類に応じて自動的に対応するアイコンを表示する

別ウィンドウで開くリンク、メールリンクに対して、自動的に対応するアイコンを表示するようにしてみたいと思います。クリックしたときに別ウィンドウで開くかどうかは、a 要素の target 属性が _blank になっているかどうか（a[target="_blank"]）で判別できます。また、メールリンクかどうかは、a 要素の href 属性が mailto: で始まっているかどうか（a[href^="mailto:"]）で判別できます。このように、ある要素の属性の値によって対象となる要素を特定するためのセレクタを「属性セレクタ」と呼びます。

● style.css

```
72    /*リンク種別アイコン*/
73 ▼  a[target="_blank"]::after {
74        content: url(img/ico_blank.png);
75        margin-left: 5px;
76        vertical-align: middle;
77    }
78 ▼  a[href^="mailto:"]::after {
79        content: url(img/ico_mail.png);
80        margin-left: 5px;
81        vertical-align: middle;
82    }
```

mail ：
info@roka404.main.jp ✉
Web ：
http://roka404.main.jp/blog/ ⧉

# 講義 セレクタの種類と覚えておきたいセレクタのルール

## 最低限使いこなせるようにしておきたいセレクタ

セレクタを使いこなせるようにすることはCSSマスターの第一歩です。タイプ（要素）・id・classの3つのセレクタを、シンプル・グループ・子孫の3つの指定方法と組み合わせることで基本的な指定はなんとかなりますので、まずはこの基本セレクタをしっかりマスターすることを目指しましょう。特にclassセレクタと子孫セレクタは最も頻繁に使うセレクタとなりますので、使用上の注意点なども含めてしっかり理解し、使いこなせるようになりましょう。

### ▶ 3種類のセレクタ

図07-2 セレクタの種類

**タイプ セレクタ**（指定された要素をセレクタとするもの）

```
<h1>見出し</h1>  →  h1{color:#FF0000;}
```

**id セレクタ**（id属性で固有の名前をつけられた要素をセレクタとするもの）

```
<h1 id="foo">見出し</h1>  →  h1#foo{color:#FF0000;}
```

・要素名は省略可
・id属性による名称はページの中で固有のものでなければならない

**class セレクタ**（class属性で任意の名前をつけられた要素をセレクタとするもの）

```
<h1 class="foo">見出し</h1>  →  h1.foo{color:#FF0000;}
```

・要素名を省略した場合は汎用classとなり、どの要素内でも使用可能
・要素名付きの場合は特定要素内でのみ使用可能
・class属性による名称はページ内で何度呼び出されても構わない

### ▶ 3つの組合せ

図07-3 セレクタの組合せ

**シンプル セレクタ**（要素のみ、classのみ、idのみといった形の単一セレクタ指定）

```
h1{color:#FF0000;}
#foo{color:#00FF00;}
.bar{color:#0000FF;}
```

**グループ セレクタ**（複数のセレクタをカンマでつなぐことで一括指定できるセレクタ）

```
h1,h2,h3{color:#FF0000;}
#foo,#bar{color:#00FF00;}
.foo,#foo.bar{color:#0000FF;}
```

**子孫 セレクタ**（要素の親子関係を利用して親要素→子要素→孫要素と絞り込む形で選択するセレクタ）

```
<div id="foo">
  <ul>
    <li>テキストテキスト</li>
    <li>テキストテキスト</li>
  </ul>
</div>
```

→

```
#foo ul li{color:#FF0000;}
```

親要素から順に半角スペースで区切る

```
#foo li{color:#FF0000;}
```

目的の要素を特定できるならば、
中間要素は省略しても良い

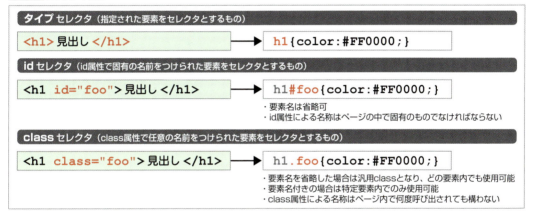

実習の方で基本的なセレクタの種類と使い方は一通り解説していますが、現在標準的なブラウザで利用できるセレクタは他にもありますので、以下にセレクタの一覧を掲載しておきます。一度に全て覚えるのは大変なので、今の段階ではどんなセレクタが存在するのかだけ確認しておきましょう（各種セレクタの詳しい使い方についてはLesson19で改めて解説します）。

**表07-2** セレクタ一覧

| セレクタ | 名称 | 意味 | 例 | CSSレベル |
|---|---|---|---|---|
| * | ユニバーサルセレクタ（全称セレクタ） | 全ての要素を選択する | `* { margin: 0; }` | CSS2.1 |
| E | タイプセレクタ | その要素（E）を選択する | `h1 { color: #ff0000; }` | |
| #id | idセレクタ | id属性が[id]である要素 | `#title { font-size: 150%; }` | |
| .class | classセレクタ | class属性が[class]である要素 | `.note { font-size: 80%; }` | |
| E F | 子孫セレクタ | 親要素Eに含まれる子孫要素Fを選択する | `h1 span { color: #ff0000; }` | |
| E > F | 子セレクタ | 親要素Eの直下の子要素であるFを選択する | `ul > li { border-top: #ccc 1px solid; }` | |
| E + F | 隣接セレクタ | 兄要素Eに隣接する弟要素Fを選択する | `h2 + p { margin-top: 0; }` | |
| E ~ F | 間接セレクタ | 兄要素Eの後に登場する弟要素Fを全て選択する | `h2 ~ p { text-indent: 1em; }` | CSS3 |

**Memo　CSSレベル**
CSSは開発段階に応じてレベル分けされています。各ブラウザのバージョンによってどのレベルまで使えるかが変わってくるのですが、セレクタに関してはIE9以上であればCSSレベル3まで全て利用可能ですので特にレベルの違いを気にする必要はありません。

**図07-4** 子セレクタ・隣接セレクタ・間接セレクタ

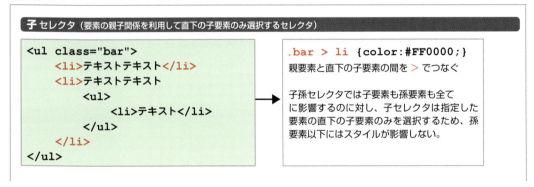

## 基本的なセレクタの使い方

**隣接** セレクタ（要素の兄弟関係を利用して隣接する要素のみ選択するセレクタ）

```
<h2>見出し</h2>
<p>テキストテキスト</p>
<p>テキストテキスト</p>
<p>テキストテキスト</p>
<p>テキストテキスト</p>
```

`h2 + p {margin-top: 15px;}`
指定した要素の次に続く要素を + でつなぐ

「p要素の次に続くp要素」とか、「h2要素の次に続くdiv要素」などのように、ある特定の要素の次に隣接する要素のみを選択することができる。

**間接** セレクタ（要素の兄弟関係を利用して後続の弟要素全てを選択するセレクタ）

```
<h2>見出し</h2>
<p>テキストテキスト</p>
<p>テキストテキスト</p>
<div><img src="xxx.png" ></div>
<p>テキストテキスト</p>
<p>テキストテキスト</p>
```

`h2 ~ p {margin-top: 15px;}`
指定した要素の次に続く要素を ~ でつなぐ

「h2要素の後に続くp要素全て」などのように、ある特定の要素の後に出てくる指定の弟要素全てを選択することができる。

**表07-3** 属性セレクタ

| セレクタ | 意味 | 例 | CSSレベル |
| --- | --- | --- | --- |
| E[attr] | 属性attrを持つ要素（E）を選択 | `a[href]`<br>href属性を持つa要素 | CSS2.1 |
| E[attr="value"] | 属性attrの値がvalueである要素（E）を選択 | `a[target="_blank"]`<br>target属性値が_blankであるa要素 | |
| E[attr^="value"] | 属性attrの値がvalueで始まる要素（E）を選択 | `a[href^="mailto:"]`<br>href属性値がmailto:で始まるa要素 | CSS3 |
| E[attr$="value"] | 属性attrの値がvalueで終わる要素（E）を選択 | `a[href$=".pdf"]`<br>href属性値が.pdfで終わるa要素 | |
| E[attr*="value"] | 属性attrの値がvalueを含む要素（E）を選択 | `[class*="icon_"]`<br>class属性にicon_が含まれる全ての要素 | |

Memo: Eには何らかの要素が入ります。この要素は省略することが可能です（以下同）。

**表07-4** 疑似クラス

| 種類 | セレクタ | 意味 | CSSレベル |
|---|---|---|---|
| リンク疑似要素<br>※:linkと:visitedはa要素のみ、他はa要素以外でも利用できます。 | :link | 未訪問リンク | CSS2.1 |
| | :visited | 訪問済みリンク | |
| | E:hover | マウスが乗っている状態のE要素 | |
| | E:active | アクティブ状態のE要素 | |
| | E:focus | フォーカス状態のE要素 | |
| 言語疑似クラス | E:lang() | その言語コードが指定されているE要素 | |
| 構造疑似クラス | E:first-child | 最初の子であるE要素 | CSS3 |
| | E:last-child | 最後の子であるE要素 | |
| | E:nth-child(n) | n番目の子であるE要素 | |
| | E:nth-last-child(n) | 後ろからn番目の子であるE要素 | |
| | E:only-child | 唯一の子であるE要素 | |
| | E:first-of-type | 最初のE要素 | |
| | E:last-of-type | 最後のE要素 | |
| | E:nth-of-type(n) | n番目のE要素 | |
| | E:nth-last-of-type(n) | 後ろからn番目のE要素 | |
| | E:only-of-type | 唯一のE要素 | |
| | :root | 文書のルート要素（html要素） | |
| 否定疑似クラス | E:not(s) | セレクタsではないE要素 | |
| ターゲット疑似クラス | E:target | ターゲットになるE要素 | |
| UI疑似クラス | E:enabled | 入力可能状態なE要素（UI要素のみ） | |
| | E:disabled | 入力不可状態なE要素（UI要素のみ） | |
| | E:checked | 選択された状態のE要素（UI要素のみ） | |

**表07-5** 疑似要素

| セレクタ | 意味 | 例 | CSSレベル |
|---|---|---|---|
| E::first-letter | E要素の最初の1文字 | p::first-letter {font-size: 200%;} | CSS2.1 |
| E::first-line | E要素の最初の1行 | p::first-line { font-weight: bold; } | |
| E::before | E要素内の先頭にコンテンツを生成 | p::before {content: "「";} | |
| E::after | E要素の末尾にコンテンツを生成 | p::after {content: "」";} | |
| E::selection | E要素のうちユーザが選択した領域 | p::selection {background-color: #ff0;} | CSS3 |

> **Memo**　厳密にはCSS2.1の時代の疑似要素は疑似クラスと同じくコロン1つで表記されていましたので、コロン2つ表記の疑似要素はCSS3のセレクタということになります。なお後方互換性を保つため、CSS2.1の疑似要素はコロン1つでも2つでもどちらでも動作しますが、今後はコロン2つに統一した方が良いと思われます。

図07-5 疑似要素

### ::before 疑似要素／::after 疑似要素

::before 疑似要素と ::after 疑似要素は、要素の内側に CSS で疑似的なコンテンツを生成できる特殊なセレクタで、HTML 側に物理的な要素を記述することなく、まるでそこに何か要素があるかのように振る舞わせることができます。

図07-6 ::before ／ ::after 疑似要素の生成位置

::before／::after でコンテンツを生成するためには、content プロパティを使う必要があります。content プロパティでは、テキスト、画像、空のボックスなどを生成することが可能です。

● 例

```
<テキストの生成>
.sample::before {
        content: "文字列";
}
<画像の生成>
.sample::before {
        content: url(画像のパス);
}
```

```
<空ボックスの生成>
.sample::before {
        content: "";
}
```

生成された ::before / ::after 疑似要素は、通常の要素に指定するのと同じように色や背景、サイズ指定など様々なスタイルを設定することが可能です。ただし HTML ソースコード上に実態はないため、あくまでデータではなく装飾的な要素を追加したい場合に使うようにしましょう。

> **Memo**
> content プロパティで生成されるボックスは、初期設定ではテキストレベルの span 要素と同じような扱いとなります。サイズ指定が可能な div 要素と同じような扱いをしたい場合には、display プロパティ（Lesson10 の講義「display プロパティの活用」を参照）の変更が必要となります。

## セレクタの優先順位と詳細度

CSS には、異なる複数のセレクタから同じ場所の同じプロパティに対して別々の値が指定された場合、最終的にどのセレクタに記述されている指定を優先して表示させるかを判定する仕組みが用意されています。

基本的には「後から記述されたものを優先」して値が上書きされるのですが、もう 1 つセレクタの詳細度というものによっても優先順位が変わってきます。

## セレクタの詳細度

セレクタの詳細度とは、文字通りセレクタがどれだけ細かく指定されているかを示すもので、この値が最も大きいセレクタが最優先されます。この仕組みがあるため、詳細度が全く同じ場合には後から記述されたセレクタが優先されますが、詳細度の高いセレクタと低いセレクタが被った場合には、記述された順番に関わらず、詳細度の高い方が優先されるようになっています。

詳細度はセレクタの種類などに応じてポイント制のような形となっており、内部的には数値で管理されています。この数値決定のアルゴリズムは少々複雑なので、

- 「タグ＜ class ＜ id」の順に詳細度が高くなり、優先順位が上がる
- 「外部参照＜内部参照＜インライン指定」の順に詳細度が高くなり、優先順位が上がる
- 子孫セレクタ等でセレクタが複数になっている場合は「より詳しく」指定されている方が優先される

など、基本的な法則を押さえておくようにしましょう。

**図 07-7** CSSの優先順位

| 優先順位 | 低 → 高 | | | | |
|---|---|---|---|---|---|
| スタイル種類 | ブラウザ標準 | < | ユーザスタイル | < | 制作者スタイル |
| セレクタ種類 | タイプ | < | class | < | id |
| 記述場所 | 外部参照CSS | < | 内部参照CSS | < | インラインCSS |
| 記述順序 | 前に書いたもの | | < | | 後ろに書いたもの |

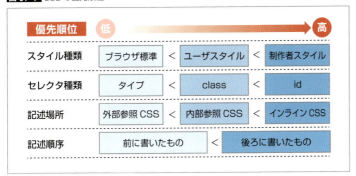

## !important

セレクタの詳細度が原因でスタイルの上書きができない場合は、原則としてより詳細度の高いセレクタを作って上書きするか、同じ詳細度同士のセレクタに修正して、記述順によって上書きされるように修正するしかありません。しかしどうしてもそれが困難な場合、プロパティの後ろに「!important」と記述すると詳細度を無視してその指定を最優先にできます。

例えばこちらのコードの場合、idセレクタが使われている上のセレクタの方がclassセレクタだけの下のセレクタよりも詳細度が高いので、上のセレクタの方が優先されます。

**図 07-8** 通常の優先度

```
#hoge .fuga{color: red;} /*優先*/
.fuga{color: blue;}
```

しかし次のように!importantを使うと、詳細度が無視され、!importantがついたセレクタの方が優先されるようになります。

**図 07-9** !importantでの最優先指定

```
#hoge .fuga{color: red;}
.fuga{color: blue !important;} /*優先*/
```

!importantはどうしてもこれを使うしか方法がない場合には使っても構いません。しかし乱用すると正常なスタイルの継承・上書きの仕組みが壊れてしまうので、極力使わないようにするのが原則です。あくまで「奥の手」だという認識で最小限の利用にとどめるようにしてください。

**Point**

- 「どこの」にあたるセレクタを理解することが上達の近道
- 様々なセレクタの種類ごとに「どのような場面で利用するものか」を整理する
- セレクタの種類は非常に多いので、まずはclassセレクタ、子孫セレクタといった基本のセレクタを使いこなせるようにすることを優先する

CHAPTER 02 | CSSで文書を装飾する

# LESSON 08 背景画像を使った要素の装飾

Lesson08では、背景画像の扱い方を練習します。背景画像を自由に扱えるようになるとWebの表現力が格段に上がります。

Sample File　chapter02 ▶ lesson08 ▶ before ▶ index.html、style.css

● Before

● After

 ページタイトルはお使いのパソコン環境によっては2行で表示されます。

## 実習　背景画像で装飾をする

ブラウザ全体の背景にストライプ模様の素材を設定する

### 1　使用する素材を確認する

使用する画像素材はimgフォルダ内にbg.pngという名前で保存されています。100×140pxの部分パーツになっています。

## 2 body 要素に背景画像を設定する

● style.css

```
3    /*ウィンドウ背景色の設定*/
4    body {
5      background-color: #fbf9cc;
6      background-image: url(img/bg.png);
7    }
```

覚えよう！ ▶background-image ［背景画像］

　background-image プロパティで素材を指定すると、縦横にリピート配置され、要素全体が画像で埋め尽くされます。

## 3 背景画像の繰り返し方向を指定する

● style.css

```
3    /*ウィンドウ背景色の設定*/
4    body {
5      background-color: #fbf9cc;
6      background-image: url(img/bg.png);
7      background-repeat: repeat-x;
8    }
```

覚えよう！ ▶background-repeat ［背景画像の繰り返し方向］
値：repeat | repeat-x | repeat-y | no-repeat

　用意した画像素材を横方向にのみ繰り返したいので repeat-x を指定します。縦方向のみは repeat-y、繰り返し無しは no-repeat、デフォルトの値（初期値）は repeat（縦横に繰り返し）になります。

> **Memo　初期値**
> 各プロパティにはそれぞれデフォルトの値（初期値）があります。初期値と同じ値を使うのであれば、基本的に指定する必要はありません。

## 4 その他の background 関連プロパティも試してみる

　背景画像にはその表示をコントロールするための様々な background 関連プロパティが存在します。今回の実習教材の再現には必要ありませんが、ここで一旦その他の background 関連プロパティも試してみることにしましょう。

### ▶ background-position（背景画像の表示位置）

　background-repeat の値を no-repeat にすると、背景画像は body 要素の左上に配置されます。これは、背景画像を要素のどこに配置するかを決定する background-position の初期値が「left top（左上）」となっているからです。「right top（右上）」や「center bottom（中央 下）」などに変更して背景画像の表示位置が変わるのを確認してみましょう。

● style.css

```
 3    /*ウィンドウ背景色の設定*/
 4 ▼  body {
 5      background-color: #fbf9cc;
 6      background-image: url(img/bg.png);
 7      /*背景関連プロパティのテスト*/
 8      background-repeat: no-repeat;   /*繰り返し無し*/
 9      background-position: right top;/*右上基準で配置*/
10    }
```

### ▶ background-attachment（背景画像の固定・移動）

　この状態で background-attachment の値を fixed にして、ブラウザをスクロールしてみましょう。コンテンツがスクロールしても背景画像は固定されたまま移動しないようになります。

● style.css

```
 3    /*ウィンドウ背景色の設定*/
 4 ▼  body {
 5      background-color: #fbf9cc;
 6      background-image: url(img/bg.png);
 7      /*背景関連プロパティのテスト*/
 8      background-repeat: no-repeat;   /*繰り返し無し*/
 9      background-position: right top;/*右上基準で配置*/
10      background-attachment: fixed;   /*背景画像を固定*/
11    }
```

# 背景画像を使った要素の装飾

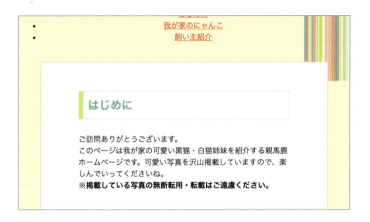

### ▶ background-size（背景画像の表示サイズ）

背景画像は用意した画像サイズ原寸で表示されるのがデフォルトですが、background-size を使えば CSS でサイズ変更も可能です。100 × 140px の素材を、半分の 50 × 70px に変更してみましょう。

● style.css

```
3   /*ウィンドウ背景色の設定*/
4 ▼ body {
5     background-color: #fbf9cc;
6     background-image: url(img/bg.png);
7     /*背景関連プロパティのテスト*/
8     background-repeat: no-repeat;
9     background-position: right top;
10    background-attachment: fixed;
11    background-size: 50px 70px;
12  }
```

このように背景画像には関連するプロパティが沢山ありますので、デザインに合わせて組み合わせて使うようにしてください。

ではテストした背景関連プロパティは削除して、手順❸の状態に戻してから次へ進みましょう。

## 5 背景画像の指定をショートハンドに修正する

● style.css

```
3    /*ウィンドウ背景色の設定*/
4 ▼  body {
5 ▼    /*
6      background-color: #fbf9cc;
7      background-image: url(img/bg.png);
8      background-repeat: repeat-x;
9      */
10     background: #fbf9cc url(img/bg.png) repeat-x;
11   }
```

Memo /*～*/で挟まれた範囲のコードはコメント扱いとなり、無効となります。一時的にコードを無効にすることを「コメントアウトする」と言います。

　background 関連プロパティは、background プロパティによって一括指定できます（ショートハンド）。この場合、必要な値を半角スペースで区切って並記します。省略した値についてはデフォルトの値が自動的にセットされます。また background-size 以外の background プロパティの場合、値の順番は関係ありませんので、自分が分かりやすいように記述しておけば OK です。

### Column よく使うショートハンド

　CSS では、複数のプロパティを 1 行でまとめて記述する「ショートハンド」という書き方がよく利用されます。ショートハンドで記述できるプロパティはいろいろありますが、中でも次の 3 つは非常に利用頻度が高いので、細かい注意点も含めしっかり理解しておく必要があります。

#### ❶ margin / padding

　上下左右の margin/padding を一括指定できます。値の順番に意味があります。

図 08-1 ショートハンド margin

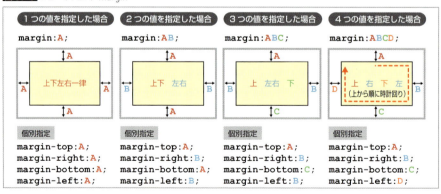

#### ❷ border

　border-style, border-width, border-color の 3 つのプロパティを一括指定できます。値の順番に意味はありませんので入れ替え可能ですが、border-color 以外の 2 つの値は必須となります。また、border-color を省略した場合は親要素の color プロパティの値が継承されます。

**図 08-2** ショートハンド border

❸ background

　backgroundに関連する複数のプロパティを一括指定できます。background-size 以外の値の順番に意味はありませんので入れ替え可能です。また、各プロパティの初期値（デフォルト）と同じ場合は値の省略が可能です。省略された値は初期値で上書きされます。

　ただし、background-size をショートハンドに組み込む場合には、background-position の後ろに /（スラッシュ）をつけて記述する必要があり、この場合の background-position は初期値であっても省略することはできません。

> **Memo** Android4.3 以下では background-size のショートハンドへの組み込みは非対応です。

**図 08-3** ショートハンド background

**図 08-4** ショートハンド background（background-size を組み込んだ場合）

**表 08-1** background 関連プロパティの意味と初期値一覧

| プロパティ | 意味 | 値 | 初期値 |
| --- | --- | --- | --- |
| background-color | 背景色 | カラーコード｜カラーネーム｜transparent | transparent（透明） |
| background-image | 背景画像 | url（ファイルパス）｜none | none（画像なし） |
| background-repeat | 背景画像の繰り返し方向 | repeat｜repeat-x｜repeat-y｜no-repeat | repeat（縦横に繰り返し） |
| background-position | 背景画像の表示開始位置 | 位置を表すキーワード｜%｜数値（px） | 左上（left top｜0% 0%｜0px 0px） |
| background-attachment | 背景画像の固定・移動 | fixed｜scroll | scroll |
| background-size | 背景画像の表示サイズ | auto｜cover｜contain｜幅 高さ）（単位付き数値指定） | auto（原寸） |

## 講義 背景関連プロパティに関する補足

### background-position プロパティの値を数値で指定した場合

**図 08-5** background-position プロパティの基本書式

```
background-position: left top;
                     ❶    ❷
```
❶ 左右方向の位置。`left | center | right` のいずれかの値を取る。
❷ 上下方向の位置。`top | center | bottom` のいずれかの値を取る。

　基本は上図のように左右方向・上下方向それぞれのキーワードを指定しますが、ここに px などの単位で数値を指定することもできます。ただしこの場合は<mark>必ず左上が基点</mark>となりますので注意が必要です。

**図 08-6** background-position プロパティの指定方法

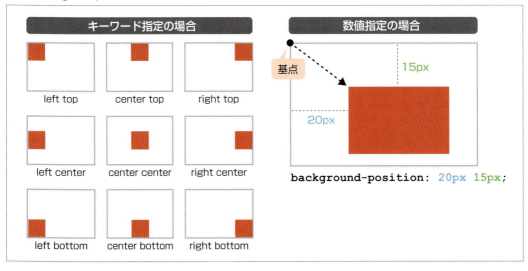

　なお、「右から 10px、上から 10px」のように左上以外の四隅を基点としてオフセットを数値指定したい場合には、`background-position: right 10px top 10px;` のように left/right、top/bottom のキーワードに続けてオフセットしたい数値（px、% など）を指定することで実現可能です。

> **Memo** Android4.3 以前のバージョンでは背景画像位置のオフセット指定は非対応です。

### ショートハンドで色指定を省略した場合の注意点

　background-color だけは個別に指定し、背景画像関連はショートハンドでまとめるという書き方をすることがあります。その際、プロパティの記述順に注意する必要があります。

## 背景画像を使った要素の装飾

● NG例
```
セレクタ{
  background-color:#ff0000;
  background:url(img/bg.gif) right top no-repeat;
}
```

● OK例
```
セレクタ{
  background:url(img/bg.gif) right top no-repeat;
  background-color:#ff0000;
}
```

　NG例では、ショートハンド指定より前に背景色指定（赤）がありますが、この指定は無効になります。これは、次の2つのCSSのルールが関係しています。

- backgroundショートハンドで省略された値はデフォルトの値がセットされる
- 同じ要素の同じプロパティに異なる値をセットしたときは、後から読み込まれた値が優先される

　NG例の場合、最初にbackground-colorを赤に設定した後で、ショートハンドのbackgroundを設定しています。そしてショートハンドの中ではbackground-colorの値を省略しています。この場合デフォルトの値であるtransparent（透明）で赤の指定を上書きすることになるため、背景色が表示されないことになるのです。

### 背景画像を複数枚指定した場合の注意点

　背景画像は1つの要素に複数枚指定することができます。例えば以下のように四隅に飾り罫のデザインをほどこしたいときなどは、1つの要素に4枚の背景画像をそれぞれ四隅に配置することで実現できます。

● HTML
```
<div class="frame"><p>4つの背景画像を四隅に配置</p></div>
```

● CSS
```
.frame {
  width: 400px;
  padding: 100px;
  background:
    url(img/bg_frame01.png) left top no-repeat,
    url(img/bg_frame02.png) right top no-repeat,
    url(img/bg_frame03.png) left bottom no-repeat,
    url(img/bg_frame04.png) right bottom no-repeat;
  text-align: center;
}
```

099

4つの背景画像を四隅に配置

　複数背景画像の値は、最初に指定したものが最前面、最後に指定したのものが最背面に配置される仕様となっていますので、背景画像同士が重なるような形で配置したいデザインの場合、値の記述順に注意が必要です。以下の例では海の写真（sea.jpg）が下、ハイビスカスのイラスト（flower.png）が上となりますので、指定順はハイビスカスが先、海が後となります。

● HTML
```
<div class=" multi-bg "> </div>
```

● CSS
```
.multi-bg {
  padding-top: 50%;
  background:
    url(img/flower.png) no-repeat, /*前面に配置*/
    url(img/sea.jpg) no-repeat;    /*背面に配置*/
}
```

## Column

### Web で扱う画像の形式

Web で扱う画像形式は、主に JPEG／PNG／GIF の 3 種類です。それぞれに特徴がありますので用途に合わせて選択する必要があります。

**表 08-2** Web で扱う画像の主な形式とその特徴

| 形式 | GIF | JPEG | PNG-8 | PNG-24/32 |
| --- | --- | --- | --- | --- |
| 色数 | 最大 256 色 | フルカラー | 最大 256 色 | フルカラー |
| 圧縮方法 | 可逆圧縮 | 非可逆圧縮 | 可逆圧縮 | 可逆圧縮 |
| 圧縮率 | 中 | 高 | 高 | 低 |
| 透過機能 | ○ | × | ○ | ○ |
| アルファチャンネル | × | × | △ | ○ |
| アニメーション | ○ | × | × | × |
| 主な用途 | アイコン・イラスト・画像文字・アニメーション | 写真 | アイコン・イラスト・画像文字 | 半透明処理が必要な画像 |
| 備考 | PNG-8 に比べやや圧縮率が低い | 圧縮で画像が劣化する |  | JPEG よりファイルサイズが大きくなる |

　また、上記は全て「ビットマップ形式」の画像形式であるのに対し、近年では「ベクター形式」の画像として「SVG」という形式が採用されるケースも増えてきています。
　ベクター形式の画像は、Adobe Illustrator で作成したデータのように全て数式で構成されており、アイコンやロゴ画像などのエッジがシャープなイラスト用の画像形式に適しています。ビットマップ画像との大きな違いは、「拡大または縮小してもなめらかなエッジをキープできる」という点で、特に画像のマルチデバイス対応へのソリューションとして注目されています。

## Point

- よく使う背景関連プロパティを覚えておこう
- ショートハンドでの書き方と、その注意点を確認しよう
- 1 つの要素に背景画像を複数枚使う場合は、記述順に気をつけよう

CHAPTER 02　CSSで文書を装飾する

## LESSON 09　CSSを使った要素の装飾

Lesson09では、CSS3から登場した装飾関連プロパティ等を利用してCSSだけでデザイン・装飾をする練習をします。装飾プロパティを活用すればCSSだけでもかなり凝ったデザインを作ることが可能となるので、Photoshopなどのグラフィックソフトが扱えなくても凝ったWebページをデザインしやすくなります。

**Sample File**　chapter02 ▶ lesson09 ▶ before ▶ index.html、style.css

● Before　　　　　　　　　　　　　　● After

ページタイトルはお使いのパソコン環境によっては2行で表示されます。

## 実習　タイトルロゴをCSSでデザインする

### 1　タイトル枠を楕円形にする

　要素の枠はデフォルトでは四角ですが、 border-radius プロパティを使うと角を丸くしたり（角丸）、完全な円形にしたりすることができます。完全な円形にしたい場合は、border-radiusの値に 50% 以上 の % 数値 （またはwidth / heightと同じ数値）を指定します。また、その場合元の要素が正方形なら正

円、長方形なら楕円となります。

● style.css
```
25    /*ページタイトルの設定*/
26 ▼  h1 {
            ----省略----
36        border-radius: 50%;
37    }
```

図 09-1 border-radius の基本書式と値指定の例

border-radius: 角丸の半径;

例：border-radius: 10px;　　例：border-radius: 5px 10px 15px 20px;
　　　　　　　　　　　　　　　　　　　　　　　（左上 右上 右下 左下）

## 2 タイトル文字に影をつけて立体感を出す

text-shadow プロパティを使うと、テキストに影をつけることができます。典型的な使い方はドロップシャドウですが、他にも様々なデザイン表現が可能です。今回は文字の右下に薄い影を落としてみましょう。

● style.css
```
25    /*ページタイトルの設定*/
26 ▼  h1 {
            ----省略----
36        border-radius: 50%;
37        text-shadow: 1px 1px 2px #307657;
38    }
```

図 09-2 text-shadow の基本書式

text-shadow: X方向の距離 Y方向の距離 ぼかし幅 影色;

例：text-shadow: 1px 1px 5px #000;

Memo　text-shadow を使った各種デザイン表現の事例紹介は、Chapter06 Lesson20 を参照してください。

## 3 タイトル枠に影をつけて立体感を出す

box-shadow プロパティを使うと、ボックス枠に影をつけることができます。text-shadow と同じく典型的な使い方はドロップシャドウですが、他にも様々なデザイン表現が可能です。今回はタイトル枠の周囲全体に薄いぼかし影をつけてみましょう。

● style.css

```
25    /*ページタイトルの設定*/
26 ▼  h1 {
------------------------ 省略 ------------------------
36        border-radius: 50%;
37        text-shadow: 1px 1px 2px #307657;
38        box-shadow: 0 0 10px rgba(0,0,0,0.5);
39    }
```

図 09-3 box-shadow の基本書式

```
box-shadow:  X方向の距離  Y方向の距離  ぼかし幅  広がり※省略可  影色  内側指定※省略可;
例：box-shadow: 2px 2px 10px #000;    例：box-shadow: 0 0 5px 2px #000 inset;
```

　影の色指定には 16 進数や rgba() のような不透明色を使っても構いませんが、例えば下に写真や装飾的な背景画像のような色数の多い素材がある場合には、単色の不透明色で影をつけてしまうとうまく影の色が馴染まない恐れがあります。そのような場合には rgba() を使って半透明の色で影をつけると違和感を減らすことができます。

> Memo
> box-shadow を使った各種デザイン表現の事例紹介は、Chaper06 Lesson20 を参照してください。

## 4 タイトル枠の背景をグラデーションにする

　枠の内側の背景色を、単色ではなくグラデーションにしてみましょう。グラデーションは background-image の新しい値である linear-gradient() または radial-gradient() を使うことで画像素材を用意しなくても CSS だけで実現することができます。今回は線形グラデーションを使ってデザインすることにします。

● style.css

```
25    /*ページタイトルの設定*/
26 ▼  h1 {
------------------------ 省略 ------------------------
36        border-radius: 50%;
37        text-shadow: 1px 1px 2px #307657;
38        box-shadow: 0 0 10px rgba(0,0,0,0.5);
39        background-image: linear-gradient(to bottom, #6fbb9a, #4a9d79);
40    }
```

# CSSを使った要素の装飾

> Memo
> linear-gradient()は線形グラデーション、radial-gradient()は円形グラデーションを表現するための値です。

**図09-4** linear-gradient()の基本書式

```
linear-gradient(角度, カラーストップ, カラーストップ)
```
角度（W3C使用）…to bottom | to top | to right | to left | 数値deg
カラーストップ…色 位置
例：background: linear-gradient(to right, #f00, #fff);
例：background: linear-gradient(to top, #f00 0%, #0ff 50%, #fff 100%)

> Memo
> グラデーションの詳細や各種デザイン表現の事例紹介は、Chaper06 Lesson20を参照してください。

##  5 Webフォントでタイトル文字に個性を出す

　Webの世界ではフォントは各ユーザのローカル環境に標準でインストールされている基本のゴシック体または明朝体を使うように指定するのが原則です。特殊なフォントを指定してもユーザの環境にそのフォントがインストールされていなければ表示することはできないからです。しかし、「Webフォント」つまりWebサーバ上に用意されたフォントを表示する仕組みを利用すれば、全てのユーザに特定のフォントで見せることができます。

　今回はGoogleが提供する無料のWebフォント配信サービス「Google Fonts」を使ってタイトル文字を可愛らしいデザインのものに変更してみたいと思います。手順は以下の通り、いたって簡単です。

❶ Google Fonts のサイトへ移動（https://www.google.com/fonts）

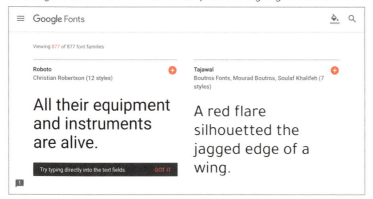

❷ 使用するフォント名に Limelight を指定

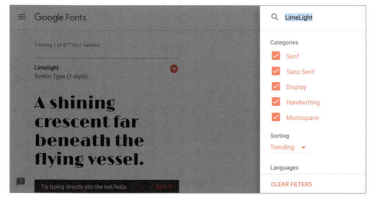

❸ フォントを選択して読み込みのためのコードを表示

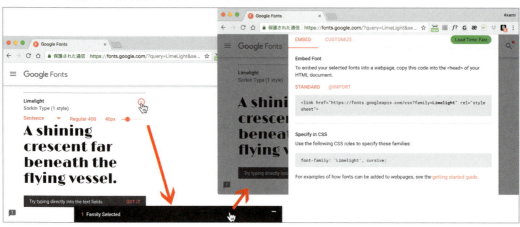

# CSSを使った要素の装飾

❹ 表示されたlink要素をコピーして、index.htmlのhead要素内に貼り付け

● index.html

```
1   <!DOCTYPE html>
2   <html lang="ja">
3   <head>
4     <meta charset="UTF-8">
5     <title>KOMA-NATSU Web</title>
6     <meta name="keywords" content="にゃんこ,ネコ,ねこ,猫,ねこ紹介,ねこ自慢">
7     <meta name="description" content="我が家のアイドル、にゃんこ達を紹介します！可愛い猫写真を沢山掲載しています。">
8     <link href="style.css" rel="stylesheet" media="all">
9     <link href="https://fonts.googleapis.com/css?family=Limelight" rel="stylesheet">
10  </head>
```

❺ Webフォントを使いたいセレクタ内でfont-familyを設定

● style.css

```
25   /*ページタイトルの設定*/
26   h1 {
            ------省略------
36     border-radius: 50%;
37     text-shadow: 1px 1px 2px #307657;
38     box-shadow: 0 0 10px rgba(0,0,0,0.5);
39     background-image: linear-gradient(to bottom, #6fbb9a, #4a9d79);
40     font-family: 'Limelight', cursive;
41   }
```

　Google Fontsで提供されているフォントはほとんどが欧文フォントですが、Noto Sansなど一部の日本語フォントも提供されています（https://fonts.google.com/?subset=japanese）。文字データ量の多い日本語Webフォントであっても比較的表示も早いため、タイトル見出しといったポイント使いだけでなく、本文全体への適用も検討しても良いかもしれません。

107

### Column

#### Web フォント利用時の注意点

　Web フォントは便利ですが、デザイン時に想定していた書体が Web フォントで提供されているとは限りません。また日本語フォントの場合は無料のものとなると選択肢がかなり少なくなるのが現状です。

　従って、「先に使用する Web フォントを決めてからデザインする」「クライアントに有料フォント利用の可否を確認しておく」などの対策を取っておいた方が良いでしょう。

---

　このように、画像素材を用意しなくても CSS だけで様々なデザイン表現が可能なことがお分かりいただけたと思います。

　CSS でできる表現は可能な限り CSS で実装することは、スマートフォンやタブレットなど様々なデバイスから閲覧されることが前提のマルチデバイス対応 Web サイトを制作する上で、とても重要になります。基本的なプロパティに比べるとコードの書式が少々複雑なものが多いので、沢山書いて慣れておくようにしましょう。タイトルロゴ以外の以下のデザイン要素についても、練習のためそれぞれ CSS でデザインしておきましょう。

● style.css

```
43    /*大見出しの設定*/
44 ▼  .h {
―――――――――――― 省略 ――――――――――――
50        border-radius: 5px 0 0 5px;
51    }
52
53    /*小見出しの設定*/
54 ▼  .h-sub {
55        padding: 10px;
56        background-color: #fbf9cc;
57        color: #ff705b;
58        border-radius: 10px;
59        box-shadow: 0 0 5px 2px #ffd0ad inset;
60    }
```

### Point

- 角丸、シャドウ、グラデーションなどの基本デザイン要素は CSS で表現可能
- 装飾系プロパティは値の書式がやや複雑なので注意が必要
- 特殊なフォントを使いたい場合には Web フォントの利用を検討しよう

CHAPTER 02　CSSで文書を装飾する

LESSON 10

# 初歩的な文書のレイアウトとボックスモデル

Lesson10では、CSSで文書をレイアウトする際に必ず必要となる「ボックスモデル」の概念と、そのボックスの表示形式をコントロールするdisplayプロパティ、およびフロートを使った初歩的なレイアウト方法について学習します。特にボックスモデルの概念は、セレクタと並んでCSSレイアウトにおいて非常に重要な概念ですので、しっかり理解するようにしましょう。

Sample File　chapter02 ▶ lesson10 ▶ before ▶ index.html、style.css

● Before

● After

109

## 実習　ページ全体のレイアウトを整える

### ナビゲーション領域のスタイルを設定する

#### 1 不要な「・」を消す

　ul 要素でマークアップすると、デフォルトのスタイルとしてリスト項目の先頭に「・」マークが付きます。このマークは list-style-type プロパティによって様々なマークに変更することが可能なのですが、今回は不要なので消去したいと思います。

● style.css

```
22    /*ナビ*/
23 ▼  .menu li {
24        list-style-type: none;
25    }
```

表10-1　list-style-type の値とマーク表示の一覧（一部）

| list-style-typeの値 | 表示 | list-style-typeの値 | 表示 |
|---|---|---|---|
| disc | 黒丸 | upper-alpha | 大文字アルファベット (A.B.C.) |
| circle | 白丸 | lower-roman | 小文字ローマ数字 (i. ii. iii) |
| square | 黒四角 | upper-roman | 大文字ローマ数字 (I. II. III.) |
| decimal | 算用数字 (1. 2. 3.) | hiragana | ひらがな (あ．い．う．) |
| lower-alpha | 小文字アルファベット (a.b.c.) | katakana | カタカナ (ア．イ．ウ．) |

#### 2 メニュー項目を横並びに変更する

　現状では、メニューテキストは親要素の text-align が効いているためセンター揃えになっていますが、ひとつひとつのメニュー項目自体は縦並びになっています。理由は、各メニュー項目をマークアップしている li 要素が**ブロックレベルの要素**だからです。ブロックレベルの要素は要素の表示特性を表す display プロパティの初期値が block（またはそれに類する値）となっているため、マークアップすると自動的に改行されて縦に並ぶようになっています。従って li 要素でマークアップされたメニューはそのままだと縦並びになってしまうのです。

　このように、その要素のデフォルトの表示特性のままではレイアウト上都合が悪い場合、CSS で **display** プロパティの値を変更してやることで、表示状態を変更することが可能です。

　li 要素のボックスが透明なままだと display 値の変更でどのようにボックス形状が変化するのかが分かりづらいので、一時的に li 要素に border を設定してから作業してみましょう。

display ［要素の表示属性を指定］
値：block | inline | inline-block | list-item | table | table-cell | none 等

● 一時的に border を設定

```
22    /*ナビ*/
23  ▼ .menu li {
24      list-style-type: none;
25      border: 1px solid #f00; /*ダミー*/
26    }
```

● display 値変更前

| はじめに |
| 我が家のにゃんこ |
| 飼い主紹介 |

● display: inline に変更

```
22    /*ナビ*/
23  ▼ .menu li {
24      list-style-type: none;
25      border: 1px solid #f00; /*ダミー*/
26      display: inline;
27    }
```

● display 値変更後

はじめに 我が家のにゃんこ 飼い主紹介

　li 要素の display がデフォルト値のままの場合、li のボックスは親要素の幅いっぱいまで広がっていることが分かります。ブロックレベルの要素は width の指定をしなかった場合、親要素の幅いっぱいまで自動的に広がるという特徴があります。

　display プロパティの値が inline になると、その要素自体がテキストレベルの要素と同じように振る舞うようになりますので、自動改行せず横並びとなり、さらに text-align が有効となるのでメニュー項目自体が左右センター揃えとなります。

> **Memo　li 要素の display 値**
> li 要素の display 初期値は list-item ですが、list-style 等のリスト関連プロパティが設定可能なこと以外は display:block と同じ特徴を持っています。

## 3 メニューの各項目を同じ幅に統一する

　次にメニューの幅を 180px に統一したいのですが、display:inline のままでは width: 180px; としても指定が効きません。display:inline は要素の中身に応じてボックスのサイズが自動的に決まる仕様となっており、サイズ指定はできないからです。そこで、display プロパティの値を inline-block に変更します。inline-block は inline と同じく行に沿って並びますが、同時に display:block のようにサイズの指定もできる便利な display 値です。

● style.css

```
22    /*ナビ*/
23  ▼ .menu li {
24      list-style-type: none;
25      border: 1px solid #f00; /*ダミー*/
26      display: inline-block;
27      width: 180px;
28    }
```

| はじめに | 我が家のにゃんこ | 飼い主紹介 |

## 4 メニュー項目をボタン風デザインに変更する

横並びにしたメニュー項目を、ボタン風のデザインに変更したいと思います。

まずはメニューのリンク部分（a 要素）のスタイルを次のように変更します。:hover 疑似クラスでマウスが乗ったときに少し色が明るくなるようにしておくと、クリックできるものであることをよりはっきり示すことができます。

● style.css

```
29  .menu a {
30      background: #6fbb9a;
31      color: #fff;
32  }
33  .menu a:hover {
34      background: #90ddbb;
35  }
```

このままではクリックできる領域が狭すぎて「ボタン」のように見えないので、a 要素の内側を padding で広げます。ところが、単純に padding を追加しただけでは意図したような形にはならないことが分かります。

● style.css

```
29  .menu a {
30      padding: 10px;
31      background: #6fbb9a;
32      color: #fff;
33  }
```

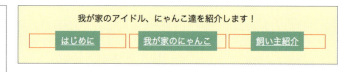

これは a 要素の display 初期値が inline であることが原因です。赤い線で示されている li 要素の内側いっぱいに a 要素のボックスがぴったり収まるようにするためには、a 要素の display 値を block に変更する必要があります。こうすることで a 要素の幅は親要素である li 要素いっぱいに自動的に広がり、上下の padding のはみ出しもなくなります。今回のようにボックス状の領域を持つリンクボタンを作る際には、原則として a 要素の display 値を inline から block に変更する（ブロック化する）必要がありますので覚えておきましょう。

● style.css

```
29  .menu a {
30      display: block;
31      padding: 10px;
32      background: #6fbb9a;
33      color: #fff;
34  }
```

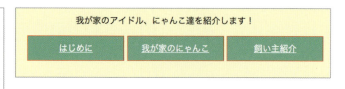

最後に細かいデザイン調整を加えてリンクボタンは完成です。最初に設定しておいたダミーの border は削除しておきましょう。

初歩的な文書のレイアウトとボックスモデル

● style.css
```
22    /*ナビ*/
23 ▼  .menu li {
24      list-style-type: none;
25      display: inline-block;
26      width: 180px;
27      margin: 0 10px;
28    }
29 ▼  .menu a {
30      display: block;
31      padding: 10px;
32      background: #6fbb9a;
33      border-radius: 8px;
34      color: #fff;
35      text-decoration: none;
36    }
37 ▼  .menu a:hover {
38      background: #90ddbb;
39    }
```

## コンテンツ領域のスタイルを設定する

### 1　#contents の横幅を 960px に設定してブラウザの中央に寄せる

横幅が広くなりすぎると可読性が落ちるので、#contents の横幅を 960px に固定し、ブラウザの中央に配置します。

● style.css
```
83    /*コンテンツ枠の設定*/
84 ▼  #contents {
85      width: 960px;
86      margin: 40px auto;
87      padding: 40px 80px;
88      border: 1px solid #f6bb9a;
89      background-color: #fff;
90    }
```

覚えよう！　width　［ボックスの横幅］

左右 margin の値を auto にすると、横幅を固定したブロックレベルのボックスそのものをセンタリングできます。text-align:center; でセンタリングできるのはテキストレベルのコンテンツのみなので、間違えないようにしましょう。

113

## 2 #contents の横幅が border まで含めて 960px で収まるように調整する

width:960px とした場合、border まで含めた横幅は、以下の図のように 960+80+80+1+1=1122px となっています。

図 10-1 ボックスモデル

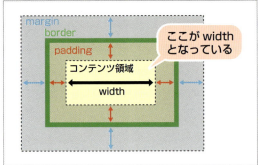

図 10-2 width:960px のときの状態（現状）

コンテンツ領域の幅を 960px とするには、設定されている padding と border の数値を 960 から引いて 960-80-80-1-1=798px を width とする必要があります。CSS の世界ではボックスを構成する margin、padding、border とコンテンツを表示する領域の関係が「ボックスモデル」として定義されており、デフォルトでは width/height は margin、padding、border を除いた純粋なコンテンツ表示領域のサイズを指すことになっているからです。

● style.css

```
83    /*コンテンツ枠の設定*/
84    #contents {
85        width: 798px;
86        margin: 40px auto;
87        padding: 40px 80px;
88        border: 1px solid #f6bb9a;
89        background-color: #fff;
90    }
```

Memo ボックスモデルについてはこの Lesson の講義「ボックスモデルとは」で詳しく解説していますのでそちらも参照してください。

このようなボックスモデルの概念とそこから導き出されるボックスのサイズ計算の仕組みは、CSS レイアウトを行う上で必ず理解しておく必要がある基本中の基本となります。

## 写真の横に後続のテキストを回り込ませる

猫の写真の左、または右に本文テキストを回り込ませる形のレイアウトに変更します。

### 1 float プロパティを使って写真の横にテキストを回り込ませるための class を作る

● style.css

```
119  /*回り込み設定*/
120  .imgL {
121      float: left;
122      margin-right: 20px;
123  }
124  .imgR {
125      float: right;
126      margin-left: 20px;
127  }
```

覚えよう！
float ［要素の浮動化（回り込み）］
値：left | right

「回り込み」というパターンのレイアウトは汎用性があるので、使い回しやすいように先に回り込み専用のスタイルを class セレクタで作っておき、後から HTML に適用する方法でレイアウトすることにします。

### 2 小町の写真を左に、小夏の写真を右にフロートさせる

● index.html

```
38   <section>
39       <h3 class="h-sub">●小町<span>（こまち・♀）</span></h3>
40       <img src="img/komachi.jpg" width="480" height="320" alt="小町"
         class="imgL">
             ─── 省略 ───
46   <section>
47       <h3 class="h-sub">●小夏<span>（こなつ・♀）</span></h3>
48       <img src="img/konatsu.jpg" width="480" height="320" alt="小夏"
         class="imgR">
```

115

float: left; が設定された要素は左端に、float: right; が設定された要素は右端に配置されます。また、floatが設定された要素に続くテキスト・要素は、float指定された要素を避けるように反対側に回り込みます。floatプロパティはこのように、後ろに続くテキストや要素を回り込ませて配置したいときに使用します。

##  clear プロパティを使って float を解除する

　写真に float を設定しただけだと、大幅にレイアウトが崩れてしまいます。これは float（回り込み）の解除が行われていないために、隙間があるところに後続要素がどんどん入り込む状態になっていることが原因です。今回のレイアウトでは写真の横に回り込ませるのは本文テキストだけで、「もっと見る」は回り込ませたくないので、ここに clear プロパティを設定して float を解除します。.more という既存の class に直接 float 解除の指定を入れても良いのですが、float の解除も様々な場面で使うことが予想されるため、float 解除専用の class を別途用意しておき、float: left; でも float:right; でもどちらでも解除できるように clear: both; の指定を入れておくことにします。

● style.css

```
128  .clear {
129      clear: both;
130  }
```

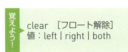

覚えよう！
clear　［フロート解除］
値：left | right | both

● index.html

```
43      <p class="more clear"><a href="cats/komachi.html">もっと見る
        </a></p>
44    </section>
--------------------------------- 省略 ---------------------------------
51      <p class="more clear"><a href="cats/konatsu.html">もっと見る
        </a></p>
52    </section>
```

> **マルチクラス**
> class 属性は1つの要素に複数指定することができます。複数設定する場合には、半角スペースで区切って記述します。

初歩的な文書のレイアウトとボックスモデル

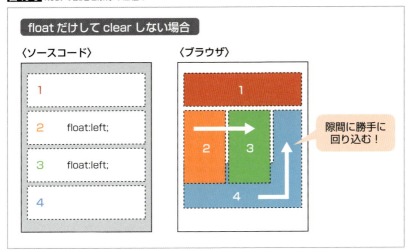

図 10-3 float の設定と解除の仕組み

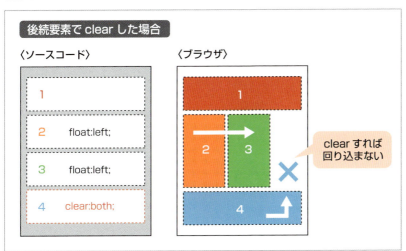

## 後続要素が存在しない場合でも回り込みを解除する

### 1 飼い主アバターの画像を左にフロートさせる

● index.html

```
57  <section id="profile">
58      <h2 class="h">飼い主紹介</h2>
59      <img src="img/avatar.png" width="250" height="250" alt="アバター
        画像" class="img-round imgL">
60  ▶  <dl> … </dl>
66      □  ← clear:both;を設定したいが後続要素が存在しない！
67  </section>
```

117

　飼い主アバターの画像も小町・小夏の写真同様にフロートさせ、プロフィールのブロックを横に回り込ませます。ところが小町・小夏の写真のときのように clear:both; の指定を入れたい場所に物理的に要素が存在しないため、フロートの解除ができません。このように、「float を設定したが解除するための後続要素がない」というケースは実は非常に多くあります。そのような場合には、「clearfix」と呼ばれるテクニックを使ってフロートの解除をすることができます。

## 2 「clearfix」テクニックを使って後続要素がなくてもフロートを解除する

● HTML

```
57 ▼ <section id="profile" class="clearfix">
58     <h2 class="h">飼い主紹介</h2>
59     <img src="img/avater.png" width="250" height="250" alt="アバター
       画像" class="img-round imgL">
```

● CSS

```
131 ▼ .clearfix::after {
132     content: "";
133     display: block;
134     clear: both;
135 }
```

　clearfix とは、float を設定した子要素の直近の親要素に対して ::after 疑似要素で仮想コンテンツを生成し、そこに clear:both を設定することでフロートを解除するテクニックです。
　float を使う場面では物理的に存在する後続要素に clear:both するより、親要素に対して clearfix して ::after 疑似要素でフロート解除する方がむしろ多いくらいですので、この仕組みについてもしっかり理解して使いこなせるようにしておきましょう。

> Memo clearfix の詳しい解説は、Chapter04 講義「float レイアウトの制約と注意すべきポイント」を参照してください。

## 講義 ボックスモデルとは

HTMLタグでマークアップされた要素は1つの箱＝ボックスとみなされます。このボックスに対するwidth/height・padding・border・marginがどのような関係にあるのかを示したものが==ボックスモデル==と呼ばれる概念になります。

図 10-4 ボックスモデル概念図と2つのボックス領域

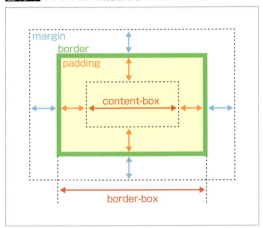

borderをボックスの境界線として、内側の余白がpadding、外側の余白がmarginであることは既に学んだ通りですが、widthとheightがどの領域のサイズを指すのか、という点については少々注意が必要です。

### content-box と border-box

width・heightで示される範囲を考えるとき、意識しておく必要があるのが==「content-box」==と==「border-box」==という2つのボックス領域です。content-boxはpadding、border、marginを除いた純粋なコンテンツ表示領域、border-boxはpaddingとborderを含む領域を指します。

従来、ボックスのサイズとは常にcontent-boxの領域のサイズを指すという仕様でしたが、CSS3から、ボックスのサイズは「box-sizing」というプロパティの値によって==content-box領域またはborder-box領域のどちらのサイズかを任意に選択==できるようになりました。

図 10-5 border-sizing 値によるボックスサイズ領域の違い

 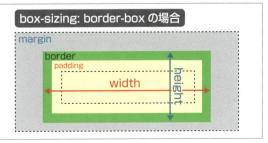

box-sizing の初期値は content-box なので、何もしなければ従来通り width・height はボックスの内側にある純粋なコンテンツ領域のサイズを指します。実習教材ではそれを前提に width の数値を計算して調整をしましたが、box-sizing の値を border-box に変更すれば、border までの領域を width・height として指定することが可能になります。この方法を使うと実習教材の #contents の幅は次のように指定することができます。

```
#contents {
    box-sizing: border-box;
    width: 960px;  /*border、paddingを含んだ状態でトータル960px*/
    以下略
}
```

ボックスサイズの計算をする際には、そのボックスの box-sizing がどうなっているのかを意識し、content-box、border-box のそれぞれの状態においてどちらでも正しくサイズ指定できるようにしっかり理解しておきましょう。

> 覚えよう！ box-sizing［ボックスのサイズ計算の基準を指定］
> 値：content-box | border-box

## 講義　display プロパティの活用

### display プロパティとは

display プロパティは要素の表示特性をコントロールするもので、実習でも学んだ通り、CSS で後からいつでも他の値に変更可能です。display プロパティの値それぞれの表示特性を理解しておけば、情報構造に即した正しいマークアップを行いつつ、見た目の表示だけは別の要素のように振る舞わせることが可能となり、表現の幅が広がります。

実習で使ったもの以外にも様々な display プロパティが定義されており、うまく使えば通常の表示では表現が困難なデザインも実現できるようになる可能性があります。

### display プロパティの種類と特徴

仕様上 display プロパティの値として定義されているものは、後述の表 10-2 の通りかなり沢山ありますが、普段の制作で比較的よく使う値は限られています。以下によく使う display プロパティの値とその特徴をまとめておきましたので、参考にしてください。

#### ▶ block

特徴：
- 幅と高さ（width・height）の概念がある
- 上下左右の padding を設定できる
- 上下左右の margin を設定できる
- float や position などで特別に指定しない限り、配置された要素は自動改行され上から下に並ぶ

図 10-6　display:block;

- vertical-align プロパティが無効のため、要素内コンテンツの上下方向の位置揃えはできない（常に上揃えとなる）

### ▶ inline

特徴：

- 幅と高さ（width・height）の概念がない（サイズ指定ができない）
- 上下 margin が無効
- br 要素で強制改行されない限り、テキストと同じように行に沿って横並びで表示される
- vertical-align プロパティが有効のため、隣り合うテキストやインライン要素との間で行中の上下方向の位置揃えが可能

図 10-7 display:inline;

### ▶ inline-block

特徴：

- inline と同様に要素の前後で改行されず、横に並ぶ
- block と同様に width・height・上下左右の margin / padding が全て指定できる
- 親要素の text-align 属性でテキスト同様に左右方向の行揃えが可能
- vertical-align によってボックス同士の上下方向揃えが可能

図 10-8 display:inline-block;

### ▶ table-cell

特徴：

- table 要素の th・td と同様の表示属性にすることが可能
- table-cell が指定された要素は表組みのセルと同様に一列に横並びし、隣り合う要素の高さも自動的に最も大きいものに揃えられる
- vertical-align が有効になるため、要素内コンテンツの上下方向の位置揃えが可能

図 10-9 display:table-cell;

### ▶ none

特徴：

- 要素を非表示にする
- 指定された要素は「存在しないもの」として扱われるため、空白領域は確保されず、後続の要素が上に詰めて表示される

**表10-2** display プロパティ一覧

| 値 | 解説 | デフォルト要素 |
|---|---|---|
| inherit | 直近の親要素で指定された値を継承 | — |
| none | ボックスを非表示にする | — |
| inline | インラインボックスとして表示 | テキストレベルの要素<br>（span, a, strong, small等） |
| block | ブロックレベルボックスとして表示 | ブロックレベルの要素<br>（div, ul, dl, p, h1-h6, address等） |
| list-item | ブロックレベルボックスとして配置されるが、リスト項目として表示 | li |
| inline-block | inlineと同様に前後で改行されずに配置されるブロックレベルボックスとして表示 | img / input / select / button /object |
| table | ブロックレベルボックスとして配置される表 | table |
| inline-table | インラインボックスで配置される表 | — |
| table-row-group | 表の行グループ | tbody |
| table-header-group | 表のヘッダーグループ | thead |
| table-footer-group | 表のフッターグループ | tfoot |
| table-row | 表の行として表示 | tr |
| table-cell | 表のセルとして表示 | td / th |
| table-column-group | 表の列グループ | colgroup |
| table-column | 表の列として表示 | col |
| table-caption | 表の表題 | caption |
| run-in | インラインまたはブロックレベルボックスとして表示（後続要素による） | — |
| flex | フレキシブルボックスコンテナとして表示 | — |
| inline-flex | インラインフレキシブルボックスコンテナとして表示 | — |

Point

- display プロパティを活用すると、要素の標準状態では不可能なレイアウトも可能になることがある
- ボックスモデル計算では width/height は padding・border を含まないのが標準
- float を設定したら後続要素で clear するか、親要素で clearfix する必要がある

# CHAPTER 03

## 表組みとフォーム

LESSON 11

12

HTMLとCSSの基本的なルールと使い方を学んだところで、本章では表組み・フォームのマークアップとスタイル指定について解説します。表組みとフォームは必ずしも全てのWebサイトで使用されるものではありませんが、それぞれ他で代替できない重要な役割を持つ機能ですので、いざ使うとなったときに困らないよう、基本的な使い方を理解しておくようにしましょう。

CHAPTER 03　表組みとフォーム

LESSON 11

# 表とフォームを設置する

Lesson11では、表組みとフォームのコーディング方法について解説します。フォームとは、ブラウザ上からユーザがデータを入力するための仕組みとして用意されているHTMLの要素で、送信ボタンが押された際に指定された場所にデータを送信できます。今回はtable要素で表組みを作成し、その中にフォーム部品を配置していきます。

**Sample File**　chapter03 ▶ lesson11 ▶ before ▶ entry.html、style.css

## 実習　表組みとアンケートフォームをマークアップする

### 表組みをマークアップする

**図11-1** table要素（表組み）の基本書式

```
<table>
  <tr>
    <td>1列目セル</td>
    <td>2列目セル</td>
  </tr>
</table>
```

### 1　table要素の基本的な構造をマークアップする

entry.htmlの20行目付近（</main>の前）に、以下のようにtable要素の基本構造を挿入してください。

● entry.html

```
21    <table>
22        <tr>
23            <td></td>
24            <td></td>
25        </tr>
26    </table>
```

124

表とフォームを設置する

**図 11-2** 表組み概念図

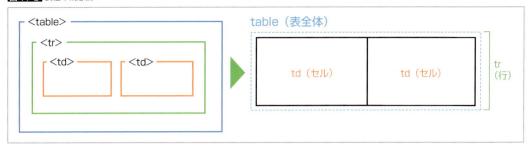

`<table>` ～ `</table>` は表組みデータ全体のエリア、`<tr>` ～ `</tr>` は行、`<td>` ～ `</td>` はセルを表し、上記のソースコードは「2列1行」の表組み構造を示しています。

## 2 見出しセルの要素を `<th>` に変更する

● entry.html

```
21    <table>
22        <tr>
23            <th>お名前</th>
24            <td></td>
25        </tr>
26    </table>
```

1つ目のセルには応募フォームの見出し項目が入ります。表組みデータのうち、見出しとなるセルに関しては td 要素ではなく th 要素を使う方が良いので、1つ目の `<td>` ～ `</td>` を `<th>` ～ `</th>` に修正し、併せて見出し文言も入力してください。

## 3 表組みのキャプションを追加する

● entry.html

```
21    <table>
22        <caption>猫ちゃんの情報</caption>
23        <tr>
24            <th>お名前</th>
25            <td></td>
26        </tr>
27    </table>
```

入力フォームを「猫ちゃんの情報」と「飼い主さんの情報」に分けて表示するため、表組みにキャプションを追加してください。

## 4 4行分増やし、必要な見出し文言を入力する

● entry.html

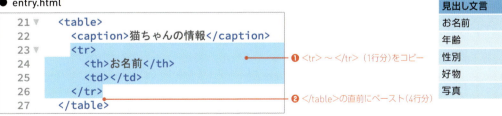

| 見出し文言 |
| --- |
| お名前 |
| 年齢 |
| 性別 |
| 好物 |
| 写真 |

❶ `<tr>` ～ `</tr>`（1行分）をコピー
❷ `</table>` の直前にペースト（4行分）

`<tr>` ～ `</tr>`（表組みの1行分）を4つコピーし、2列×5行の表組みデータとした上で、各項目の見出し文言を入力してください。

**表組みの状態を確認してみる**

● entry.html

```
21  <table border="1">
22      <caption>猫ちゃんの情報</caption>
23      <tr>
24          <th>お名前</th>
25          <td></td>
26      </tr>
```

> Google Chrome の場合はこれだけでは境界線が表示されず構造が分かりづらいため、一時的に border 属性を設定して表組みの状態を確認します（この border 属性は最終的には削除します）。

> Memo サイズ指定のない table 要素は、セル内のコンテンツ幅に合わせて全体のサイズを自動調整します。現時点では右側のコンテンツセルに何も入っていないため、キャプチャのようにセルが潰れて表示されています。

 **飼い主さん情報の表組みを作成**

猫ちゃんの情報の表組みをコピーして、右記の内容で飼い主さん情報の表組みも作成しておきましょう。

```
45  <table border="1">
46      <caption>飼い主さんの情報</caption>
47      <tr>
48          <th>お名前</th>
49          <td></td>
50      </tr>
51      <tr>
52          <th>メールアドレス</th>
53          <td></td>
54      </tr>
55      <tr>
56          <th>コメント</th>
57          <td></td>
58      </tr>
59  </table>
```

### 応募フォームをマークアップする

次に応募フォームをマークアップします。フォームとは、HTML 文書がユーザからのデータ入力を受け付けるための仕組みで、入力方式に応じて様々な種類がありますので、それぞれの用途を理解しながら記述方法を学びましょう。

表とフォームを設置する

## 1 フォームエリアを設定する

● entry.html

```
19  <form id="entryForm" action="#" method="post">
20    <p><strong><span class="require">*</span>は必須項目です。</strong>
      </p>
21
22    <table border="1"> … </table>
                    ------省略------
45
46    <table border="1"> … </table>
                    ------省略------
61
62  </form>
```

**図 11-3** form 要素の基本書式

```
<form id="❶フォーム名" action="❷データ送信先のパス" method="❸データ送信方式">
</form>
```
❶ id属性　　　　どこのフォームから送られてきたのかを判別するために使用する名前
❷ action属性　　データ送信先（主にWebサーバに用意されたプログラムファイル）のパス
❸ method属性　　データ送信方式。get（データをURLの一部として送信）またはpost（データを本文として送信）
　　　　　　　　のどちらかを選択。

　フォームを使う場合には必ず form 要素が必要です。<form>〜</form> で囲んだ範囲が、送信ボタンを押した際にサーバに送信するデータ範囲となります。今回はデータを受け取って処理する側のプログラムを用意していないので、action 属性の中身はダミーとなります。

## 2 テキストボックスを挿入する

● entry.html

```
22    <table border="1">
23      <caption>猫ちゃんの情報</caption>
24      <tr>
25        <th>お名前</th>
26        <td><input type="text" name="cat-name"></td>
27      </tr>
                    ------省略------
46    <table border="1">
47      <caption>飼い主さんの情報</caption>
48      <tr>
49        <th>お名前</th>
50        <td><input type="text" name="name"></td>
51      </tr>
52      <tr>
53        <th>メールアドレス</th>
54        <td><input type="email" name="email"></td>
55      </tr>
```

**図 11-4** input 要素の基本書式

```
<input type="text" name="データ名">
```

input 要素はデータを入力するための要素で、type 属性によって様々な種類の入力フォームを作成できます。単一行のテキストデータを入力する場合は type="text" とします。また、入力するテキストを e-mail 形式に限定したい場合は type="email" とすることで最低限の書式に合わない入力を無効にできます。

> **Memo** type="url" とすれば URL 書式以外を受け付けないようにすることもできます。input 要素の type 属性一覧については講義「フォーム部品の種類と用途」を参照してください。

**図 11-5** 書式違反のアラート

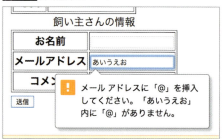

書式違反の値を入れて送信しようとするとアラートが表示される。

## 3 テキストエリアを挿入する

● entry.html

```
57          <th>コメント</th>
58          <td><textarea name="comment" rows="4" cols="40"></textarea></td>
```

**図 11-6** textarea 要素の基本書式

```
<textarea name="データ名" rows="表示行数" cols="表示文字数"></textarea>
```

textarea 要素は複数行の入力フィールドを表示する要素です。rows 属性・cols 属性で指定する数値は、あくまで表示上の行数・字数であり、データ自体はそれを超えて入力が可能です。rows 属性・cols 属性は必須ですが、ブラウザによって表示サイズにばらつきがあるので、正確に作りたい場合は CSS でサイズ指定をします。

## 4 プルダウンメニューを挿入する

● entry.html

```
29            <th>年齢</th>
30 ▼          <td>
31 ▼            <select name="age">
32                <option value="" selected>選択してください</option>
33                <option value="0">1歳未満</option>
34                <option value="1">1〜5歳</option>
35                <option value="2">6〜10歳</option>
36                <option value="3">11〜15歳</option>
37                <option value="4">16〜20歳</option>
38                <option value="5">20歳以上</option>
39                <option value="6">不明</option>
40              </select>
41            </td>
```

**図 11-7** input 要素（type="reset/submit"）の基本書式

```
<select name="データ名">
<option value="送信データ">選択肢ラベル</option>
...
</select>
```

select 要素は選択肢リストから選ぶプルダウンメニューを作る要素です。プルダウンに表示される選択肢は option 要素で作成します。option 要素の value 属性の値が実際にサーバに送信されるデータとなり、必ずしもラベルと同一でなくても構いません。特定の選択肢を最初から選択された状態で表示したい場合は、該当の option 要素に selected 属性を追加します。selected 属性の記述方法は、「selected="selected"」が正式な書式ですが、属性名と属性値が同一の場合には値を省略することが可能なので、単に「selected」とすることもできます。

## 5 ラジオボタンを挿入する

● entry.html

```
44            <th>性別</th>
45 ▼          <td>
46              <input type="radio" name="sex" value="男の子" checked>男の子
47              <input type="radio" name="sex" value="女の子">女の子
48            </td>
```

選択肢グループにするため同じnameにする

**図 11-8** input 要素（type="radio"）の基本書式

```
<input type="radio" name="データグループ名" value="送信データ">
```

type="radio"は複数の選択肢の中から1つだけ選択する「ラジオボタン」となります。選択肢のグループ（その中から1つを選択する）を作るには、該当のinput要素のname属性に同じ値を設定します。最初から選択された状態にしておきたい場合はchecked属性を追加します。checked属性の記述方法は、「checked ="checked"」が正式な書式ですが、属性名と属性値が同一の場合には値を省略することが可能なので、単に「checked」とすることもできます。

## 6 チェックボックスを挿入する

● entry.html

```
50            <th>好物</th>
51 ▼          <td>
52              <input type="checkbox" name="favorite" value="お魚">お魚
53              <input type="checkbox" name="favorite" value="お肉">お肉
54              <input type="checkbox" name="favorite" value="カリカリ">カリカリ
55              <input type="checkbox" name="favorite" value="猫缶">猫缶
56              <input type="checkbox" name="favorite" value="ちゅーる">ちゅーる
57              <input type="checkbox" name="favorite" value="その他">その他
58            </td>
```

**図11-9** input要素（type="checkbox"）の基本書式

```
<input type="checkbox" name="データ名" value="送信データ">
```

　type="checkbox"は複数の選択肢の中からいくつでも選択できる「チェックボックス」となります。type="radio"と同様、同一グループのチェックボックスに対して同じname属性を設定することは可能ですが、この場合1つのデータに対して複数の値が配列情報としてサーバに送られることになるため、受け取り側のプログラムも配列情報を前提とした処理に対応している必要があります。受け取り側が対応していない等の場合は、チェックボックスごとに異なるname属性を設定しておく必要があります。
　なお最初から選択された状態にしておきたい場合はラジオボタンと同様にchecked属性を使用してください。

> Memo 同一グループのチェックボックスのname属性を同じ名前にするか、1つずつ別々にするかは、受け取り側のプログラムでどのような処理をするのかによって選択する必要があると理解してください。

## 7 ファイルアップロード部品を挿入する

● entry.html

```
62            <th>写真</th>
63            <td><input type="file" name="photo"></td>
```

**図11-10** input要素（type="file"）の基本書式

```
<input type="file" name="データ名">
```

　type="file"はファイルを選択してサーバに送信できるアップロードボタンとなります。この部品はブラウザの種類によって表示の形式が大きく異なります。

## 8 リセットボタン・送信ボタンを挿入する

● entry.html

```
82   <div>
83     <input type="reset" value="クリア">
84     <input type="submit" value="投稿">
85   </div>
86 </form>
```

**図11-11** input 要素（type="reset/submit"）の基本書式

```
<input type="ボタン種類" value="ボタンラベル名">
```

　type="reset"、type="submit" はそれぞれ「リセットボタン」「送信ボタン」となります。ボタンのラベルを変更したい場合は value 属性の中身を変更します。form 要素内に配置されたリセット／送信ボタンは、その form 要素内の全てのデータをリセット／送信します。

### フォームの使い勝手を向上させるための設定を追加する

　入力フォームはマークアップ次第でユーザの使いやすさ（ユーザビリティ）を向上させることができます。使いにくいフォームはユーザに敬遠され、問い合わせや商品購入などの機会損失に直結してしまうため、可能な限りユーザにやさしい作りにしておくことが求められます。ラベル要素や、HTML5 から追加された様々な入力補助のための属性を使って、フォームの使い勝手を向上させてみましょう。

## 1 ラベル要素を追加する

　ラジオボタンとチェックボックスは、要素が小さくクリックがしづらいため、ラベル自身をクリックすることで選択できるように作っておくとユーザビリティの向上につながります。entry.html へ次のように修正を加えてください（ソースは省略していますが、ラジオボタンとチェックボックスは全て同様に修正してください）。

● entry.html

```
43   <tr>
44     <th>性別</th>
45     <td>
46       <input type="radio" name="sex" id="male" value="男の子" checked><label for="male">男の子</label>
47       <input type="radio" name="sex" id="female" value="女の子">
         <label for="female">女の子</label>
48     </td>
49   </tr>
50   <tr>
――――――――――――――― 省略 ―――――――――――――――
         value="その他"><label for="favo6">その他</label>
59     </td>
60   </tr>
```

（46行目の注釈）label要素のfor属性値と、対応するinput要素のid属性値を揃える
（47行目の注釈）ラベルテキストをlabel要素で囲む

label 要素を対応する input 要素と関連付けるためには、label 要素の for 属性値に input 要素の id 属性値を入れる必要があります。input 要素に id 属性を設定することを忘れないようにしましょう。ラベル文字部分をクリックして、ラジオボタン／チェックボックスが選択されるかどうか確認してください。

> **Memo**
> for 属性でラベルと input 要素を関連付ける方法の他、<label><input type="xxx"> ラベルテキスト </label>
> のように input 要素＋ラベルテキストを label 要素で囲むという方法もあります。

## 2 必須項目を設定する

　入力必須としたい項目がある場合、required 属性を設定しておくと、空欄のまま送信することを防ぐことができます。ラジオボタングループの場合、同じグループ内に 1 箇所でも required 属性があればグループ全体が必須項目として機能します。ただし、混乱を避けるためにグループ内全てのラジオボタンに required 属性を設定することが推奨されています。

　今回は猫ちゃんの名前・年齢・性別・写真、飼い主さんの名前・メールアドレスの 6 項目を必須項目として required 属性を設定しておきましょう。また、必須項目となっている項目は入力前にユーザが判別できるようにしておく必要があるため、見出し項目側に目印となる「*」マークをつけておくようにしましょう。

● entry.html

```
22  <table border="1">
23    <caption>猫ちゃんの情報</caption>
24    <tr>
25      <th>お名前*</th>
26      <td><input type="text" name="cat-name" required></td>
27    </tr>
```

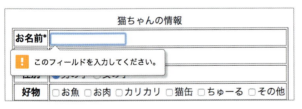

## 3 最初の入力項目に自動でフォーカスしておく

　autofocus 属性を設定しておくと、そのページにアクセスしたとき、最初からその項目にカーソルを移動してフォーカスさせておくことができます。ユーザ自身が自分でカーソルを移動させる必要がないので、ユーザの手間を少し省いてあげることができます。

● entry.html

```
22  <table border="1">
23    <caption>猫ちゃんの情報</caption>
24    <tr>
25      <th>お名前*</th>
26      <td><input type="text" name="cat-name" required autofocus>
        </td>
27    </tr>
```

# 表とフォームを設置する

Memo: autofocus 属性は iOS Safari では非対応です。

## 4 入力サンプル（プレースホルダー）を設定する

どのような形式で入力すれば良いのかユーザの判断を助けるため、placeholder 属性を使ってあらかじめ入力サンプルを表示しておくことができます。

● entry.html

```
67    <table border="1">
68      <caption>飼い主さんの情報</caption>
69      <tr>
70        <th>お名前*</th>
71        <td><input type="text" name="name" required
          placeholder="黒猫小町"></td>
72      </tr>
73      <tr>
74        <th>メールアドレス*</th>
75        <td><input type="email" name="email" required
          placeholder="sample@gmail.com"></td>
76      </tr>
```

**入力前**
黒猫小町
プレースホルダー（入力サンプル）が表示されている

**入力後**
草野
入力が始まるとプレースホルダーは消え、入力データに置き換わる

プレースホルダーはユーザが実際に入力を始めると消えてしまうため、入力中でも常に表示しておくことが望ましい入力項目のラベルや、入力書式等に関する注意事項の表記などをプレースホルダーで代用することは望ましくありません。

● NG 例 1：ラベルの代用

```
<input type="text" name="name" placeholder="お名前：">
```

● NG 例 2：注意事項の記載

```
<input type="email" name="email" placeholder="半角で入力してください">
```

飼い主さんのお名前とメールアドレスに対する入力時の補足情報については、以下のようにテキストで input 要素に併記しておくようにしましょう。

133

● entry.html

```
67   <table border="1">
68     <caption>飼い主さんの情報</caption>
69     <tr>
70       <th>お名前*</th>
71       <td><input type="text" name="name" required
           placeholder="黒猫小町">
72         <small>※ハンドルネーム可</small>
73       </td>
74     </tr>
75     <tr>
76       <th>メールアドレス*</th>
77       <td><input type="email" name="email" required
           placeholder="sample@gmail.com">
78         <small>※半角で入力してください</small>
79       </td>
80     </tr>
```

ユーザの入力を補助するための属性は、この実習で紹介したもの以外に次のようなものもあります。必ず使わなければならないものではありませんが、設定しておくことでユーザビリティの向上が見込める場合がありますので、どのようなものがあるのかは把握しておくと良いでしょう。

### その他の入力補助属性

▶ autocomplete 属性

以前入力した内容に基づいて自動的に入力候補を補完する機能がオートコンプリートです。autocomplete 属性を設定しなかった場合は "on" となっていますが、autocomplete="off" とすることでこの機能を無効にできます。

Memo　補足：form 要素に設定した場合、form 内の全ての入力フォームにその設定が適用されます。

```
<input type="search" name="example" autocomplete="off">
```

▶ min 属性／ max 属性／ step 属性

min 属性・max 属性・step 属性は、数値／日付／時刻入力の際の最小値・最大値・ステップ値を指定する属性です。以下の例では 1 以上 10 以下で 0.5 刻みの数値のみが入力できるようになります。

```
<input type="number" name="num" min="1" max="10" step="0.5">
```

### 講義　フォーム部品の種類と用途

今回の応募フォームには使われていないその他のフォーム部品も含めて、HTML で用意されているものを一覧にしました。それぞれの機能を理解して、適切なフォーム部品を選択するようにしましょう。なお、HTML5 では input 要素の type 属性の種類が大幅に増え、様々な種類のデータを入力できるようになりました。ただし、これらの新属性はブラウザの対応状況がまちまちであり、必ずしも全ての環境で使用できるわけではありません。いずれは全ての環境で使えるようになるでしょうが、それまでは全ての環境で

表とフォームを設置する

利用できるものとそうでないものを区別して適切に使い分けられるようにしておいた方が良いでしょう。

**表11-1** 以前からあるフォーム部品

| 表示 | サンプル |
|---|---|
| シングルテキスト | テキストフィールド（シングルライン）<br>`<input type="text" name="text">` |
| マルチラインテキスト | テキストフィールド（マルチライン）<br>`<textarea name="textarea" >test test</textarea>` |
| ●●●● | テキストフィールド（パスワード）<br>`<input type="password" name="password">` |
| ⦿aaa ○bbb | ラジオボタン<br>`<input type="radio" name="radio" value="1" checked>aaa`<br>`<input type="radio" name="radio" value="2">bbb` |
| ☑aaa □bbb □ccc | チェックボックス<br>`<input type="checkbox" name="check1" value="1" checked>aaa`<br>`<input type="checkbox" name="check2" value="2">bbb`<br>`<input type="checkbox" name="check3" value="3">ccc` |
| ［ファイルを選択］選択されていません | ファイルアップロード<br>`<input type="file" name="file">` |
| ［送信］ | 送信ボタン<br>`<input type="submit" value="送信">` |
| ［リセット］ | リセットボタン<br>`<input type="reset" value="リセット">` |
| ［ボタン］ | 汎用ボタン<br>`<input type="button" value="ボタン">`<br>※送信／リセットなどの特別な機能を持たない汎用ボタンです。機能を持たせる場合にはJavaScriptを使ってコントロールします。 |
| ［画像ボタン］ | 画像ボタン<br>`<input type="image" src="img/button.png" alt="送信">`<br>※任意の画像をボタンとして使用できます。機能的にはtype="submit"と同じです。 |
| メニュー2 ＃ | セレクトメニュー（単一選択）<br>`<select name="select">`<br>`<option value="1">メニュー1</option>`<br>`<option value="2" selected>メニュー2</option>`<br>`<option value="3">メニュー3</option>`<br>`</select>` |
| メニュー1<br>メニュー2<br>メニュー3 | セレクトメニュー（複数選択）<br>`<select name="select" multiple>`<br>`<option value="1">メニュー1</option>`<br>`<option value="2" selected>メニュー2</option>`<br>`<option value="3" selected>メニュー3</option>`<br>`</select>` |
| | 非表示フィールド<br>`<input type="hidden" name="hidden" value="1">`<br>※画面上には表示しない隠しデータを設置するための要素です。 |
| | ラベル<br>`<input type="checkbox" name="checkbox1" id="checkbox1"><label for="checkbox1">aaa</label>`<br>※for属性に対象となるフォーム部品のid属性値を指定すると、ラベルテキストが対象のフォーム部品に関連付けされ、ラベルクリックでフォームが選択できるようになります。 |

表 11-2 HTML5 で追加されたフォーム部品

| 表示 | サンプル | 特徴 |
| --- | --- | --- |
| 検索テキスト | 検索テキスト<br>`<input type="search" name="search" value="">` | 一部のブラウザでは入力フォームの形状が検索窓風に変化します。 |
| info@example.com | メールアドレス<br>`<input type="email" name="email" value="info@example.com">` | 最低限のemail書式を満たしていないと送信できなくなります。 |
| http://www.example.c | URL<br>`<input type="url" name="url" value="http://www.example.com">` | 最低限のURL書式を満たしていないと送信できなくなります。 |
| 0120-123-456 | 電話番号<br>`<input type="tel" name="tel" value="0120-123-456">` | 入力できる値に制限はありませんが、モバイルOSでは入力時に数字入力モードに変わります。 |
| 1 | 数値<br>`<input type="number" name="num" value="1">` | 入力できる値が数値のみとなります。また対応ブラウザでは上下矢印で数値入力できるようになります。 |
| 年 /月 /日 | 日付<br>`<input type="date" name="date" value="2020-01-01">` | 入力できる値が日付の書式（YYYY-MM-DD）のみとなります。対応ブラウザではカレンダーが表示されます。 |
| --:-- | 時刻<br>`<input type="time" name="time" value="12:01">` | 入力できる値が時刻の書式（00:00）のみとなります。対応ブラウザでは上下矢印で時刻入力できるようになります。 |
| (スライダー) | 一定の範囲内の数値<br>`<input type="range" name="range">` | 対応ブラウザではスライダー形式のUIで大まかな数値を入力できるようになります。 |
| (黒色) | 色<br>`<input type="color" name="color">` | 対応ブラウザではRGBのカラーパネルから色コードを選択できるようになります。 |

> Memo これらの新しい type 属性値をサポートしていないブラウザで閲覧した場合、全て `<input type="text">` として扱われます。

**Point**
- table 要素は表組みのデータ構造を表すための要素
- フォームはユーザがデータを入力するための仕組み
- フォーム部品はインターフェースの種類の他、データ名（name 属性）や受け渡すデータ内容（value 属性）の設定も忘れないようにする

CHAPTER 03　表組みとフォーム

LESSON
12

# 表組みと入力フォームの
# スタイリング

Lesson12では、表組みと入力フォームに対するスタイル指定の方法を学習します。表組みと入力フォームはその他の要素と比較してやや表示に癖があります。特に入力フォームについてはOSやブラウザによって表示の状態が大きく異なることがありますが、見た目を同じにすることばかりに囚われるのではなく「使いやすさ」を向上させるためにはどうしたら良いか、ということを意識したスタイリングを心がけることが重要です。

Sample File　chapter03 ▶ lesson12 ▶ before ▶ entry.html、style.css

● Before

● After

137

## 実習　応募フォームを読みやすくスタイリングする

### 表組みのスタイルを設定する

#### 1 表組みに格子状の境界線と基本スタイルを設定する

table 要素に設定していたダミーの border 属性を削除して表組みスタイル用の class を設定した上で、基本となる表組みスタイルを設定します。セルには padding を設定すると読みやすくなります。

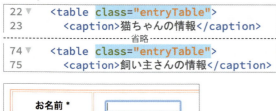

#### 2 隣接するセルの境界線を重ねて表示する

隣り合うセルの境界線は、初期状態ではそれぞれ独立して表示されるため、border プロパティでセルの四辺に境界線を引くと二重線になってしまいます。border-collapse プロパティを使うと、この隣接する border を離す（separate）か重ねる（collapse）かを指定できるため、border-collapse:collapse; とすることで簡単に格子状の表組み罫線を引くことができます。

border-collapse
［表組み罫線の表示方法］
値：separate | collapse

#### 3 見出しセルと表組みキャプションのスタイルを設定

見出しセルには専用のスタイルを設定して体裁を整えます。フォントサイズを変更しても文字が折り返されることがないよう、th 要素の width に 10em と指定することで、10 文字分の横幅を確保するようにしています。表組みキャプションは下マージンを追加して表組みとの間を少し広げておきます。

●style.css

```css
61  .entryTable th {
62    width: 10em;
63    background-color: #ffeeee;
64    text-align: left;
65  }
66  .entryTable caption {
67    margin-bottom: 10px;
68  }
```

## 入力フォームのスタイルを設定する

入力フォーム系の要素は標準の状態だとやや読みづらかったり使いづらかったりするため、可読性や操作性を向上させるために適切なスタイル設定をしておいた方がユーザにとって使いやすいものとなります。

### 1 テキストエリアとテキストボックスにスタイルを設定する

テキストエリアとテキストボックスはそのままでは窮屈なので、適切な幅と余白を設定しておくと読みやすくなります。なお padding、border を設定した要素の width を 100% に設定すると、そのままでは全体で 100% を超えてしまうため、box-sizing: border-box とすることで padding、border を含めて全体を 100% に収めるようにしておきます。

●style.css

```css
70  /*入力フォームの設定*/
71  .entryTable input[type="text"],
72  .entryTable input[type="email"],
73  .entryTable textarea {
74    width: 100%;
75    padding: 10px;
76    border: 1px solid #ccc;
77    box-sizing: border-box;
78    font-size: 1em;
79  }
80  .entryTable input[type="text"]:focus,
81  .entryTable input[type="email"]:focus,
82  .entryTable textarea:focus {
83    background-color: #ffffee;
84    outline: none;
85    border-left: 5px solid #ffa700;
86  }
```

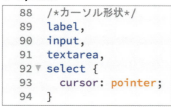

> Memo
> 今回は単一行のテキストボックスだけを選択するのに「属性セレクタ」を使用していますが、専用の class を設定してももちろん構いません。

> Memo
> テキストを入力する部品については、現在入力中のフォーム項目を分かりやすくするために、:focus 疑似クラスを使ってスタイルを変える処理をしています。

## 2 クリック可能な入力フォーム要素のカーソル形状を変更する

　入力フォーム要素は、リンク要素と違い、カーソルが「指」の状態にならず、矢印のままです。そのままでも操作は可能ですが、特にラベルなどはクリックできるかどうか見た目で判断できないため、操作可能であることを明示するために cursor プロパティでカーソル形状を「指」（pointer）に変更しておきます。

● style.css

```
88  /*カーソル形状*/
89  label,
90  input,
91  textarea,
92  select {
93      cursor: pointer;
94  }
```

● カーソル形状

> 覚えよう！
> cursor ［カーソル形状］

## 3 ボタンのスタイルを変更する（基本）

● entry.html

```
95  <div class="entryBtns">
96      <input type="reset" value="クリア">
97      <input type="submit" value="投稿">
98  </div>
```

● style.css

```
 96  /*ボタンの設定*/
 97  .entryBtns {
 98      text-align: center;
 99  }
100  .entryBtns input {
101      width: 100px;
102  }
```

　HTML 側にボタンスタイル適用のための class を設定した上で、センタリングして、横幅を大きくして押しやすくしておきます。

## ボタンのスタイルを変更する（応用）

ブラウザ標準のボタンスタイルでは少々味気ないので、次のような形でオリジナルのボタンスタイルを適用してみたいと思います。

● 完成図

### ▶ ボタン基本スタイルの設定を追加

まずはボタンの基本スタイルを追加します。width/margin/padding/font-size というごく基本的なスタイルです。

ところが、このスタイル設定をWindowsとMacのChromeで比較してみると次のように表示が異なってしまいます。

● style.css

```css
101  /*
102  .entryBtns input {
103    width: 100px;
104  }
105  */
106
107  /*ボタンの基本スタイル*/
108  .entryBtns input {
109    width: 200px;
110    margin: 0 10px;
111    padding: 10px;
112    font-size: 1em;
113  }
```

● Windows の表示　　　　　　　　　　　● Mac の表示

input フォーム部品には UI 部品のため独自のスタイルが初期スタイルとしてあらかじめ設定されていますが、OS やブラウザごとの UI 表示と一貫性を持たせるため、環境ごとに設定されているスタイルがかなり異なるのが特徴です。特に Mac 環境の Safari と Chrome では UI 部品のための特殊スタイルが適用されており、そのままではごく基本的なスタイルですら満足に適用することができません。

### ▶ Mac 環境での特殊スタイルを無効にする

Mac 環境の Safari と Chrome 向けの特殊スタイルを無効にするためには、「-webkit-appearance: none;」という指定を入れておく必要があります。こうすることで Mac 環境の Safari と Chrome でも通常のスタイルを適用できるようになります。

> **Memo -webkit-**
> -webkit- とはブラウザのレンダリングエンジンの種類を表すための識別子で「ベンダープレフィックス」と呼ばれます。Safari と Chrome は製品としては別物ですが、コアとなるレンダリングエンジンは同じ「webkit」を採用しているため、-webkit- というプレフィックスがついたプロパティは原則として両者に適用されることになります。

● style.css

```
107    /*ボタンの基本スタイル*/
108 ▼  .entryBtns input {
109      width: 200px;
110      margin: 0 10px;
111      padding: 10px;
112      font-size: 1em;
113      -webkit-appearance: none;
114    }
```

● Windows の表示

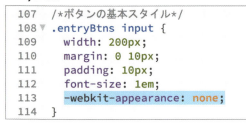

● Mac の表示

▶ 必要なスタイルを全て設定

　ボタン部品の特殊スタイルが解除されましたので、後は全てのターゲットブラウザ環境で同じボタンスタイルとなるように必要なスタイルを全て設定すれば完成です。

● style.css

```
107    /*ボタンの基本スタイル*/
108 ▼  .entryBtns input {
109      width: 200px;
110      margin: 0 10px;
111      padding: 10px;
112      background: #fff;
113      border: 2px solid #f6bb9e;
114      border-radius: 10px;
115      font-size: 1em;
116      -webkit-appearance: none;
117    }
118
119    /*送信ボタン用のスタイル*/
120 ▼  .entryBtns input[type="submit"] {
121      background: #fadccc;
122    }
123
124    /*ボタンにマウスが乗った時*/
125 ▼  .entryBtns input:hover {
126      opacity: 0.7;
127    }
```

> 覚えよう！ opacity［要素の不透明度］
> 値：0～1（※ 0=透明、1＝不透明）

142

# 表組みと入力フォームのスタイリング

## Column フォーム部品の外観

フォーム部品の外観は OS やブラウザの種類によって大きく異なり、CSS を使ってもコントロールできないところもあります。ボタンのようにブラウザの標準スタイルを解除すれば自由にデザインできるようになるものもありますが、そうでない部品も多いので、あまり無理せずブラウザ標準の外観を活用するようにした方が無難です。

## 講義　表組みとフォーム部品の構造化

　表組みや入力フォームについては、シンプルな内容ならば今回作成しているサンプルの状態でも問題はありません。しかし複雑な構造を持つようなデータであった場合には、構造をもう少し詳細にマークアップしておいた方が視覚的なコントロールもしやすく、ユーザビリティ・アクセシビリティの向上にもつながります。

### 行と列のグループ化

　table 要素・tr 要素・th 要素・td 要素のみで最小限の表組み構造はマークアップ可能ですが、thead 要素・tfoot 要素・tbody 要素を使うことで行方向のグループ化を、colgroup 要素を使うことで列方向のグループ化もできます。

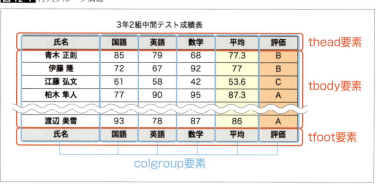

図 12-1 行列グループ構造

### ▶ thead 要素

テーブルのヘッダー行グループを表す要素です。

### ▶ tfoot 要素

テーブルのフッター行グループを表す要素です。tfoot 要素で定義されたフッター行は、テーブルの末尾に固定されます。以前は thead 要素→ tfoot 要素→ tbody 要素の順番で記述する必要がありましたが、HTML5.1 の仕様変更から記述位置の制限はなくなりましたので、表示通り tbody の後に tfoot 要素を記述しても問題ありません。

### ▶ tbody 要素

テーブルのデータ行グループを表す要素です。

### ▶ colgroup 要素

テーブルの列グループ構造を表す要素です。列を構造化しておくことで、列に対して簡単に背景色や境界線等のスタイル設定をほどこすことができます。ただし、セル内テキストに対する設定（text-align、color など）は無効です。

## アクセシビリティを高めるテーブル関連要素・属性

**図 12-2** テーブル構造

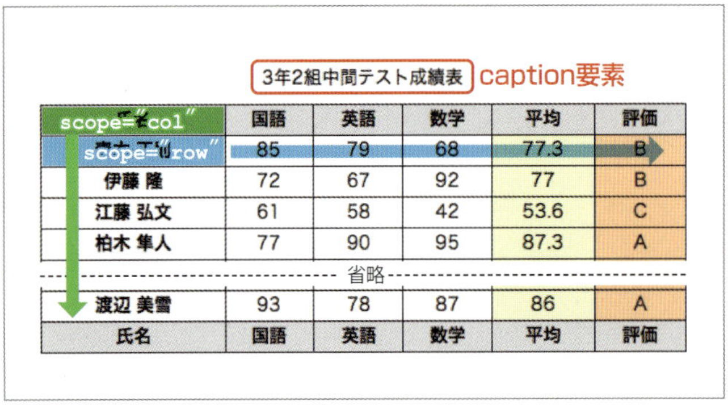

### ▶ caption 要素

画面上に表示される表組みの簡潔な説明文を表す要素です。対象となる table 要素の開始タグの直後に 1 つだけ記述します。caption 要素の中にはテキストとテキストレベル要素のみ入れることができます。

### ▶ scope 属性

主に th 要素に設定し、それがどちらの方向に対する見出しなのかを明示するための属性です。横（行）方向に対する見出しの場合は「scope="row"」、縦（列）方向に対する見出しの場合は「scope="col"」と指定します。

## ▶ 構造化された表組みのソースのサンプル

```html
<table>
<caption>3年2組中間テスト成績表</caption>
<colgroup id="name"></colgroup>
<colgroup id="language"></colgroup>
<colgroup id="english"></colgroup>
<colgroup id="mathematics"></colgroup>
<colgroup id="average"></colgroup>
<colgroup id="evaluation"></colgroup>
<thead>
<tr>
<th scope="col">氏名</th>
<th scope="col">国語</th>
<th scope="col">英語</th>
<th scope="col">数学</th>
<th scope="col">平均</th>
<th scope="col">評価</th>
</tr>
</thead>
<tfoot>
<tr>
<th scope="col">氏名</th>
<th scope="col">国語</th>
<th scope="col">英語</th>
<th scope="col">数学</th>
<th scope="col">平均</th>
<th scope="col">評価</th>
</tr>
</tfoot>
<tbody>
<tr>
<th scope="row">青木 正則</th>
<td>85</td>
<td>79</td>
<td>68</td>
<td>77.3</td>
<td>B</td>
</tr>
--------省略--------
<tr>
<th scope="row">渡辺 美雪</th>
<td>93</td>
<td>78</td>
<td>87</td>
<td>86</td>
<td>A</td>
</tr>
</tbody>
</table>
```

- **caption 要素** テーブル見出し
- **colgroup 要素** 列のグループ化
- **thead 要素** 行のグループ化（ヘッダー行）
- **tfoot 要素** 行のグループ化（フッター行）
- **tbody 要素** 行のグループ化（データ行）

### セルの結合

1つの見出しセルに対して複数のデータがあるようなケースでは、セルを結合することでより分かりやすい表組みにできます。セルの結合は横方向にも縦方向にも行うことができますが、手打ちで記述する場合はやや分かりづらいため、あまり複雑に結合する必要がある場合は Adobe Dreamweaver などのソフトウェアを利用した方が良いかもしれません。

**図 12-3** 結合前のテーブル

| セル1 | セル2 | セル3 |
|---|---|---|
| セル4 | セル5 | セル6 |
| セル7 | セル8 | セル9 |

```
<table>
<tr>
<td>セル1</td>
<td>セル2</td>
<td>セル3</td>
</tr>
<tr>
<td>セル4</td>
<td>セル5</td>
<td>セル6</td>
</tr>
<tr>
<td>セル7</td>
<td>セル8</td>
<td>セル9</td>
</tr>
</table>
```

#### ▶ 横方向の結合（colspan）

横方向にセルを結合する場合は、結合する先頭のセルに対して colspan 属性を指定し、結合するセルの数を数値で指定した上で、不要となったセルのタグを削除します。

**図 12-4** 横結合

| セル1セル2セル3を結合 |||
|---|---|---|
| セル4 | セル5 | セル6 |
| セル7 | セル8 | セル9 |

```
<table>
<tr>
<td colspan="3">セル1セル2セル3を結合</td>
</tr>
<tr>
<td>セル4</td>
<td>セル5</td>
<td>セル6</td>
</tr>
<tr>
<td>セル7</td>
<td>セル8</td>
<td>セル9</td>
</tr>
</table>
```

### ▶ 縦方向の結合（rowspan）

縦方向にセルを結合する場合は、結合する先頭のセルに対して rowspan 属性を指定し、結合するセルの数を数値で指定した上で、不要となったセルのタグを削除します。縦方向結合の場合は、行（<tr>～</tr>）をまたいで不要となったセルを削除する必要があるので、注意が必要です。

**図 12-5** 縦結合

<table>
<tr><td rowspan="3">セル１セル４セル７を結合</td><td>セル２</td><td>セル３</td></tr>
<tr><td>セル５</td><td>セル６</td></tr>
<tr><td>セル８</td><td>セル９</td></tr>
</table>

```
<table>
<tr>
<td rowspan="3">セル１セル４セル７を結合</td>
<td>セル２</td>
<td>セル３</td>
</tr>
<tr>
<td>セル５</td>
<td>セル６</td>
</tr>
<tr>
<td>セル８</td>
<td>セル９</td>
</tr>
</table>
```

### ▶ colspan と rowspan の同時指定

colspan と rowspan を同時に指定して、縦・横両方に対してセルを結合できます。

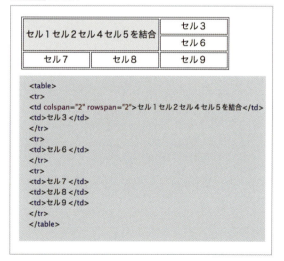

**図 12-6** 縦横結合

<table>
<tr><td colspan="2" rowspan="2">セル１セル２セル４セル５を結合</td><td>セル３</td></tr>
<tr><td>セル６</td></tr>
<tr><td>セル７</td><td>セル８</td><td>セル９</td></tr>
</table>

```
<table>
<tr>
<td colspan="2" rowspan="2">セル１セル２セル４セル５を結合</td>
<td>セル３</td>
</tr>
<tr>
<td>セル６</td>
</tr>
<tr>
<td>セル７</td>
<td>セル８</td>
<td>セル９</td>
</tr>
</table>
```

## フォームのグループ化

fieldset 要素によってフォームの入力コントロール部品をグループ化できます。共通の意味的なまとまりを持つフォーム部品を fieldset 要素で構造化しておくことで、特に音声ブラウザなどの非視覚環境においてユーザの理解を助けることができます。また、視覚的にも見出し付きの枠で囲まれるため、何に関する入力項目なのかをひと目で判断できるという利点があります。特にカテゴリ別の入力項目が多いフォームを作成する際活用すると良いでしょう。

### ▶ fieldset 要素

フォームの入力コントロール部品を意味的にグループ化するための要素です。fieldset 要素の中身は必ずグループの見出しを表す legend 要素で始まる必要があります。

**図 12-7** fieldset 画面

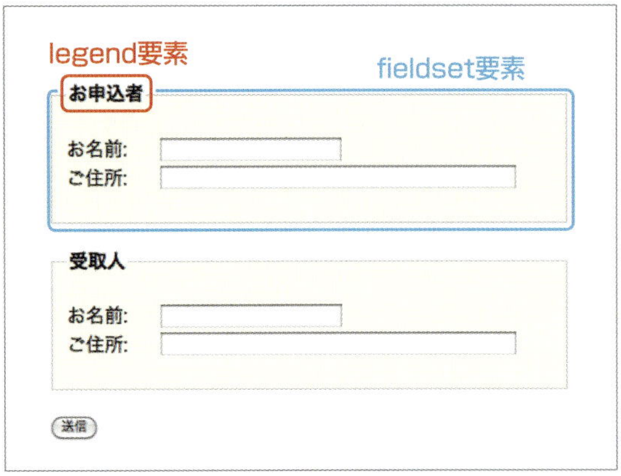

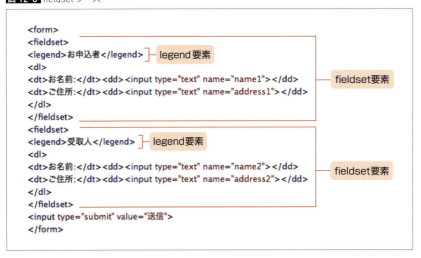

**図 12-8** fieldset ソース

```
<form>
<fieldset>
<legend>お申込者</legend>   legend 要素
<dl>
<dt>お名前:</dt><dd><input type="text" name="name1"></dd>        fieldset要素
<dt>ご住所:</dt><dd><input type="text" name="address1"></dd>
</dl>
</fieldset>
<fieldset>
<legend>受取人</legend>   legend要素
<dl>
<dt>お名前:</dt><dd><input type="text" name="name2"></dd>        fieldset要素
<dt>ご住所:</dt><dd><input type="text" name="address2"></dd>
</dl>
</fieldset>
<input type="submit" value="送信">
</form>
```

**Point**

- 余白や罫線を整えることで、表組みの可読性は格段に向上させることができる
- フォーム部品はユーザの使いやすさ（ユーザビリティ）を考慮してスタイリングする
- フォーム部品の見た目はブラウザや OS で異なる

# CHAPTER 04

## CSS レイアウトの基本

LESSON 13

14

15

Web サイトのレイアウトは、その用途や目的によって様々な手法が存在します。本章では、以前からある CSS レイアウトの基本的な手法である float レイアウト・position レイアウト、および近年の Web 制作で float レイアウトに代わる新しいレイアウト手法として浸透しつつある flexbox レイアウトの仕様と具体的な制作方法を学びます。

CHAPTER 04　CSS レイアウトの基本

LESSON
13
## float レイアウト

Lesson13 では、CSS レイアウトの基本中の基本となる「float」を使った段組みレイアウトの作り方を学習します。レイアウトのコントロール部分に集中するため、この Lesson のサンプルでは枠のみのダミーコンテンツを使って解説をします。

Sample File　chapter04 ▶ lesson13 ▶ before ▶ 2col ▶ 2col.html、style.css
　　　　　　　　　　　　　　　　　　　 ▶ 3col ▶ 3col-1.html、style1.css
　　　　　　　　　　　　　　　　　　　 ▶ 3col ▶ 3col-2.html、style2.css
　　　　　　　　　　　　　　　　　　　 ▶ box ▶ box.html、style.css

### 実習　float によるマルチカラムレイアウト

#### 基本的な float レイアウトの仕組み

　float を使わない通常配置の場合、ブロックレベルの要素である各コンテンツはソースコードの順番通り上から下へ縦に並んで表示されます。float が設定されたブロックは通常のコンテンツ配置の流れから切り離され、左または右に島のように浮いた（float した）状態になります。そして後続のコンテンツは float が設定されたブロックを避けるように横にあいた隙間に下から回り込んで配置される状態となります。

　CSS によるレイアウトは、積み木のように縦に積み上がったコンテンツを並べ替えていく作業であると言えますが、このような float の仕組みを使うことで通常なら縦に並んでしまうコンテンツを横に並べることが可能となります。

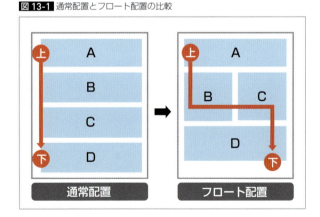

図 13-1　通常配置とフロート配置の比較

150

## 2カラムレイアウトを作る

　最もシンプルな形の2段組みです。各カラムの width を適切に設定した上で、左に配置したいものに float:left;、右に配置したいものに float:right; と設定し、後続のブロックで clear:both; としてフロートを解除します。サンプルファイルの 2col.html を使って順を追って2カラムレイアウトを作ってみましょう。

**図 13-2** 2カラムレイアウトの仕組み

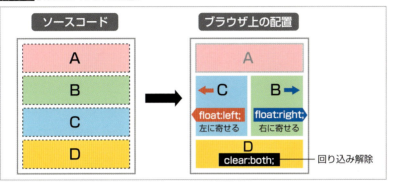

### 1 各ブロックに必要な横幅とダミー背景色を設定する

　まず各ブロックに width を設定します。背景色はレイアウトにとっては必要ないものですが、視覚的に配置を分かりやすくするために設定しておきます。

● 2col/style.css

```css
 9  #wrap {
10      width: 800px;
11      height: 30px auto;
12      background-color: beige;
13  }
14
15  #header {
16      background-color: lightpink;
17  }
18
19  #main {
20      width: 500px;
21      background-color: palegreen;
22  }
23
24  #side {
25      width: 280px;
26      background-color: skyblue;
27  }
28
29  #footer {
30      background-color: gold;
31  }
```

● 2col/2col.html の表示

> 新規でレイアウトを作るときだけでなく、制作途中でレイアウトが崩れたときなども一時的にダミーで背景色をつけると問題が見つけやすくなります。

## 2 #main と #side に float を設定し、左右に寄せて配置する

次に横に並べたいブロックに float の設定をします。基本的には「左に配置したい方に float:left;、右に配置したい方に float:right;」と覚えてください。

● 2col/style.css

```
19  #main {
20      width: 500px;
21      background-color: palegreen;
22      float: right;
23  }
24
25  #side {
26      width: 280px;
27      background-color: skyblue;
28      float: left;
29  }
```

● 2col/2col.html の表示

2カラムレイアウトでは、各ブロックを左右に割り振ることでHTMLソースにおける段組みブロック部分の並び順を気にする必要がなく、また段間の余白についても特に設定しなくて良くなります。

Memo: フッター領域がカラムの隙間に回り込んで来ているのは、CSSの正しい仕様通りの挙動であり、ブラウザの不具合ではありません。

## 3 後続要素の #footer で float 解除する

最後に、段組みをやめたいブロックに clear:both; を設定して回り込みを解除すれば基本の2カラムレイアウトは完成です。

● 2col/style.css

```
31  #footer {
32      background-color: gold;
33      clear: both;
34  }
```

clear:both; とすることで、左右両方の float 設定を一度に解除できます。なお、clear プロパティが設定されたボックスは margin-top がうまく効かない状態となりますので、もし段組みコンテンツと #footer の間に隙間をあけたい場合は、段組みコンテンツ側に margin-bottom をつける形で対処してください。

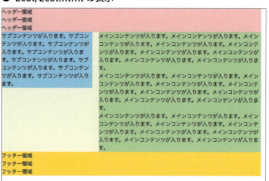

● 2col/2col.html の表示

## 3 カラムレイアウトを作る❶

　ソースコード上の順番と表示の並びが同じ場合は、①上から順に全て float:left; とするか、②上から順に float:left; を設定し、最後のブロックだけ float:right; とするかのどちらかの方法で配置します。サンプルファイルの col3-1.html を使って基本の 3 カラムレイアウトを作成してみましょう。

図 13-3 ソースの順番通りに配置する 3 カラムレイアウトの仕組み①

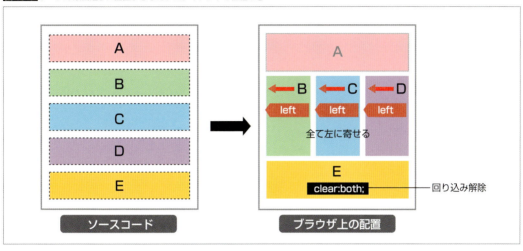

図 13-4 ソースの順番通りに配置する 3 カラムレイアウトの仕組み②

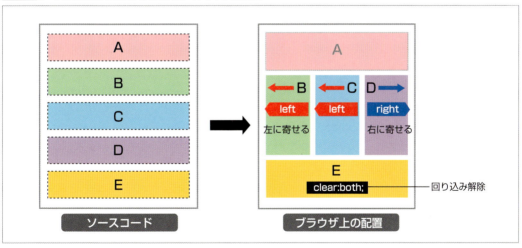

153

**1 各ブロックに必要な横幅とダミー背景色を設定する**

まずは2カラムのときと同様に、各ブロックに width と background-color を設定します。

● 3col/style1.css

```
 9  #wrap {
10      width: 940px;
11      margin: 30px auto;
12      background-color: beige;
13  }
14
15  #header {
16      background-color: lightpink;
17  }
18
19  #cont1 {
20      background-color: palegreen;
21      width: 300px;
22  }
23
24  #cont2 {
25      background-color: skyblue;
26      width: 300px;
27  }
28
29  #cont3 {
30      background-color: plum;
31      width: 300px;
32  }
33
34  #footer {
35      background-color: gold;
36  }
37
```

● 3col/3col-1.html の表示

**2 #cont1 〜 #cont3 を全て float:left にして左詰めに配置し、#footer で float 解除する**

次に、横並びにしたい3カラムに全て float:left; を設定し、後続要素で回り込みを解除します。段間が必要ない場合はこれで完成です。

04 CSSレイアウトの基本

float レイアウト

● 3col/style1.css

```
19  #cont1 {
20      background-color: palegreen;
21      width: 300px;
22      float: left;
23  }
24
25  #cont2 {
26      background-color: skyblue;
27      width: 300px;
28      float: left;
29  }
30
31  #cont3 {
32      background-color: plum;
33      width: 300px;
34      float: left;
35  }
36
37  #footer {
38      background-color: gold;
39      clear: both;
40  }
```

● 3col/3col-1.html の表示

3つのカラム全てを float:left とすることで、ソースコードの順番通りに左から横に並びます。段間が必要な場合は 2 箇所に margin-right を設定する必要があります。

## 3 #cont3 だけ float:right; に変更する

段間が必要な場合は、最後の 1 カラムだけ float:right にするという方法もあります。今回はこの方法で作成しますので、#cont3 を float:right; に変更してください。

● 3col/style1.css

```
31  #cont3 {
32      background-color: plum;
33      width: 300px;
34      float: right;
35  }
```

● 3col/3col-1.html の表示

float:left; と float:right; が隣り合うところは自動的に隙間ができるので、段間の設定は 1 箇所だけで良い状態となります。

## 4 #cont1 に margin-right を設定する

#cont2 と #cont3 の間は自動的に隙間ができているので、#cont1 に margin-right を 20px 設定すれば 3 カラムレイアウトの完成です。

155

● 3col/style1.css

```
19 ▼ #cont1 {
20      background-color: palegreen;
21      width: 300px;
22      float: left;
23      margin-right: 20px;
24   }
```

● 3col/3col-1.html の表示

段間のうち1箇所をブラウザ側の自動計算に任せる状態としておくことで、万一ブラウザ側のバグや制作者側のミスで横幅計算に誤差が生じて親要素よりオーバーしてしまったとしても、多少であれば誤差を吸収してカラム落ちすることを防ぐことができるというメリットが生じます。

> Memo
> 段間を margin-right で設定しているのは、「float と同じ方向に margin をつけるとその値が2倍で表示される」という IE6 の有名なバグを防ぐ手段として確立していた過去の手法の名残にすぎませんので、#cont2 に margin-left をつけるという方法でも特に問題ありません。

## 3カラムレイアウトを作る❷

下図はソースコード上の順番と表示の並びが異なる場合の仕組みです。マルチカラムのレイアウト構成の場合、HTML ソースコードでは「サイドバー」といった補助コンテンツよりも「メインコンテンツ」となるカラムを先に記述するのが通例です。すると3カラムの場合、真ん中（2列目）に配置したいメインコンテンツをソース上では最も上に記述することになるため、そのままでは float でうまく配置ができません。

そこでこのようなケースでは、メインコンテンツと左右どちらかのサブコンテンツをもう1つ div で囲むことで一旦2段組みの状態を作り、カラムの中で再度2段組みを作るという方法を採ることで対処します。サンプルファイルの 3col-2.html を使ってこのようなパターンの3段組みを作ってみましょう。

図 13-5 ソースの順番とは異なる並びで配置する3カラムレイアウトの仕組み

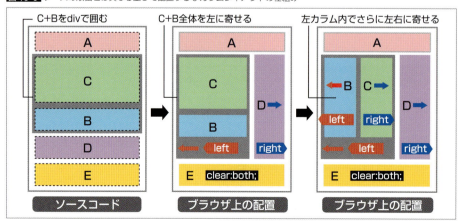

# 1  各ブロックに必要な横幅とダミー背景色を設定する

これまで同様、各ブロックに対して width と background-color を設定します。

● 3col/style2.css

```css
@charset "UTF-8";
/* CSS Document */

*{
    margin:0;
    padding:0;
}
ul {
    list-style: none;
}

#wrap {
    width: 800px;
    margin: 30px auto;
    background-color: beige;
}

#header {
    background-color: lightpink;
}

#side {
    background-color: skyblue;
    width: 200px;
}

#main {
    background-color: palegreen;
    width: 360px;
}

#navi {
    background-color: plum;
    width: 200px;
}

#contents {
    background-color: orange;
    border: 3px solid orange;
    width: 580px;
}

#footer {
    background-color: gold;
}
```

● box/3col-2.html の表示

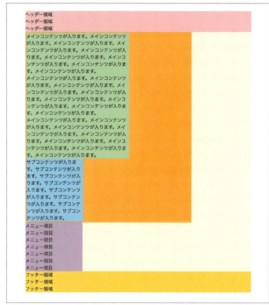

## 2 #contents と #side2 を float で左右に寄せて配置し、#footer で float 解除する

まずは #contents と #side2 で 1 段階目（外側）の 2 カラムレイアウトを作ります。

● 3col/style2.css

```css
32  #navi {
33      background-color: plum;
34      width: 200px;
35      float: right;
36  }
37
38  #contents {
39      background-color: orange;
40      border: 3px solid orange;
41      width: 580px;
42      float: left;
43  }
44
45  #footer {
46      background-color: gold;
47      clear: both;
48  }
```

● 3col/3col-2.html の表示

## 3 #main と #side1 を float で左右に寄せて配置する

大きく 2 カラムになったところで、今度は #contents の中身をさらに 2 カラムにしたら完成です。

● 3col/style2.css

```css
22  #side {
23      background-color: skyblue;
24      width: 200px;
25      float: left;
26  }
27
28  #main {
29      background-color: palegreen;
30      width: 360px;
31      float: right;
32  }
```

● 3col/3col-2.html の表示

## ボックスを格子状に並べるレイアウトを作る

 **1** .box li を全て float:left; で左詰めにする

　同じサイズのボックスを格子状に並べるレイアウトの場合は、後で挿入や削除、順番の入れ替えが発生したときにも HTML 側に余計な class 等を付けなくても済むように、全てのボックスを一律 float:left; で並べておきます。

● box/style.css

```
 1  @charset "UTF-8";
 2  /* CSS Document */
 3
 4  *{
 5    margin:0;
 6    padding:0;
 7  }
 8
 9  ul{
10    list-style: none;
11  }
12
13
14  #wrap{
15    width: 960px;
16    margin: 0 auto;
17    background-color: beige;
18  }
19
20  #header{
21    margin-bottom: 20px;
22    background-color: lightpink;
23  }
24
25  #footer{
26    background-color: gold;
27    clear: both;
28  }
29
30  .box li {
31    float: left;
32  }
```

● box/box.html の表示

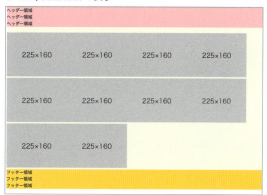

159

## 2 .box li に右と下に一律で margin を 20px 設定する

ボックス同士の間隔を margin 設定します。ただし、一番右端の列に該当するボックスにも margin-right:20px; が付いてしまうため、そのままではカラム落ちとなってしまいます。

● box/style.css

```
30 ▼ .box li {
31      float: left;
32      margin-right: 20px;
33      margin-bottom: 20px;
34   }
```

● box/box.html

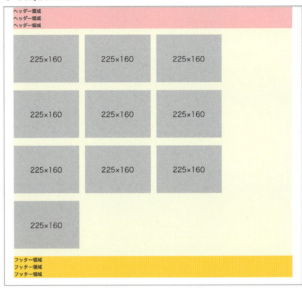

## 3 カラム落ちを修正する

ソースコードのメンテナンス性を高めるため、HTML 側に class を付与することなく CSS だけで一番右端の列の margin を無効とするには、

① CSS3 の疑似クラス :nth-child(n) を活用する方法
② CSS3 の否定疑似クラス :not(s) を活用する方法
③ 親要素にネガティブマージンを設定する方法

の 3 パターンが考えられます。

### ▶ CSS3 の疑似クラス :nth-child(n) を活用する方法

:nth-child(n) は、指定の子要素に連番を振り、番号指定でスタイルを適用できるものになります。.box li:nth-child(4n) とすることで、「.box の子要素のうち 4 の倍数に該当する li 要素」だけをセレクタとすることが可能となります。

### ▶ CSS3 の否定疑似クラス :not(s) を活用する方法

:not(s) は、s で指定したセレクタ「以外」を対象とするセレクタです。.box li:not(:nth-child(4n)) とすることで最初から「4 の倍数を除く li 要素」にだけ margin-right の設定をすることができます。

## float レイアウト

● box/style.css

```
30  .box li {
31      float: left;
32      margin-right: 20px;
33      margin-bottom: 20px;
34  }
35
36  /* ①:nth-child(n)の活用 */
37  .box li:nth-child(4n) {
38      margin-right: 0;
39  }
```

> Memo: CSS3 疑似クラスの詳しい使い方は Chapter06 Lesson19 実習「疑似クラス」を参照

```
30  .box li {
31      float: left;
32      /*margin-right: 20px;*/
33      margin-bottom: 20px;
34  }
35
36  /* ②:not(s)の活用 */
37  .box li:not(:nth-child(4n)) {
38      margin-right: 20px;
39  }
```

### ▶ 親要素にネガティブマージンを設定する方法

　後方互換に配慮して CSS3 を使わない場合は、親要素である .box に対して右側にネガティブマージンを設定することで、右端のボックスについた右マージンを相殺できます。この際、子要素の右マージン 20px 分が親要素の外側にはみ出す形となるため、.box には overflow:hidden; を追加し、はみ出し領域を非表示としておく必要があります。

● box/style.css

```
30  .box li {
31      float: left;
32      margin-right: 20px;
33      margin-bottom: 20px;
34  }
35
36  /* ③親要素にネガティブマージン */
37  .box {
38      margin-right: -20px;
39  }
40  #main {
41      /*はみ出し分を非表示*/
42      overflow: hidden;
43  }
```

> 覚えよう！
> **overflow**
> 値：auto | scroll | hidden | visible
> ボックスからはみ出したコンテンツの表示方法を指定するためのプロパティ。hidden にするとはみ出した領域を非表示にできる。

● box/box.html

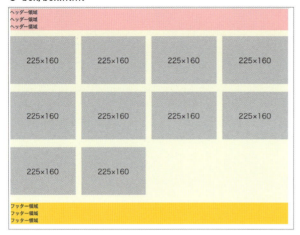

Memo: 親要素にネガティブマージンを設定してカラム落ちを防ぐテクニックは、単位がpxでないと機能しません。基本的に固定サイズレイアウト用のテクニックとなりますので注意してください。

## Column

### floatで作る格子状レイアウトの注意点

ボックスを格子状に並べるレイアウトをfloatで作る場合、何らかの方法で各ボックスの高さが揃うように調整しておかないと不本意な回り込みが発生してレイアウトが崩れてしまいます。

ボックスの高さが可変の場合には、基本的には要素の高さを揃えるJavaScriptを使用する必要がありますので注意が必要です。

● レイアウトが崩れている例

● 要素の高さを揃えるプラグイン例

- jquery.tile.js (http://urin.github.io/jquery.tile.js/)
- jquery.matchHeight.js (http://brm.io/jquery-match-height/)

※いずれもjQueryのプラグインとして提供されているものですので、利用にはjQuery本体が必要となります。

## 講義　floatレイアウトの制約と注意すべきポイント

### floatレイアウトにおける制約

floatレイアウトでマルチカラムや横並びのコンテンツ配置を行った場合、デザイン上いくつかの制約が発生します。これらは技術的な仕様であり、CSSのみで解決することはできないのでよく覚えておきましょう。

### ▶ 横に並んだブロック同士の高さを自動的に揃えることはできない

floatプロパティで横並びにした<mark>ブロックの高さを自動的に揃えることはできません。</mark>heightを指定することで疑似的に揃えることは可能ですが、その場合もし中身が増えたりした場合は枠から中身がはみ出してしまうことになるため、確実に高さが固定できると分かっている場合以外は使えません。

横に並んだブロックの高さを揃えたいというのはデザイン上の当たり前の要求ではありますが、これはfloatレイアウトでは実現できないため、別のアプローチで解決する必要があります。

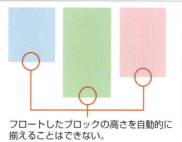

図 13-6 floatレイアウトの制約①

フロートしたブロックの高さを自動的に揃えることはできない。

### ▶ 横に並んだブロックは上揃えにしかできない

floatプロパティで横並びにしたブロックは、<mark>上揃えにしかできません。</mark>ブロック同士を下揃えに配置したり、上下中央揃えに配置したりすることはできません。また、ブロックの高さをheightで固定したようなケースで、中身のコンテンツだけ枠内で下揃えにしたり上下中央揃えにしたりすることもできません。

このようなデザインを実現したい場合は、float以外の方法を採用する必要があります。

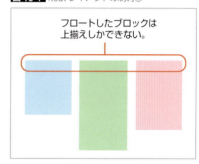

図 13-7 floatレイアウトの制約②

フロートしたブロックは上揃えしかできない。

## float 解除に注意が必要なケース

floatでマルチカラムレイアウトを作成する際には基本的に以下の手順で作業を進めるということはこれまで解説した通りです。

❶ ソースコード上でコンテンツブロックの順番を検討
❷ 必要に応じてdiv要素などでグループ化
❸ 配置したい方向にfloatを設定
❹ 後続コンテンツでfloatを解除（clear:both;）

しかし、❹のfloatを解除する段階で困ったことが発生するケースがあります。例えば図13-8のようにfloatしている#leftと#rightを囲むようにもう1つdiv要素（#container）で包んだ場合、いくら#footerでclear:both;指定をしても#containerの枠は潰れて上部に貼り付くような形になってしまいます。

図 13-8 後続要素がない float のケース

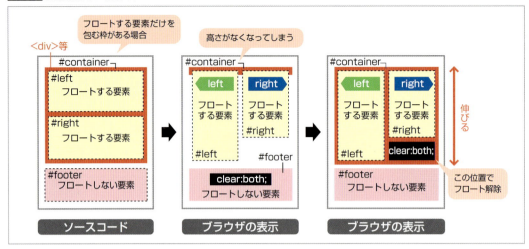

この現象は、子要素に float が設定されると、それを包む親要素は高さがなくなった状態になるという、float の仕様通りの挙動です。この状態の要素の高さを元に戻すためには、高さがなくなってしまっている要素（この場合は #container）の内側で float を解除する必要があります。しかしこのようなケースでは HTML の構造上 clear:both; を設定したい位置には要素が存在しないため、素直に clear:both; でフロート解除することができません。

後続要素がない状態で float を解除する方法は 2 つあります。

Memo: float した子要素を包む親要素それ自身に float の指定がされている場合は高さはなくなりません。

### ▶ clearfix

1 つ目は、118 ページでも紹介した、オーストラリアの Tony Aslett 氏が 2004 年に開発した通称「clearfix」と呼ばれるテクニックです。簡単に言うと float した子要素を含む親要素に対して :after 疑似要素を生成し、そこに clear:both; を設定することで HTML 上に物理的に要素がない状態でも親要素の内側で float 解除できるようにしたものです。

このテクニックが開発された当時は疑似要素を理解しないブラウザも多数存在したため、実際にはそれら古いブラウザに対するコードも合わせて記述されているのが特徴です。インターネットで clearfix を検索すると、少しずつ異なるコードがみつかると思いますが、これは「どこまで古いブラウザをサポートするか」の違いであり、基本的な仕組みはいずれも同じとなります。

使い方は、clearfix コードとして紹介されているものを自分の CSS にコピー&ペーストしておき、対象となる要素に対して class="clearfix" と class 名をつける形となります。

図 13-9 clearfix の仕組み

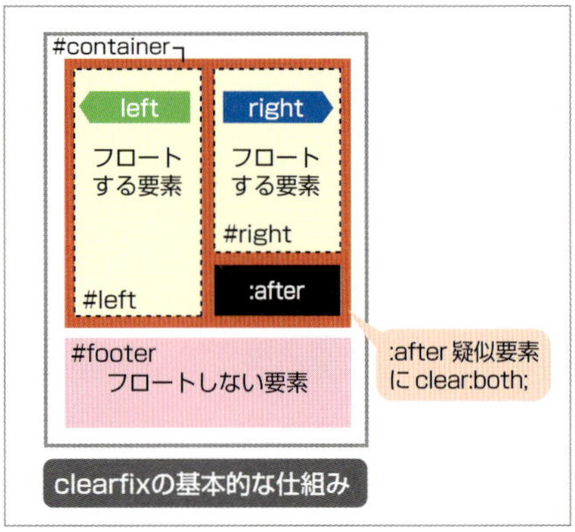

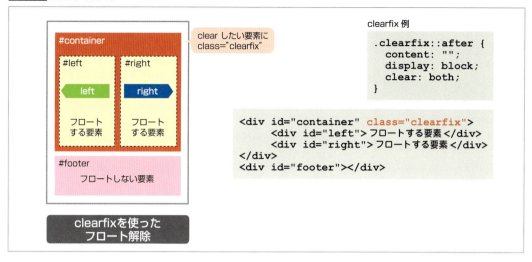

図 13-10 clearfix の使い方

### ▶ overflow

2つ目は overflow プロパティを利用する方法です。overflow プロパティ自体はもともと幅や高さが固定された要素からコンテンツがはみ出した際、どのように表示するかを指定するためのプロパティであり、float 解除のためのプロパティではありません。

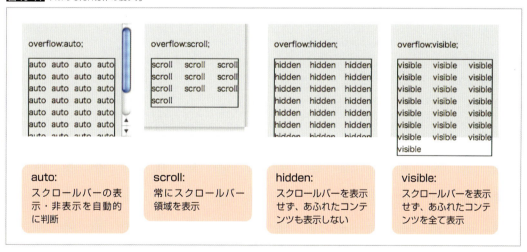

図 13-11 本来の overflow の使い方

しかし、子要素に float が設定されたために高さがなくなっている親要素に対して overflow:hidden; と設定すると、結果として clearfix したのと同じ表示状態となります。

使い方は、高さがなくなっている親要素に対して CSS 上で overflow:hidden; と1行記述するだけです。

図 13-12 overflow:hidden; の使い方

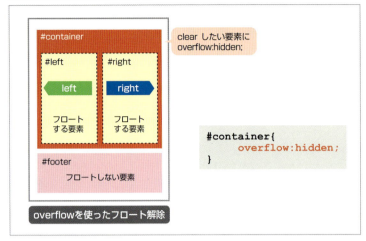

Caution
overflow: hidden; を使ったフロート解除方法はシンプルで便利ですが、本来の用途である「あふれたコンテンツを非表示にする」という挙動を伴うため、デザイン的に利用できないケースがありますので注意が必要です。
また、印刷時に複数ページにまたがるような長いコンテンツに設定した場合、一部の環境で 2 ページ目以降が印刷されなくなる不具合が生じる恐れもあります。
利用する場合にはこれらの不具合が発生しないことを確認してから使うようにしましょう。

Point
- float レイアウトはソースコードの順番と表示順が連動するためレイアウトに一定の制約が出る
- 後続要素がある場合は clear:both、ない場合は clearfix か overflow:hidden; でフロート解除する
- float した子要素を持つ親要素は高さがなくなる

CHAPTER 04　CSS レイアウトの基本

# LESSON 14 position レイアウト

Lesson14 では、float と並ぶ CSS レイアウトの基本である「position」を使ったレイアウト手法を学習します。position を使ったレイアウトは、float と違って HTML ソースの出現順に依存しないレイアウト配置が可能となるため、うまく使えばより自由度の高い大胆なレイアウトが可能となります。

Sample File　chapter04 ▶ lesson14 ▶ before ▶ absolute ▶ index.html、style.css
　　　　　　　　　　　　　　　　　　　 ▶ relative ▶ index.html、style.css
　　　　　　　　　　　　　　　　　　　 ▶ fixed ▶ index.html、style.css

## 実習　position レイアウト

### フリーレイアウトを可能にする position:absolute;

通常配置やフロート配置は、HTML ソースコードでの出現順とブラウザでの表示順が連動するため、レイアウトには一定の制約があります。しかし、position プロパティを使うと、例えばソースコードの最後に記述されている要素を、ページの一番先頭に表示させるといったような、ソースコードの順番に依存しない自由なレイアウトが可能となります。

position は表示位置を指定する方法を表すためのプロパティで、デフォルトの値は static（通常配置）です。これを absolute（絶対配置）に変更することでフリーレイアウトが可能になります。

図 14-1　absolute による絶対配置

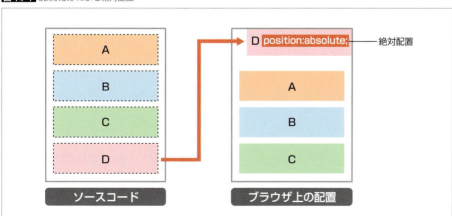

167

## 要素を絶対配置でレイアウトする

### ▶ 絶対配置の仕組み

　position:absolute; が設定されると、そのコンテンツは通常のコンテンツ配置の流れからは完全に切り離され、「基準ボックス」を基点として自由に配置することができるようになります。また、そのコンテンツが本来表示されるはずだった領域は「なかったこと」となり、後続のコンテンツによって詰められます。ちょうど、普通の HTML の上に透明なレイヤーを一枚増やし、その上にコンテンツを重ねて表示しているような状態です。

**図 14-2** position:absolute; の概念図

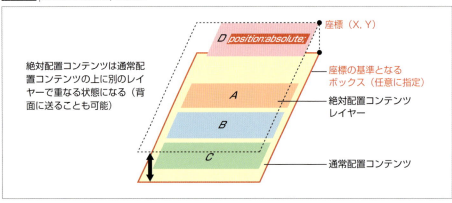

**基準ボックス**
本書で「基準ボックス」と呼んでいる領域は、仕様原文では containing block と記述されている領域です。直訳すると「包含ブロック」というのが正式な呼び名なのですが、若干意味が分かりづらいので本書では包含ブロックのことを position 配置の基準となる領域という意味で「基準ボックス」と言い換えて説明しています。

　では、Lesson14 サンプルファイルの absolute/index.html を使って position:absolute; の使い方を練習してみましょう。

 **絶対配置したい要素に position:absolute; を設定する**

まず対象となる要素に対して position:absolute; を指定します。

● absolute/style.css

```
23    /*絶対配置コンテンツ*/
24 ▼  #pos{
25        width:15px;
26        padding:10px;
27        background:#f00;
28        position: absolute;
29    }
```

覚えよう！　position　［コンテンツ配置方法の指定］
値：static〈初期値〉| absolute | relative | fixed

# position レイアウト

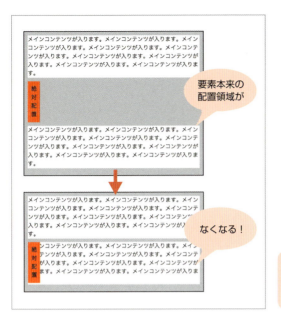

position:absolute; が設定されると、その要素がもともと存在していたはずの領域がなくなり、後続のコンテンツが上に詰められます。

## 2 表示させたい場所の座標を指定する

右上に配置したいので、表示位置を right:0; top:0; に設定します。

● absolute/style.css

```
23    /*絶対配置コンテンツ*/
24 ▼ #pos{
25      width:15px;
26      padding:10px;
27      background:#f00;
28      position: absolute;
29      right: 0;
30      top: 0;
31    }
```

基準ボックスを設定していないため、ウィンドウの右上に配置される

position の値が static でなくなると、left・top・bottom・right といったプロパティで表示位置を座標のように指定できるようになります。この表示位置は、「基準ボックス」と呼ばれる特定の要素の各辺を基点とした位置となります。基準ボックスは、明示しない場合は自動的に body 要素＝ウィンドウとなります。

覚えよう！
left / top / right / bottom ［コンテンツ表示位置を基準となる要素の上下左右の辺からの距離で指定］
値：数値
※ position の値が static 以外のときに使用可能

169

## 3 基準ボックスを変更する

そのままだとブラウザのウィンドウ枠を基準に配置されてしまうので、#pos の親要素である #wrap を「基準ボックス」に指定します。

● absolute/style.css

```css
10 ▼ #wrap{
11      width:500px;
12      padding:10px;
13      margin:30px auto;
14      border:#000 2px solid;
15      background-color:#ccc;
16      position: relative;  /*基準ボックス化*/
17  }
```

> 基準ボックスを #wrap にしたので、#wrap の右上に配置される

基準ボックスは絶対配置する要素の親または先祖要素であり、position プロパティの値が static 以外のブロックレベルの要素である必要があります。また親・先祖要素の複数に position:static; 以外の値を持つ要素があった場合、絶対配置する要素に最も近い<u>直近の先祖要素が基準ボックス</u>となります。

## 4 基準ボックスの外側に絶対配置する

#wrap の外側にはみ出すように配置するため、right:-30px; と指定します。

● absolute/style.css

```css
24      /*絶対配置コンテンツ*/
25 ▼ #pos{
26      width:15px;
27      padding:10px;
28      background:#f00;
29      position: absolute;
30      right: -30px;
31      top: 0;
32  }
```

> マイナス座標で基準ボックスの外側に配置できる

left・top・right・bottom の値には、マイナスの数値を指定することもできます。マイナスの数値を指定することで、基準ボックスの外にはみ出すような形で配置できます。

## 5 他の要素との重なり順を指定する

#wrap の後ろに配置するため、z-index:-1; と指定します。

● absolute/style.css

```
24    /*絶対配置コンテンツ*/
25 ▼  #pos{
26      width:15px;
27      padding:10px;
28      background:#f00;
29      position: absolute;
30      right: -30px;
31      top: 0;
32      z-index: -1;
33    }
```

z-index で z 軸方向（上下の重なり）を指定できる

**覚えよう!** z-index［要素の z 軸方向の重なり順］
値：整数
※position プロパティの値が static 以外のときに使用可能。

position に static 以外の値が指定された要素同士が重なった場合は、何もしなければソースコード上で後から出現する方が上になって表示されます。この重なり順は z-index プロパティで変更することができ、数値が大きい方が上になります。通常コンテンツは z-index:0; とみなされており、これより背面に配置したい場合は z-index にマイナスの数値を指定します。

## 要素を相対配置でレイアウトする

### ▶ 相対配置の仕組み

position:relative; を設定すると、そのコンテンツ本来の位置を基準としてそこから上下左右にずらす形で配置できるようになります。absolute と違って本来の領域はそのまま確保され、通常コンテンツと同様に前後のコンテンツと連動して移動しますので、位置座標をずらさず position:relative; を指定しただけの場合は、表示上は通常のコンテンツと何ら変わりません。主な用途は絶対配置をしたい要素の基準ボックスを設定する場合や、通常コンテンツと同様に配置しながら他のコンテンツの上に重ねて表示したいような場合など、やや限定的となります。

図 14-3 position:relative; の概念図

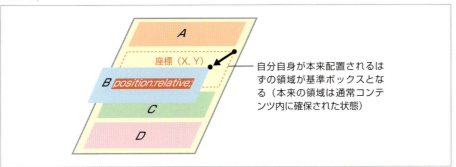

では、Lesson14 サンプルファイルの relative/index.html を使って position:relative; の使い方を練習してみましょう。

 **1 float:right で右寄せされた要素を相対配置にする**

まずは相対配置する .right に position:relative; と指定します。relative を指定しただけでは表示は何も変わらないことを確認してください。

● relative/style.css

```
28  .right{
29      width:100px;
30      height:100px;
31      background-color:#f00;
32      float:right;
33      position: relative;
34  }
```

● relative/index.html の表示

> relative を指定しただけでは通常コンテンツ表示と変わらない

position:relative; は、absolute と違って float と併用できます。

**2 マイナスの数値で親要素の外側に少し位置をずらして表示する**

right:-30px; と指定して、現在の位置から右側にずらして親要素からはみ出すように配置してみましょう。

● relative/style.css

```
28  .right{
29      width:100px;
30      height:100px;
31      background-color:#f00;
32      float:right;
33      position: relative;
34      right: -30px;
35      top: 0;
36  }
```

要素本来の領域を基準とし、そこからの相対的な座標位置で指定。重なり順（z-index）の指定も可能になる。

float 配置だけでは親要素の外側にはみ出すような形で配置することは基本的にできませんが、position:relative とすることで本来の位置から上下左右どちらにでも自由にずらして配置することが可能となります。また、z-index も使えるようになりますので、他の要素の上に重ねる・下に潜らせるといった表現も要素本来の位置で指定できるようになります。

## 要素を固定配置でレイアウトする

▶ **固定配置の仕組み**

position:fixed; は、absolute 同様に、絶対位置でコンテンツ配置できますが、常に body 要素（ブラウザウィンドウ）が基準となることと、コンテンツをスクロールしてもウィンドウ内でずっと同じ位置か

ら動かないことが absolute とは異なります。

図 14-4 position:fixed; の概念図

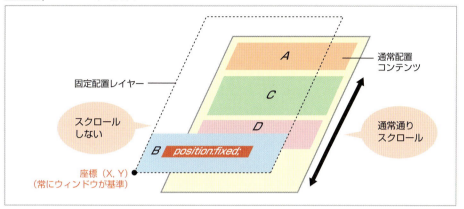

では、Lesson14 サンプルファイルの fixed/index.html を使って position:fixed; の使い方を練習してみましょう。

## 1 #fixed をページ下部に固定配置する

ソースコードの一番上にある #fixed をページ最下部に固定配置にするため、以下のように設定してください。

● fixed/style.css

```css
23   /*固定配置メニュー*/
24 ▼ #fixed{
25     width:100%;
26     padding:10px 0;
27     background-color:#f00;
28 ▼   position: fixed;
29     left: 0;
30     bottom: 0;
31   }
```

position:fixed で固定配置されたボックスは、ウィンドウサイズを変更したり、コンテンツをスクロールさせたりしても常に下に固定されていることを確認してください。

固定前

固定後

スクロールせず常に指定座標で固定される

## 2 #pagetop をページ右下に固定配置する

ページの一番上に戻るリンクを、画面右下に position:fixed; で固定配置にします。①で画面最下部に固定配置した #fixed 領域に被らないよう、bottom を調整しています。

● fixed/style.css

```
33    /*ページトップへ*/
34  #pagetop{
35      margin:0;
36      position: fixed;
37      right: 0;
38      bottom: 42px;
39  }
```

## 3 #pagetop を常にコンテンツ領域の右外側で固定されるように変更する

position:fixed; は常に body 要素が基準になるため、単純に右下に position:fixed で固定しただけの場合、ウィンドウ幅を狭くした際にコンテンツに被る状態となります。

body 基準での配置となるので、常にウィンドウ枠に固定され、幅が狭いときはコンテンツに重なった状態になる

これを避け、常にコンテンツ領域の右外側に固定配置されるようにしたい場合は、「bodyに対して50%の位置に配置し、コンテンツ領域の1/2（＋α）のマージンを追加」というテクニックを使用することで実現可能です。

● fixed/style.css

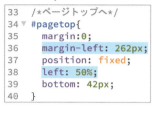

▶ positionレイアウトの使用事例

position: absolute、relative、fixedのそれぞれの特長と基本的な使い方は大体理解できたでしょうか？　最後によくあるWebサイトでのpositionレイアウトの使用事例を挙げておきますので、具体的な使い方のイメージをつかんでおきましょう。

図 14-5　positionレイアウトの使用事例

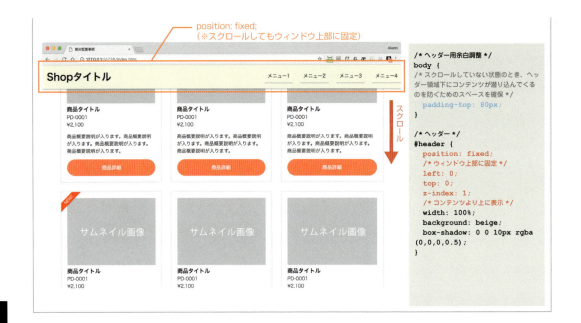

## 講義 positionレイアウトの注意すべきポイント

### ▶ 絶対配置（absolute）の注意点

　絶対配置によるレイアウトは、ホワイトボードにペタペタと付箋を貼っていくかのように自由に配置できることが利点です。しかし一方で要素内のコンテンツ量が増えた場合でも親要素が自動的に伸びてくれたり、後続のコンテンツが下に下がってくれたりはしませんので、うまく設計しないと枠からはみ出したり他のコンテンツと重なったりして、最悪の場合は情報の読み取りに支障をきたす結果になりかねません。

　絶対配置を利用する際には、配置するコンテンツが表示される領域を適切に確保する必要がある点に注意してください。絶対配置をする際には、上に乗るコンテンツを表示できる十分なスペースを確保するようにし、他のコンテンツとの重なりを十分に考慮する必要があると言えます。

### ▶ 固定配置（fixed）の注意点

　position:fixed; は、他のスタイルや要素との兼ね合いで思わぬバグが生じるケースがあり、若干不安定な状況であるという点に注意が必要です。特に少し古めのiOS、Androidなどでは不具合が多く、Webアプリのような凝ったUIを作ろうとすると思わぬ苦戦を強いられる恐れがあります。

　本当にfixedを使う必要があるのかよく検討し、使うとしてもあまり無理をせずシンプルな使い方にとどめた方が良さそうです。

▶「position:fixed; チョットデキル」
URL https://www.slideshare.net/o_ti/position-fixed-52224889

- position レイアウトはソースコードの順番と連動しない自由な配置が可能
- 絶対配置をするときには必ず直接の先祖要素に基準ボックスの指定をする
- サイズ可変の領域で絶対配置をするときはコンテンツのはみ出しに注意する

CHAPTER 04　CSS レイアウトの基本

LESSON 15

# flexbox レイアウト

Lesson15 では、float に代わる全く新しいレイアウト仕様である「flexbox」を使ったレイアウト手法について学習します。flexbox レイアウトは float レイアウトでは仕様的に不可能だった様々なデザインが簡単に実現できるようになっており、近年の Web 制作では float レイアウトに代わる CSS レイアウトの主力となってきています。

**Sample File**　chapter04 ▶ lesson15 ▶ before ▶ flexbox ▶ flex-container.html
　　　　　　　　　　　　　　　　　　　　　　　　　flex-item.html、style1.css、style2.css
　　　　　　　　　　　　　　　　　▶ 2col ▶ 2col.html、style.css
　　　　　　　　　　　　　　　　　▶ 3col ▶ 3col-1.html、style1.css
　　　　　　　　　　　　　　　　　▶ 3col ▶ 3col-2.html、style2.css
　　　　　　　　　　　　　　　　　▶ box ▶ box.html、style.css

## 実習　基本的な flexbox レイアウトの仕組み

### flex コンテナと flex アイテム

　flexbox は、正式には Flexible Box Layout Module と呼ばれるマルチカラムレイアウト作成のための新しいプロパティ群全体のことを指し、単一のプロパティを指すものではありません。

　flexbox レイアウトを使うためには、flexbox レイアウトを適用したい領域を囲む要素に「display: flex;」と設定します。ある要素に display: flex; が指定されると、その要素自身は「flex コンテナ」、直下の子要素は「flex アイテム」として機能するようになり、様々な flexbox 関連プロパティが適用できるようになります。

　flexbox レイアウトを理解する第一歩はこの仕組みを理解することですので、まずは「flex コンテナと呼ばれる親要素の中に flex アイテムと呼ばれる子要素を並べていく」という考え方でレイアウトをするのだ、ということをしっかり頭に入れておきましょう。

**図 15-1** flexbox の基本書式と基本的な仕組み

● flexbox の基本書式

```
セレクタ{display: flex;}
```

## 主軸と交差軸

　flexboxを理解する上でもう1つ重要となるのが、「軸」という概念です。display:flex;の指定でflexコンテナとなった領域には2つの軸が設定されます。1つが主軸（main axis）、もう1つが主軸と直角に交わる交差軸（cross axis）です。全てのflexアイテムは主軸に沿って配置され、その上で主軸方向、交差軸方向それぞれに様々な整列指定（上揃え、下揃え、中央揃え等）ができるようになります。

　flexboxにおける軸の初期設定は主軸が左から右、交差軸が上から下となっていますが、これは固定的なものではなく、flex-directionというプロパティの値を変更することで軸の方向を上下左右自由に入れ替えることが可能となっています。

図 15-2　主軸と交差軸

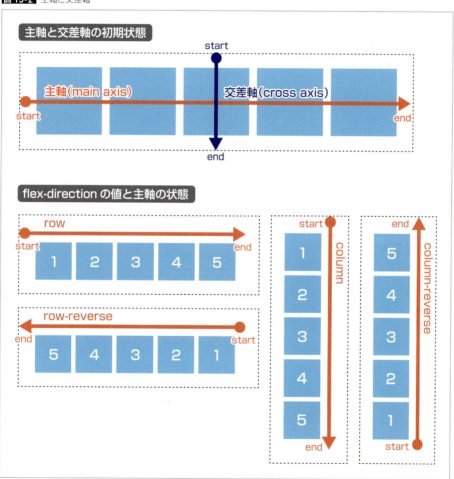

　では、flexboxの基本的な概念を理解したところで、Lesson15サンプルファイルの/before/flexbox/flex-container.htmlを使って様々なflexbox関連プロパティを練習してみましょう。

### flex コンテナに設定するプロパティの種類と使い方

flexbox 関連プロパティは「flex コンテナ」に設定するものと、「flex アイテム」に設定するものに大別されます。ここではまずサンプルファイルの /before/flexbox/flex-container.html と style1.css を使って flex コンテナに設定するプロパティ群の種類と使い方を見ていきましょう。

#### 1 flex コンテナを指定する

まずは flexbox レイアウトを利用可能とするため、親要素に display: flex; を設定します。各種プロパティが初期値の状態では、アイテムは<mark>左から右</mark>に一列に並び、かつ一番コンテンツの多いものに合わせてそれぞれの<mark>アイテムの高さが自動的に揃う</mark>状態となります。

● flex-container.html

```html
11    <section class="no1">
12      <h2>①display:flex</h2>
13      <ul class="flex">
14        <li>アイテム<br>アイテム</li>
15        <li>アイテム</li>
16        <li>アイテム<br>アイテム<br>アイテム</li>
17        <li>アイテム</li>
18        <li>アイテム</li>
19      </ul>
20    </section>
```

● style1.css

```css
32    /*flexboxレイアウトを適用*/
33    .flex {
34      display: flex;
35    }
```

> **Memo**
> flexbox レイアウトでは、「flex コンテナの直下の子要素」が flex アイテムとなりますが、このときの「直下の子要素」とは、明示的にソースコードに記述されている要素だけではありません。ソースコード上には物理的に存在しない ::before / ::after 疑似要素や、HTML タグでマークアップされていない生のテキストノードも flex アイテムとして認識されますので注意が必要です。

#### 2 justify-content（主軸方向の整列）を設定する

flexbox レイアウトでおそらく最も利用頻度が高いプロパティが <mark>justify-content</mark> です。これはアイテムの<mark>主軸方向の整列</mark>を指定するためのプロパティで、先頭揃え（flex-start）・末尾揃え（flex-end）・中央揃え（center）・均等配置（space-between / space-around）といったレイアウトが可能です。特に「均等配置」は従来のプロパティでは実現できない、flexbox レイアウトならではの機能となります。

● style1.css

```css
37    /*justify-content*/
38    .no2 .flex {
39      justify-content: flex-start;  /*初期値*/
40      justify-content: flex-end;
41      justify-content: center;
42      justify-content: space-around;
43      justify-content: space-between;
44    }
```

※1行ずつ記述して表示を確認しましょう。

flexbox レイアウト

● flex-start

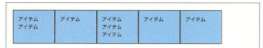

● flex-end

● center

● space-around

● space-between

## 3 align-items（交差軸方向の整列）を設定する

justify-content と並んで利用頻度が高いプロパティが align-items です。これはアイテムの交差軸方向の整列を指定するためのプロパティで、自動揃え（stretch）・先頭揃え（flex-start）・末尾揃え（flex-end）・中央揃え（center）・ベースライン揃え（baseline）といったレイアウトが可能です。初期値はstretch で、最もコンテンツ量の多いアイテムの高さに自動的に揃うようになっているため、float では仕様的に不可能なレイアウトが CSS だけで簡単に実現できます。

● style1.css

```
46    /*aling-items*/
47 ▼  .no3 .flex .fzL {
48        font-size: 3em;
49    }
50 ▼  .no3 .flex {
51        align-items: stretch;  /*初期値*/
52        align-items: flex-start;
53        align-items: flex-end;
54        align-items: center;
55        align-items: baseline;
56    }
```

※1行ずつ記述して表示を確認しましょう。

● stretch

● flex-start

● flex-end

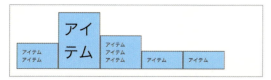

● center

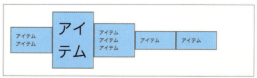

181

● baseline

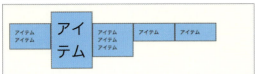

## 4 flex-wrap でアイテムを複数行に並べる

　flexbox の仕様では、flex アイテムがコンテナに収まりきらないほど増えたとしても、ひとつひとつのアイテムを縮小してとにかく横一列に表示しようとします。これはコンテナに収まりきらないアイテムを折り返して複数行にするかどうかを設定する flex-wrap というプロパティの初期値が no-wrap（折り返さない）となっていることが原因です。折り返して複数行で表示したい場合にはこの値を wrap に変更します。

● style1.css

```
58  /*flex-wrap*/
59 ▼ .no4 .flex {
60      flex-wrap: nowrap;  /*初期値*/
61      flex-wrap: wrap;
62      flex-wrap: wrap-reverse;
63  }
```
※1行ずつ記述して表示を確認しましょう。

● nowrap

● wrap

● wrap-reverse

 Android4.0-4.3 では flex-wrap が存在しません。これらの環境では折返しレイアウトは基本的に実現できませんので注意が必要です。

## 5 align-content で複数行のアイテム全体の配置を変更する

　flex-wrap でアイテムを複数行表示した場合に、その複数行のアイテム全体を交差軸方向にどのように整列させるかを設定するのが align-content です。align-items は 1 行ごとの交差軸方向の整列を指定するものなので、区別しておきましょう。

　なお、align-content を使用するには交差軸方向（デフォルトでは縦方向）に余ったスペースが存在する必要があります。従って、サンプルではコンテナに height:300px; を設定して高さを確保してから作業するようにしてください。

● style1.css

```
65  /*align-content*/
66  .no5 .flex {
67    height: 300px;/*交差軸方向にスペースを確保*/
68    flex-wrap: wrap;
69    align-content: stretch;  /*初期値*/
70    align-content: flex-start;
71    align-content: flex-end;
72    align-content: center;
73    align-content: space-around;
74    align-content: space-between;
75  }
```

※1行ずつ記述して表示を確認しましょう。

● stretch

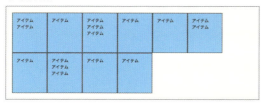

● flex-start

● flex-end

● center

● space-around

● space-between

## 6 flex-direction で軸の方向を変更する

　flexboxレイアウトにおける主軸の方向は、初期状態では「左から右」という、通常配置と同じ並びとなっています。このまま主軸の方向は変更せずにレイアウトすることになるケースの方が多いかもしれませんが、flex-direction を変更することで主軸の方向、つまりアイテムの並ぶ方向を変更することができるようになります。

● style1.css

```
77   /*flex-direction*/
78 ▼ .no6 .flex {
79       flex-direction: row;  /*初期値*/
80       flex-direction: row-reverse;
81       flex-direction: column;
82       flex-direction: column-reverse;
83   }
```

※1行ずつ記述して表示を確認しましょう。

● row                                        ● row-reverse

● column                                     ● column-reverse

> flex アイテムに設定するプロパティの種類と使い方

ここからは Lesson15 サンプルファイルの /before/flexbox/flex-item.html を使って、flex アイテム自身に設定するプロパティ群の種類と使い方を見ていきましょう。

### 1  align-self で交差軸方向の整列を個別に指定する

flex コンテナに指定する align-items は、全ての flex アイテムに対して一律に交差軸方向の整列を指定できますが、アイテム自身に align-self を指定すれば、個別に整列方法を変更することができます。

● style2.css

```
33   /*align-self*/
34 ▼ .no7 .flex li:nth-child(1){
35       align-self: stretch;  /*align-itemsと同じ*/
36   }
37 ▼ .no7 .flex li:nth-child(2){
38       align-self: flex-start;
39   }
40 ▼ .no7 .flex li:nth-child(3){
41       align-self: flex-end;
42   }
43 ▼ .no7 .flex li:nth-child(4){
44       align-self: center;
45   }
46 ▼ .no7 .flex li:nth-child(5){
47       align-self: baseline;
48   }
```

## 2 orderでアイテムの表示順を変更する

orderプロパティを使うと、flexアイテムのソースコードの記述順に関係なく、ブラウザ上での表示順を変更することができます。値は整数で指定し、数字が大きい方が後ろに表示されます。orderプロパティを指定しない場合はorder: 0とみなされるため、例えば複数あるアイテムのうち1つにだけorder: 1をつけると、そのアイテムが末尾に表示される状態となります。

● style2.css
```
50    /*order*/
51 ▼ .no8 .flex li:nth-child(1) {
52      background: #ffd800;
53      order: 1;
54    }
55 ▼ .no8 .flex li:nth-child(2) {
56      background: #80d683;
57      order: 2;
58    }
```

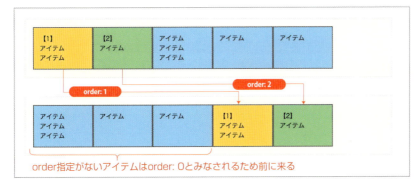

## 3 flex-growで余白部分いっぱいまでアイテムを引き伸ばす

flex-growは、flexコンテナ内に存在する余白スペースを、指定した比率で各アイテムに分配してflexアイテムのサイズを調整するためのプロパティです。

**図 15-3** flex-grow の基本動作

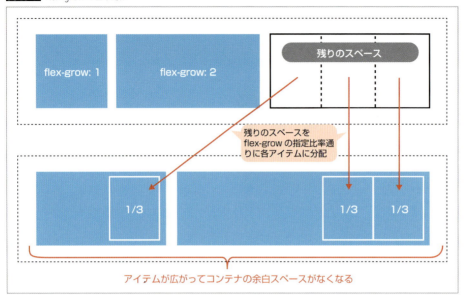

flex-grow の初期値は 0 ですので、この状態では余白の分配は行われません。余白の分配とその結果による各アイテムの最終的なサイズ計算結果は少々複雑なので、まずは flex-grow: 1 として残りの余白を均等に各アイテムに分配し、アイテム幅を自動的に親コンテナの幅いっぱいまで引き伸ばすという使い方を覚えておきましょう。

### ▶ 例 1　もともとのサイズ比率を保ったままコンテナ幅いっぱいまで広げる

● style2.css

```
60    /*flex-grow*/
61 ▼  .no9 .flex.grow1 li:nth-child(1){
62      width: 200px;
63      flex-grow: 1;
64    }
65 ▼  .no9 .flex.grow1 li:nth-child(2){
66      width: 400px;
67      flex-grow: 1;
68    }
```

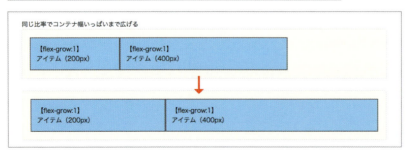

### ▶ 例 2　特定のアイテムだけコンテナ幅いっぱいまで広げる

● style2.css

```
69  .no9 .flex.grow2 li:nth-child(2){
70    width: auto;
71    background: #ffd800;
72    flex-grow: 1;
73  }
```

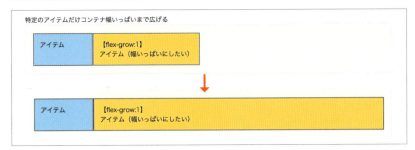

## 4　flex-shrink でアイテムが縮むのを防ぐ

　flex-shrink は各アイテム幅を全て足したときに親コンテナより大きくなってしまう場合、指定した比率で縮小させて各アイテムのサイズを調整するためのプロパティです。

　flex-shrink の初期値は 1 ですので、この状態でははみ出したスペースのサイズをアイテム数で割って、均等に各アイテムを縮小させてコンテナ内に収めて表示しようとします。

**図 15-4** flex-shrink の基本動作

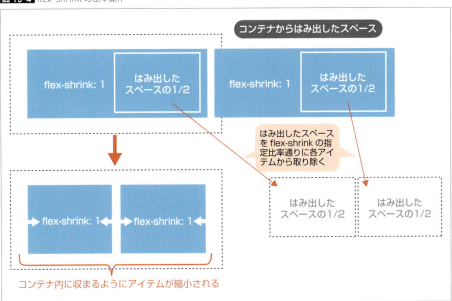

flex-shrink の使い所としては、親コンテナを縮めても常にアイテムを固定のサイズで表示させたい場合に、flex-shrink: 0 を指定するというのが最も多いケースとなります。

● style2.css

```
75  /*flex-shrink*/
76 ▼ .no10 .flex li{
77      width: 200px;
78  }
79 ▼ .no10 .flex li:nth-child(1){
80      background: #ffd800;
81      flex-shrink: 0;
82  }
```

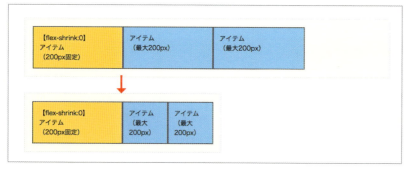

## 5 flex-basis でアイテムのサイズを指定する

flex-basis は flex アイテムの main size ＝主軸方向のサイズ を指定するためのプロパティです。主軸が左右方向であれば width、主軸が上下方向であれば height に相当するサイズを指定するものだと理解すると分かりやすいでしょう。

● style2.css

```
84  /*flex-basis*/
85 ▼ .no11 .flex li:nth-child(1){
86      width: 200px;
87  }
88 ▼ .no11 .flex li:nth-child(2){
89      background: #ffd800;
90      flex-basis: 200px;
91  }
92 ▼ .no11 .flex {
93      flex-direction: column;
94  }
```

Memo: flex-basis は執筆時点（2018 年秋）で IE11 でバグがあり、他のブラウザと挙動が異なるため、少々扱いづらい状況です。アイテムサイズは従来通り width / height を利用してもほとんどのケースで問題ないため、筆者としては無理に flex-basis を使う理由は少ないと考えます。

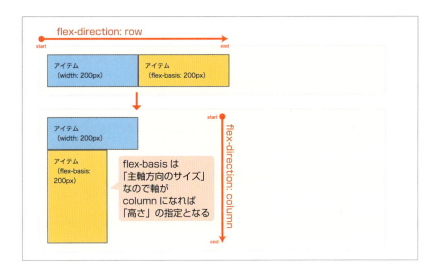

## 実習　flexboxによるマルチカラムレイアウト

　flexboxの基本を学んだところで、実際のレイアウトにflexboxを使う練習をしてみましょう。ここではLesson13のfloatレイアウトで作った2カラム、3カラム、格子状のボックスレイアウトをflexboxで再現してみることにします。

### 2カラムレイアウトを作る

　ではサンプルファイルの /lesson15/before/2col/2col.html と style.css を使って2カラムレイアウトを作ってみましょう。

**1** #main と #side を flexbox で 2 カラムレイアウトにするため、flex コンテナとなる div を追加する

　Lesson13で使ったfloatレイアウト用のHTML・CSSと同じものをベースにして、flexboxレイアウトを実装してみましょう。各ボックスにはあらかじめダミーの背景色と必要な width を設定してあります。
　今回2カラムにしたいのは #main と #side ですが、ソースコードを見るとこの2つのボックスを囲むコンテナ要素がありません。flexboxレイアウトを適用するには、必ずその領域を何らかの要素で囲んで display: flex; を適用、つまり flex コンテナを設定する必要がありますので、#main と #side を囲むように div を追加し、id 属性を加えておきます。

● 2col.html

```
13  <div id="contents">
14
15    <main id="main">…</main>
20    <aside id="side">…</aside>
23
24  <!-- /#contents --></div>
```

## 2  #contents を flex コンテナに設定する

追加した #contents を flex コンテナとするため、ここに display: flex; を適用します。#main と #side にはあらかじめ width が設定されていますので、この時点で高さの揃った横並びの 2 カラムが実現します。ただし、flex アイテムは初期状態ではソースコードの記述順に左から右に配置されますので、#main が左、#side が右に配置されてしまっています。

● style.css

```css
18  #contents {
19      display: flex;
20  }
```

## 3  #main が右、#side が左に表示されるようにする

表示されているカラムの表示順を左右逆にしたい場合、flex-direction を使う方法と order を使う方法があります。flex-direction を使う場合は、#contents に flex-direction: row-reverse; と指定、order を使う場合は #main に order: 1; と指定すれば、表示順を左右入れ替えることが可能です。

どちらでも構わないのですが、今回のケースでは「主軸を逆転させる」と考えた方がシンプルなので、flex-direction で実装することにします。

● style.css

```css
18  #contents {
19      display: flex;
20      flex-direction: row-reverse;
21  }
```

##  #main と #side の間に段間を作る

flex アイテム同士の間には現状 margin が設定されていないので、#main と #side がぴったりくっついています。ここに 20px の段間を設定したいのですが、直接 margin をつけるのではなく、#main と #side を左右の両端に寄せて自動的に段間を作る方法を採用したいと思います。2 つの flex アイテムを左右両端に寄せたい場合には、justify-content: space-between; と設定します。この方法は、ちょうど float レイアウトで 2 つのボックスを左右に割り振って段間余白を自動的に確保する方法と同じような考え方で実装ができるため、理解しやすいと思います。

● style.css

```css
18  #contents {
19      display: flex;
20      flex-direction: row-reverse;
21      justify-content: space-between;
22  }
```

### 3 カラムレイアウトを作る❶

サンプルファイルの /lesson15/before/3col/3col-1.html、style1.css を使ってソースコード上の並びと、ブラウザ上の並び順が同じであるシンプルな 3 カラムレイアウトを作ります。

## 1 3 つのボックスを囲むように div を追加し、display: flex; を設定する

3 カラムを作る場合も 2 カラム同様、flex コンテナとなる親要素が必要なので、#cont1〜#cont3 を囲むように div を追加し、display: flex; を設定します。

● 3col-1.html

```html
13  <div id="contents">
14
15      <section id="cont1"> … </section>
20      <section id="cont2"> … </section>
25      <section id="cont3"> … </section>
30
31  <!-- /#contents --></div>
```

● style1.css

```css
14  #contents {
15      display: flex;
16  }
```

## 2 justify-content で均等配置する

最後に段間を確保するため、#cont1〜#cont3 を justify-content でコンテナ両端に揃うように均等配置にすれば、シンプルな 3 カラムレイアウトが完成です。

● style1.css

```css
14 ▼ #contents {
15       display: flex;
16       justify-content: space-between;
17   }
```

### 3 カラムレイアウトを作る ❷

今度はサンプルファイルの /lesson15/before/3col/3col-2.html、style2.css を使ってソースコード上の並びと、ブラウザ上の並び順が異なる 3 カラムレイアウトを作ります。このようなケースは float レイアウトで作ろうと思うと少々厄介でしたが、flexbox レイアウトの場合はとてもシンプルに実現できます。

##  1 3つのボックスを囲むようにdivを追加し、display: flex;を設定する

3カラムレイアウト❶と同様に、flexコンテナとなる親要素を追加してdisplay: flex;を設定します。

● 3col-2.html

```
13 ▼  <div id="contents">
14
15 ▶      <main id="main">...</main>
20 ▶      <aside id="side">...</aside>
23 ▶      <nav id="navi">...</nav>
34
35     <!-- /#contents --></div>
```

● style2.css

```
21 ▼ #contents {
22      display: flex;
23 }
```

## 2 orderプロパティでアイテムの表示順を変更する

ソース上では #main → #side → #navi の順ですが、表示上では #side → #main → #navi のように3つのボックスのうち2つの表示順を入れ替える必要があります。このようなケースでは flex-direction で主軸全体の方向を変えても意味がありませんので、order プロパティを使って個別に表示順を変更するようにしましょう。

● style2.css

```css
25  #side{
26      background-color: skyblue;
27      width:200px;
28      order: 1;
29  }
30
31  #main{
32      background-color: palegreen;
33      width:360px;
34      display: block; /*for IE11*/
35      order: 2;
36  }
37
38  #navi{
39      background-color: plum;
40      width:200px;
41      order: 3;
42  }
```

## 3 justify-contentで均等配置する

最後に段間を確保するため、justify-contentでコンテナ両端に揃うように均等配置にすれば完成です。

● style2.css

```css
21  #contents {
22      display: flex;
23      justify-content: space-between;
24  }
```

### ボックスを格子状に並べるレイアウトを作る

最後にサンプルファイルの /lesson15/before/box/box.html、style.css を使ってボックスを格子状に並べるカード型レイアウトを作ります。なお float の場合は横並びのボックス同士の高さを揃えることができないため固定サイズのボックスで練習しましたが、flexbox の場合は自動的にアイテムの高さが揃う仕様なので、アイテムごとに高さが異なるサンプルで練習することにします。

flexbox レイアウト

## 1 .box に display: flex; を設定する

今回のソースコードは ul / li 要素でマークアップされているので、各カラムの直接の親要素である ul 要素（.box）に display: flex; を設定して flex コンテナとします。すると、全体が縮小されて横一列に並んでしまいます。これは flexbox レイアウトの仕様なのでブラウザがおかしいわけではありません。

● style.css

```
29 ▼ .box {
30     display: flex;
31 }
```

## 2 親コンテナに入りきらないアイテムは折り返して複数行で表示するように変更する

折り返して複数行でレイアウトするため、flex-wrap: wrap; と指定します。

● style.css

```
29 ▼ .box {
30     display: flex;
31     flex-wrap: wrap;
32 }
```

## 3 各アイテムを左右両端揃えの均等配置にする

justify-content: space-between で左右両端揃えの均等配置とします。

● style.css

```
29 ▼ .box {
30     display: flex;
31     flex-wrap: wrap;
32     justify-content: space-between;
33 }
```

### 4 行ごとの余白は margin-bottom で設定する

複数行配置とした場合の行ごとの余白設定は align-content で指定することができるのですが、その場合親コンテナに height が設定されていないと機能しません。しかし実際にはアイテム数が変更になる等、親コンテナに対して height を指定することは困難であるため、上下方向の余白については従来通り margin で指定しておきましょう。

● style.css

```
35    .box li {
36        width: 225px;
37        margin-bottom: 20px;
38        border: 1px solid #666;
39        background: #ccc;
40    }
```

## 講義　flexbox レイアウトの制約と注意すべきポイント

### flexbox レイアウトにおける制約

float レイアウトに比べて柔軟で、技術的な制約はかなり少ない flexbox ですが、それでもいくつかの制約はありますので頭に入れておくようにしましょう。

▶ 必ず flex コンテナとなる直接の親要素が必要となる

flexbox レイアウトでは仕様上、必ず display: flex; を設定するための直接の親要素が必要となります。flexbox でレイアウトしたい要素グループに対して、常に直接の親要素が存在するとは限らないため、「flexbox レイアウトを利用するためだけに div を追加しなければならない」という状況が発生する可能性が高くなります。

また、1 つの flex コンテナ要素で囲まれた直下の子要素の全てが自動的に flex アイテムとして機能するため、「1 つだけ flexbox レイアウトのコントロールから除外したい」といったようなことはできない（絶対配置する場合を除く）といった制約があります。

▶ flex アイテムとしてコントロールできるのはコンテナ直下の子要素のみ

flex アイテムとしてコントロールできるのは display: flex; が設定された親要素の直下の子要素のみであり、孫要素以下は flexbox のコントロール対象にはなりません。例えば以下のようなレイアウトを実現したいという場合、直下の子要素である A のボックスは自動的に高さを揃えることはできますが、A の子要素（つまり flex コンテナから見たら孫要素）である B の高さを横一列で自動的に揃えることはできません。

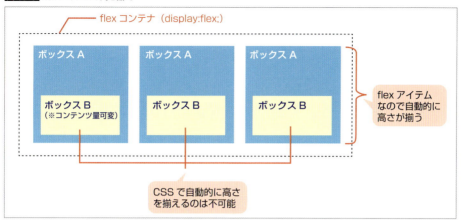

図 15-5 flex アイテムの高さ揃え

　ちなみに display:flex; は入れ子にできるため、ボックス A を display: flex; とすることでその子要素であるボックス B を flex アイテム化することは可能です。ただ、その場合でも他のボックスの中にあるボックス B 同士には何の関係性もないため、CSS で自動的に高さを連動させるということはできません。このようなケースでは float レイアウトのときと同様、高さ揃えのための JavaScript を導入しなければならない場合があります。

## justify-content で最後の行が揃わないときの対処方法

　複数行にした flexbox レイアウトで、justify-content を space-between / space-around にすると、余白を各アイテムに均等に割り振って自動的に均等配置にしてくれるため、カード型レイアウトなどを作る際に非常に便利です。しかし、例えば 1 行 3 カラムで作っているとき、最後の行のアイテムが 2 つだと図 15-6 のように思ったようなレイアウトにならないという問題があります。「最後の行だけは左寄せにする」ということが CSS のプロパティでできれば良いのですが、残念ながらそういう機能は用意されていません。

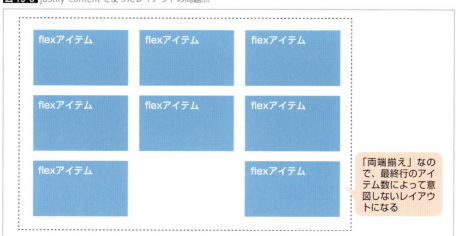

図 15-6 justify-content を使ったレイアウトの問題点

この問題を解決するには、

- ❶ flex-start で最初から全ての行を左詰めで作る
- ❷ ::before / ::after 疑似要素を活用してレイアウトを調整する

のどちらかの方法を採るのが良いでしょう。
　❶の方法を採る場合には段間のスペースは自分で margin 等の余白で実装することになります。float レイアウトで全てのボックスを float:left して、margin を自分でつけるのと同じ考えです。
　❷の方法は、::before / ::after 疑似要素も flex アイテムとしてみなされるという仕様を利用して、最終行に見えないアイテムを追加するという手法です。こちらについては以下のブログに詳しく手法が解説されていますので、参考にしてみてください。

※参考サイト
▶ Flexbox の justify-content で最後の行を左寄せにする方法（to-R）
URL http://blog.webcreativepark.net/2016/08/15-125202.html

## flexbox 関連プロパティの覚え方

　flexbox レイアウトを実現するための関連プロパティは数が多く、最初はとっつきにくいような印象があるかもしれませんが、実習で学んだように flex コンテナに設定するものと flex アイテムに設定するものにそれぞれグループ化して整理すると比較的覚えやすくなります。実際関連プロパティは全部で 12 個ありますが、以下の表にあるように、2 つに分類して整理すれば単独プロパティが 5 つずつ、ショートハンドが 1 つずつあるだけです。また、ショートハンドプロパティについては無理に使う必要もありませんし、flex-basis や align-content のようにほとんど利用機会のないプロパティもありますので、実際に利用するものとなるとさらに少なくなります。

**表15-1** flexbox コンテナプロパティ一覧

| プロパティ | 意味 | 値 |
| --- | --- | --- |
| flex-direction | flex コンテナの主軸方向を決める | row ｜ row-reverse ｜ column ｜ column-reverse |
| flex-wrap | flex アイテムを1行に収めるか複数行にするか決める | nowrap ｜ wrap ｜ wrap-reverse |
| flex-flow | flex-direction と flex-wrap のショートハンド | <flex-direction> <flex-wrap> |
| justify-content | flex コンテナの主軸に沿って flex アイテムを1行でどのように配置するか決める | flex-start ｜ flex-end ｜ center ｜ space-between ｜ space-around |
| align-items | flex コンテナの交差軸に沿って flex アイテムをどのように配置するか決める | stretch ｜ flex-start ｜ flex-end ｜ center ｜ baseline |
| align-content | flex コンテナの交差軸に沿って複数行の flex アイテムをどのように配置するか決める | stretch ｜ flex-start ｜ flex-end ｜ center ｜ space-between ｜ space-around |

※（2014年9月最新仕様）

## flexbox レイアウト

**表15-2** flexbox アイテムプロパティ一覧

| プロパティ | 意味 | 値 |
|---|---|---|
| order | flex アイテムの表示順をコントロールする | 整数 |
| align-self | flex アイテムの交差軸方向の整列を align-items の指定より優先させる | auto \| stretch \| flex-start \| flex-end \| center |
| flex-grow | flex アイテムの伸びる倍率を設定 | 数値 |
| flex-shrink | flex アイテムの縮む倍率を設定 | 数値 |
| flex-basis | flex アイテムの主軸方向のサイズを指定 | auto \| 単位付きの数値 |
| flex | flex-grow・flex-shrink・flex-basis のショートハンド | <flex-grow> <flex-shrink> <flex-basis> |

※（2014年9月最新仕様）

### flexbox とクロスブラウザ対応

flexbox の仕様は開発途中で何度も大きな変更が行われたため、全く異なる構文の仕様が3種類存在しています。表15-3 は各仕様とそれに対応するブラウザのバージョンをまとめたものですが、IE10 や、Android の4.3以下にも対応したいとなると、その3つの構文全てを網羅して記述しなくてはならず、大変な手間がかかります。これら3つの構文は使われているプロパティ名や値の種類、サポートしている機能の種類まで全てが異なる状態であり、さらに今となっては古い構文の情報を入手することも困難であるため、古い環境も含めたクロスブラウザ対応をしなければならない場合、実質的にこれを手動でサポートすることは不可能に近い状態であると言えます。

**表15-3** flexbox の仕様とサポート環境

| 仕様の種類 | サポート環境 |
|---|---|
| 2009年仕様（display: box） | iOS6.1以前、Android4.3以前、Safari6以前、Chrome20以前、Firefox27以前 |
| 2012年3月仕様（display: flexbox） | IE10 |
| 最新仕様（display: -webkit-flex）※要プレフィックス | iOS7.1-8.4、Safari6.1-8、Chrome21-28 |
| 最新仕様（display: flex） | iOS9以降、Android4.4以降、IE11、Edge、Safari9以降、Chrome29以降、Firefox28以降 |

※詳細は「Can I use…」https://caniuse.com/#search=flex で確認できます。

現在 IE10 や Android4.3 以前のバージョンのサポートはほぼ不要であると言えますので、最新仕様を理解する環境のみをサポートすると割り切って使用すればほとんどの場合問題はないのですが、どうしても古い環境をサポートしておきたい場合には「Autoprefixer」というツールを活用してベンダープレフィックス付きの古い構文を自動で補完できるようにしておくことをおすすめします。

このツールは基本的にコマンドライン（いわゆる「黒い画面」）を前提とした環境で利用するものになりますので、実際に利用しようとすると環境構築の面で非エンジニアの方や初心者には少々敷居が高いということは否めません。しかし、Brackets と Sublime Text という2つのエディタ向けにプラグインが提供されているので、気軽に Autoprefixer を使ってみたいという方はこれらのエディタにプラグインを入れて利用してみることをおすすめします。

本書では Autoprefixer の詳しい導入方法や使い方については触れませんが、興味がありましたらインターネット等で調べてみてましょう。

> **Memo**
> **ベンダープレフィックス**
> -webkit-（Safari・Chrome）、-moz-（Firefox）、-ms-（IE）といったブラウザの種類ごとに決められたキーワード（識別子）のようなもので、これがついていると、該当のブラウザでだけ利用できるものであることを示しています。ベンダープレフィックスは、各ブラウザの独自機能プロパティや仕様確定前のCSSプロパティを先行実装する際に利用されています。
> ベンダープレフィックスの詳細については会員特典PDFにも情報がありますので、より深く知りたい方はそちらも参照してください。

## flexbox のバグ問題

　最後に、flexboxは非常に便利なレイアウト手法ですが、細かいところで様々なバグがあることも事実です。特にIE11に関しては仕様的に==完全サポートではなく部分サポートという扱いでIE11特有のバグも多い==ため、実際に使う際には制作初期からチェックしながら慎重に作業する必要があります。

　とはいえ、主なflexboxのバグは「flexbugs」というサイトにまとめられており、発生条件や対策方法なども公開されていますので、対策を取りながら作業を進めることはそれほど難しくはありません。以下に本家flexbugs（英語サイト）と、それをもとに日本語でまとめられたブログを紹介しておきますので、一度目を通しておくと良いでしょう。

▶ flexbugs
`URL` https://github.com/philipwalton/flexbugs
▶ flexbox のバグに立ち向かう（flexbox バグまとめ）
`URL` https://qiita.com/hashrock/items/189db03021b0f565ae27

# SUPPLEMENTARY LESSON

# 補講 | CSS grid レイアウト

　flexbox の登場でマルチカラムレイアウトの実装はかなり楽になりました。しかし、その flexbox でも「複数行のレイアウトに弱い」「ガッツリ使おうと思うと入れ子の構造がどうしても増えがち」といった不満は残されたままでした。

　そうした不満を解消すべく開発が進められてきたのが「CSS grid レイアウト（CSS Grid Layout Module Level1）」という最新のレイアウト手法です。本書では詳しい使い方は解説しませんが、flexbox と並んで今後の Web レイアウトの主力となる可能性を持った手法であるので、概要だけ触れておきたいと思います。

### ▶ CSS grid レイアウトの特徴

　float や flexbox レイアウトは、アイテムを一方向に並べることを前提にレイアウトする「一次元」のレイアウト手法であるのに対し、CSS grid レイアウトは縦横それぞれにグリッド線を引き、格子状のグリッドセルを作成してそこにコンテンツをはめ込む、という「二次元」のレイアウト手法であることが他とは大きく異なります。

● 一次元レイアウトと二次元レイアウト

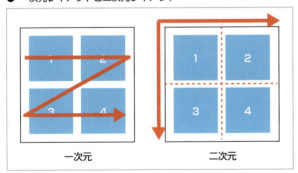

この特徴により、

- 複数行のレイアウトが得意
- 複数の行や列をまたいで「セル結合」させたような複雑なグリッド状レイアウトが簡単に作れる
- レイアウトのために HTML の多重入れ子構造を持たせなくても良い

といったメリットが生じます。

▶ **CSS grid レイアウトの基本的な仕組み**

grid レイアウトの基本的な仕組みは大まかに言うと、以下の 3 ステップによって成り立っています。

❶ グリッドコンテナを指定する
❷ 作りたいレイアウトに合わせて行方向・列方向にそれぞれグリッドラインを設定する
❸ グリッドラインで区切られたエリアにアイテムを配置する

● CSS grid レイアウトの仕組み

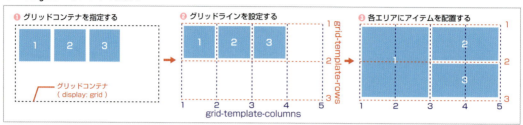

　ここでは簡単に、grid レイアウトのメリットを活かせる典型的なレイアウトのコーディング事例を 2 つ紹介しておきます。

● Web サイト全体の大枠レイアウトの場合

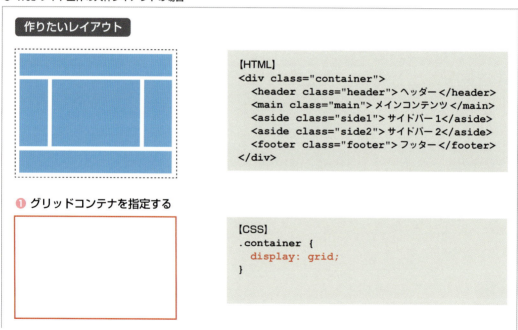

❷ グリッドの行サイズ・列サイズを指定する

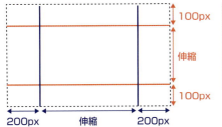

```
[CSS]
.container {
  display: grid;
  grid-template-rows: 100px 1fr 100px;
  grid-template-columns: 200px 1fr 200px;
}
```

❸ エリアに名前をつける

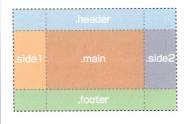

```
[CSS]
.container {
  display: grid;
  grid-template-rows: 100px 1fr 100px;
  grid-template-columns: 200px 1fr 200px;
  grid-template-areas:
    "header header header"
    "side1 main side2"
    "footer footer footer";
}
```

❹ コンテンツを各エリアに配置する

```
[CSS]
.container {
----------------省略----------------
}
.header {grid-area: header;}
.side1  {grid-area: side1;}
.side2  {grid-area: side2;}
.main   {grid-area: main;}
.footer {grid-area: footer;}
```

203

● 均等幅の複数行格子状レイアウトの場合

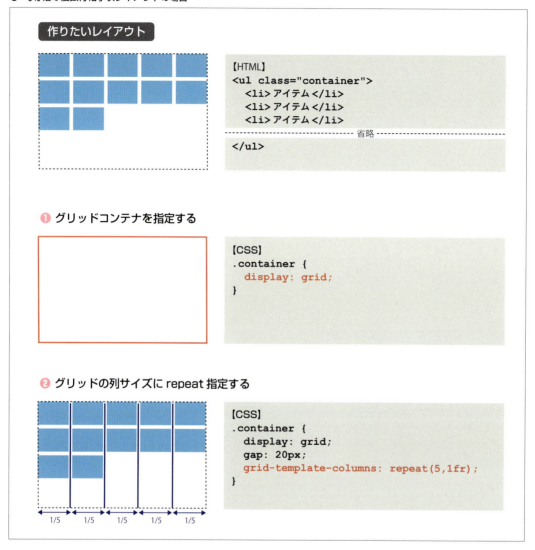

　上記はあくまで grid レイアウトの一例にすぎません。grid レイアウトには多くの関連プロパティや使用できる値があり、それらを組み合わせていくことで複雑なレイアウトでも柔軟に組んでいくことができるようになっていますので、興味のある方は是非調べてみてください。

● grid コンテナプロパティ

| プロパティ | 役割 | 関連する個別プロパティ |
|---|---|---|
| grid-template | グリッドの行・列のサイズ、エリア名の設定 | grid-template-rows<br>grid-template-columns<br>grid-template-areas |
| gap | セル間の隙間の設定 | row-gap<br>column-gap |
| grid | グリッドの行・列のサイズ、エリア名の設定、セル間の隙間の設定、自動配置の方法等の全ての設定の一括指定 | grid-template-rows<br>grid-template-columns<br>grid-template-areas<br>row-gap<br>column-gap<br>grid-auto-flow<br>grid-auto-rows<br>grid-auto-columns |
| justify-content | グリッド全体の横方向の位置を指定 | - |
| align-content | グリッド全体の縦方向の位置を指定 | - |
| justify-items | 全てのアイテムの横方向の位置を指定 | - |
| align-items | 全てのアイテムの縦方向の位置を指定 | - |

● grid アイテムプロパティ

| プロパティ | 役割 | 関連する個別プロパティ |
|---|---|---|
| grid-row | アイテムを配置する行番号の指定 | grid-row-start<br>grid-row-end |
| grid-column | アイテムを配置する列番号の指定 | grid-column-start<br>grid-column-end |
| grid-area | アイテムを配置するエリア名の指定 | - |
| order | 自動的な配置の順番を変える | - |
| justify-self | アイテム自身の横方向の位置を指定 | - |
| align-self | アイテム自身の縦方向の位置を指定 | - |

### ▶ CSS grid レイアウトの注意点

　CSS grid レイアウトは IE11・Edge でまず先行実装され、2017 年 3 月にその他の主要モダンブラウザ環境も足並み揃えて機能実装が行われました。従って、現在標準的なサポート環境である IE11 以降の全てのブラウザ環境で利用することが可能となっています。しかし、IE11 については「先行実装」だったため、他のモダンブラウザとは違う古い構文での限定的なサポートしかされていないという状況であることが、実務で実際に導入するにあたっての最大の障壁となっています。

　IE11 でも CSS grid レイアウトをサポートしようとした場合、単純にプレフィックスをつけるというだけではなく、各種プロパティの書き方を旧構文でも理解できる形で書き直さなければならないなど、手動で対応するのはかなりの困難を伴います。従って flexbox の章でも紹介した「Autoprefixer」の導入が事実上必須であると言えます。ただし、現状 Brackets 等のエディタ向けプラグインでは IE11 向けの記述変換機能が使えないため、いわゆる「黒い画面」で利用するコマンドラインの Autoprefixer か、ブラウザ版の Autoprefixer CSS online（https://autoprefixer.github.io/）を利用する必要があります。コマンドラインの Autoprefixer は初心者にとっては少々導入のハードルが高いので、手軽に試してみた

い場合は Autoprefixer online を利用するようにしましょう。

### ▶ float、flexbox、grid の使い分け

マルチカラムレイアウトを実装するためのレイアウト手法として float、flexbox、grid の 3 種類が存在することになりますが、それぞれに向き・不向きやメリット・デメリットがあります。従ってどれか 1 つの手法で全てを網羅しようとするのではなく、適材適所で使っていくのが良いと思います。

3 つの手法のそれぞれが向いているレイアウトはおおむね次のようなものになりますので、全てを使う前提で使い分ける場合の参考にしてください。

● float、flexbox、grid の使い分け

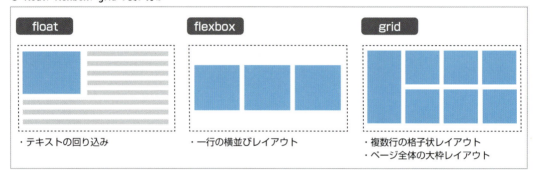

※参考サイト

▶ CSS Grid Layout 入門。対応ブラウザが出揃った新しいレイアウト仕様
URL https://ics.media/entry/15649

▶ CSS Grid Layout を極める！（基礎編）
URL https://qiita.com/kura07/items/e633b35e33e43240d363

▶ CSS Grid Layout を極める！（場面別編）
URL https://qiita.com/kura07/items/486c19045aab8090d6d9

# CHAPTER 05

## 本格的な HTML5 によるマークアップを行うための基礎知識

LESSON 16

17

18

HTML5 以前のマークアップ規格にも共通する基本的な HTML の文法・ルールは Chapter01 で学習しました。この章ではより本格的な HTML5 マークアップを行っていくにあたって必要となる、新要素・属性の使い方、および新しい概念・ルールなどについて、できる限り要点を絞って解説していきます。

**CHAPTER 05** 本格的なHTML5によるマークアップを行うための基礎知識

# LESSON 16 セクション関連の新要素

Chapter01でもHTML5で新たに追加されたセクション関連の新要素は登場していますが、Lesson16では仕様書に基づいたより詳しい使い方について学んでいきます。セクション要素はHTML5における文書構造の骨格となる要素ですので、より深く、しっかり理解するようにしましょう。

## 講義　セクション関連の新要素と使い方の注意点

### セクション要素とは

「見出しとそれに伴うコンテンツのひと固まり」のことを「セクション」と呼びます。Chapter01ではこのセクションを表す要素として「section」という要素を使いましたが、HTML5には他にも文書のセクションを意味付けする新要素が追加されており、section / article / aside / navの4つがそれに該当します。この4つの要素を「セクション要素」と呼びます。

セクション要素とは、「見出しとそれに伴うコンテンツのひと固まり」をグループ化することで、HTMLの文書構造をより明確に表すためにHTML5で導入された新しい要素です。

セクション要素は、セクション要素同士を入れ子構造にすることで文書の「アウトライン」を生成し、情報の階層構造を明示する役割を持っています。

**表16-1** 4つのセクション要素

| | |
|---|---|
| section要素 | 章・節のような見出しと概要を伴う一般的なセクションを表す要素 |
| article要素 | 自己完結した独立したセクションを表す要素 |
| aside要素 | メインコンテンツと関係が薄く、取り外しても問題のないセクションを表す要素 |
| nav要素 | 主要なナビゲーションを表す要素 |

### セクション要素と文書のアウトライン

文書のアウトラインとは、情報の階層構造のことを差しています。これは本の目次を想像するとイメージしやすいと思います。本の目次は、タイトル・章・項・節という形で見出しを伴うコンテンツの固まりがツリー（階層構造）を形成しています。この情報の階層構造そのものが「アウトライン」です。

**図 16-1** アウトラインの概念図

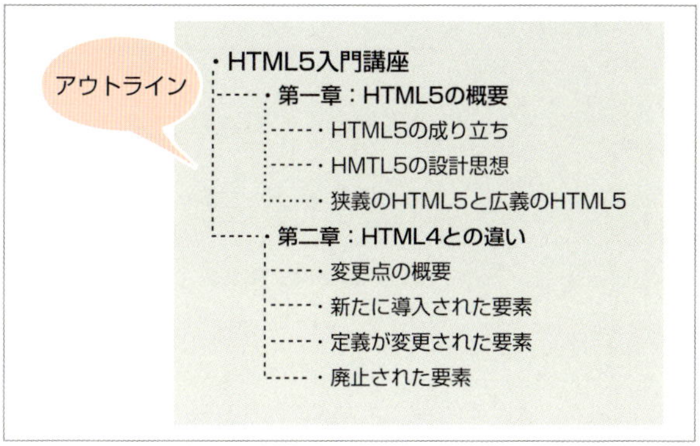

- HTML5入門講座
  - 第一章：HTML5の概要
    - HTML5の成り立ち
    - HMTL5の設計思想
    - 狭義のHTML5と広義のHTML5
  - 第二章：HTML4との違い
    - 変更点の概要
    - 新たに導入された要素
    - 定義が変更された要素
    - 廃止された要素

## ▶ 文書のアウトラインを作成する 2 つの方法

HTML5 において文書のアウトラインを作成する方法は 2 種類あります。

❶ 見出し要素（h1〜h6）のレベル
❷ セクション要素の入れ子の状態

1 つ目は、これまでもそうであったように情報の階層構造に合わせて見出しレベルを変えていく方法です。見出しを使って作成されたアウトラインは「暗黙のアウトライン」と呼ばれます。

もう 1 つは HTML5 で新しく追加された「セクション要素」で入れ子構造を作る方法です。

見出し要素レベルによる暗黙のアウトラインとの違いは、「終了タグによってセクションの終わりを明示できる」という点です。そのため、セクション要素によって作られたアウトラインは「明示的アウトライン」とも呼ばれます。

### セクション要素と見出しの関係

文書のアウトラインを判別する仕組みのことをアウトライン・アルゴリズムと

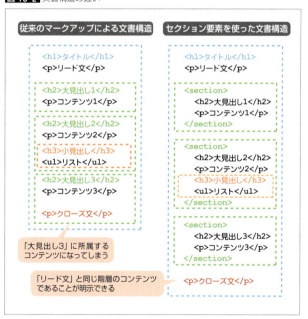

**図 16-2** 文書構造の違い

呼びますが、結論から言うとこれまで通り文書のアウトラインの骨格は見出しレベルによって判定されます。セクション要素を使ったアウトラインは、セクションの開始位置と終了位置を明示することによって見出しのアウトラインを補強する役割があるにすぎず、セクション要素を使って階層構造を表現したからといってその中で使われる見出しのレベルを全て h1 にするなどといったことはしてはいけません。

図16-3 セクション要素と見出しの立て方の良い例、悪い例

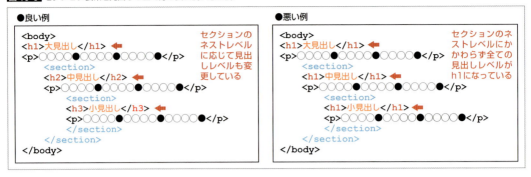

　実は2014年10月28日にHTML5の仕様が勧告された際は、見出しによるアウトラインよりもセクション要素の入れ子構造によるアウトラインの方を優先して判定する、という形でアウトライン・アルゴリズムの変更が定義されていました。しかしこの仕様は各種ブラウザに機能実装されることがなく、「仕様は存在するが実質的には使えない」という状況が長く続いたため、2016年11月1日に勧告されたHTML5.1では仕様から削除されたという経緯があります。HTML5が登場した当初には大きな概念変更ということで比較的大々的にアピールされた項目だったため時々全ての見出しがh1でできているようなマークアップを見かけることがありますが、これから新しく作る際には情報の階層構造に合わせて見出しレベルを正しく設定するようにしてください。

## 4つのセクション要素とその使い所

　section要素／article要素／aside要素／nav要素はいずれも「セクション領域を明示する」という意味では役割は同じです。しかし「それぞれのセクションがどんな意味を持つのか」という観点で4つの要素を適切に使い分けることが求められます。

### ▶ section要素

　section要素は、「一般的なセクション」を表す最も基本的な要素です。セクションを明示する他の要素（article要素／nav要素／aside要素）が適している場合はそちらを使用することが推奨されます。慣れないうちはまず全てsection要素で情報構造を明示し、その後、他に適切な要素があればそちらに置き換えていくようにするのが良いでしょう。

## セクション関連の新要素

● 使用例

```
<section>
  <h1>大見出し</h1>
  <p>概要紹介が入ります…</p>
  <section>
    <h2>小見出し1</h2>
    <p>段落テキスト段落テキスト…</p>
  </section>
  <section>
    <h2>小見出し2</h2>
    <p>段落テキスト段落テキスト…</p>
  </section>
</section>
```

注意点
- section 要素を使う場合は、ほぼ例外なしに見出しが必要となります。デザイン表現的に見出しが省略されている場合もマークアップ上では正しく見出しをつけ、CSS 側で非表示にするといった対応が望ましいと言えます。
- section 要素は div 要素の代用ではありませんので、レイアウト・スタイリング目的で使用することはできません。そのような目的で枠が必要な場合は従来通り div 要素を使用してください。

▶ article 要素

　article 要素は、単体で配信可能な「自己完結しているセクション」を表します。自己完結しているというのは、文書からそのセクションだけを取り出しても独立した記事として成立するという意味です。自己完結しているかどうかの最も分かりやすい判断基準は、「RSS 配信が可能であるかどうか」という点です。

【使用例①】
　ブログなどのインデックスページで使用する場合は、各ブログ記事のエントリーひとつひとつを「独立した記事」とみなすことができますので、下記のようにそれぞれの記事を article 要素とすることができます。

【使用例②】
　ブログ等の記事詳細ページについては、エントリー記事全体を article 要素で囲むのが適切です。EC ショップの商品詳細ページや、ニュース系サイトのニュース記事ページ等も同様に、メインのエントリー記事全体が article 要素となります。

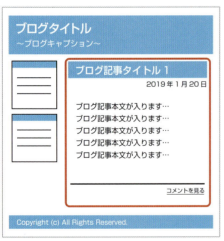 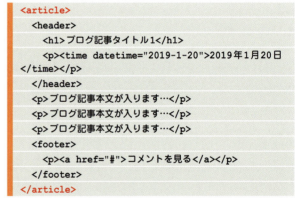

【使用例③】
　ブログ記事に対するコメント記事のように、外側の article 要素に直接関連する内容の独立した記事については、article 要素を入れ子にできます。

# セクション関連の新要素

#### 注意点
- ブログ詳細記事ページなどの場合はメインコンテツ領域＝ article 要素となることもありますが、レイアウトにおけるメインコンテツ領域と article 要素となる領域は関係ありません。あくまでそのセクションが「自己完結しているものかどうか」という点を判断基準とするようにしてください（自己完結しているかどうか微妙だと思ったら無理せず section 要素にしておいた方が無難です）。
- article 要素も section 要素と同様、原則として見出しが必要です。

### ▶ aside 要素

　aside 要素は、「メインコンテンツと関連性の薄い補足的なコンテンツ」となるセクションを表しています。そのセクションを丸ごと削除したとしても、メインコンテンツの情報の読み取りに支障がないかどうかという点が判断基準となります。

【使用例①】
　ブログの個別記事ページ等において、その記事に対する関連情報リンクや補足解説、あるいは本筋から少し離れたコラムなどを挿入することがあります。このような前後のコンテンツに間接的に関連する補足的なコンテンツについては、通常の section 要素ではなく aside 要素を用いるのが適切です。

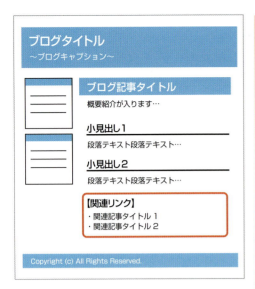
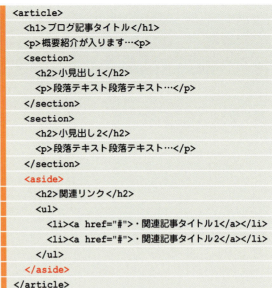

**【使用例②】**

aside 要素はページには関係するが記事本体とは直接関係がない、「あまり重要ではないコンテンツ」に対しても使うことができます。使用例にあるようなサイドバー領域、補助的なナビゲーション、ページに関連する広告領域などがその使用例です。

注意点
・aside 要素には必ずしも見出しは必要ありません。

### ▶ nav 要素

nav 要素は Web サイトの「ナビゲーション」を表すセクションです。最も分かりやすいものはいわゆる「グローバルナビゲーション」ですが、それ以外にも下層ページ用のローカルナビゲーション、ページ内ジャンプ用のリンク、「次へ」「前へ」などのページネーション、パンくずナビゲーション等も nav 要素としてマークアップできます。

## セクション関連の新要素

● 使用例

注意点
- nav 要素は主に主要なナビゲーションに対して使用する要素ですが、補助的なナビゲーションであっても制作者がその Web サイトにとって重要なナビゲーションであると判断した場合は nav 要素にできます。上記の使用例ではグローバルナビゲーションとパンくずナビゲーション、記事内のページ内リンクは nav 要素でマークアップしてありますが、フッター内の補足リンクは「特に重要ではない」と判断したため nav でマークアップしていません（どのナビゲーションを nav とするかは制作者の主観が絡む問題です）。
- nav 要素には必ずしも見出しは必要ありません。

```
<header>
<p>ページタイトル</p>
<nav>
  <ul>
  <li><a href="#">Home</a></li>
  ...more...
  </ul>
</nav>
<nav>
<p><a href="#">Home</a> > <a href="#">カテゴリ名</a> > 記事タイトル</p>
</nav>
</header>
<article>
  <h1>ブログ記事タイトル</h1>
  <nav>
    <ul>
      <li><a href="#hoge">コンテンツ1</a></li>
      ...more...
    </ul>
  </nav>
...more...
</article>
```

### セクションに関連するその他の新要素

以下の要素はセクション要素ではありませんが、Web の文書構造を明確にする役割を持ち、セクション要素とも関連の深い要素となります。

215

表16-2 セクションと関連の深い要素

| header 要素 | セクションのヘッダーを表す要素 |
|---|---|
| footer 要素 | セクションのフッターを表す要素 |
| main 要素 | メインコンテンツ領域を表す要素 |
| figure 要素・figcaption 要素 | 本文から参照される図版・ソースコード等と、そのキャプションを表す要素 |

### ▶ header 要素／footer 要素

　header 要素は「セクションのヘッダー」、footer 要素は「セクションのフッター」を表す要素です。従来の HTML で <div id="header">〜</div>、<div id="footer">〜</div> としていたようなところはほぼ機械的に置き換えることが可能です。これらの要素は必ずしもサイトのヘッダー／フッターのみを表すものではないため、個別のセクションにそれぞれ header／footer 要素を用いることが可能です。従って 1 ページ内に複数の header／footer 要素が存在しても構いません。

● 使用例

```html
<body>
<header id="siteHeader">
<p>サイトタイトル</p>
<nav>グローバルナビゲーション</nav>
</header>
<article>
  <header>
    <h1>ブログ記事タイトル1</h1>
    <p><time datetime="2013-1-20">2013年1月20日</time></p>
  </header>
<p>ブログ記事本文が入ります。…</p>
  <footer>
    <p><a href="#">コメントを見る</a></p>
  </footer>
</article>
<footer id="siteFooter">
<p><small>copyright © All Rights Reserved.</small></p>
</footer>
</body>
```

注意点
・header 要素の中には通常 h1-h6 要素が入ることを想定していますが、なくても間違いではありません。見出し要素の他にはロゴ、目次、検索フォームなどを入れて使用することが想定されています。
・footer 要素の中には一般的には著作者情報、連絡先などが入ります。
・header 要素・footer 要素の中にもセクション要素を入れることは可能です。
・body 直下に置かれた header/footer 要素は自身の中に header/footer 要素を含むことはできませんが、セクション要素の中で使う場合には header/footer 要素自身の入れ子も可能です。

## ▶ main 要素

main 要素は、Web 文書・アプリの「メインコンテンツ領域」を明示するための要素です。

使い方としては、従来 <div id="main"> としていたような領域をこの要素に置き換えるようなイメージで問題ありません。

● 使用例

```
<body>
<header>ヘッダー</header>
<main>
<section>メインコンテンツ</section>
</main>
<aside>サイドバー</aside>
<footer>フッター</footer>
</body>
```

注意点
- main 要素は原則としてページ内で 1 つしか使用できません。
- section / article / aside / nav / header / footer 要素の中で main 要素を使うことはできません。

**Memo** main 要素
HTML5.1 までは main 要素はページ内で 1 つしか使えませんでしたが、HTML5.2 から複数配置することが許されるようになりました。ただし初期アクセス時にはそのうちの 1 つだけを表示させるため、他の main 要素には hidden 属性をつけて隠す必要があるなど、あくまで「一度に表示できる main 要素は 1 つまで」となっているので注意が必要です。

## ▶ figure 要素 / figcaption 要素

figure 要素は、挿絵や図版、解説用の音声・動画、プログラムコードなど、本文から参照される独立したコンテンツを表す要素です。figure 要素の中に入るコンテンツには、figcaption 要素でキャプションを付けることができます。

● 使用例

```
<figure>
<img src="img/fig10-1.png" alt="…図版の説明文…">
<figcaption>図版 10-1</figcaption>
</figure>
```

注意点
- figure 要素を使う場合は、「本文内容を説明するのに必要なコンテンツか」「本文から切り離して別ページ表示にしても意味が通るか」の 2 点を両方とも満たすかどうかを判断基準としてください。本文に関係のない単なる装飾・デザイン要素的なイメージ写真や、前後の文章と連続した段落の一部を画像化したようなものは figure 要素としてふさわしくありません。
- figcaption 要素は 1 つしか入れることはできません。

**Memo** figcaption 要素は HTML5.1 まで figure 要素の最初か最後の位置のどちらかにしか配置できない仕様でしたが、HTML5.2 から figure 要素内のどこに配置しても良くなりました。

## Column

### セクション関連新要素は絶対に使わなければならない？

　HTML5で文書構造をマークアップする際、セクション関連の新要素を使うことは必須ではありません。HTML5には高い後方互換性がありますので、DOCTYPEとhead要素の中身だけHTML5の規格に合わせて記述して、コンテンツ部分は新要素を使わずにマークアップとしたとしても文法的には何ら問題ありません。また、ヘッダー・フッター・サイドバー・メインコンテンツといった大枠部分にはきちんとセクション関連要素を使うけれども、コンテンツの中身には敢えてセクション要素は使わず、見出しレベルによる暗黙のアウトラインだけで文書構造を表現する、といった選択肢もあります。

## Point

- 文書構造の骨格となるセクション要素にはsection／article／aside／navの4つある
- header／footer／mainなどの新要素も活用することでより完成度の高いHTML5の文書を作ることができる
- セクション関連新要素を使う場合は、各要素の意味を十分理解して適切に使用する必要があるが、必須要素ではないので必ずしも無理に使う必要はない

CHAPTER 05　本格的なHTML5によるマークアップを行うための基礎知識

LESSON 17

# 新しいカテゴリとコンテンツ・モデル

Chapter01で解説した「ブロック／インライン」の2大分類と、その入れ子の法則を順守するだけでも、基本的にほぼ問題なくHTML5としてマークアップすることはできます。しかし、新しい要素も含めたHTML5のマークアップルールをより正確に把握するためには、HTML5から大きく変更された要素のカテゴリ分類とそれに基づくコンテンツ・モデルをより深く理解しておいた方が良いでしょう。Lesson17ではこれらHTML5の新しい概念・ルールを解説します。

## 講義　HTML5のカテゴリ概要とコンテンツ・モデル

### 要素カテゴリの細分化

#### ▶ ブロック要素／インライン要素という分類を廃止

　HTMLが登場して以来ずっと、HTMLの要素には「ブロック要素」と「インライン要素」の2つのカテゴリしかなく、しかも二者択一という非常にシンプルなものでした。ところがHTML5からは長年続いた<mark>ブロック要素／インライン要素という分類が廃止</mark>され、より細分化されたコンテンツカテゴリが採用されています。そのうちの主要な7つのカテゴリとそこに含まれる要素群を示したものが以下の表になります。

**表17-1** 7つの主なカテゴリ

| | |
|---|---|
| メタデータ・コンテンツ | 主にhead要素内に記述される文書のメタ情報を表す要素<br>(meta / script / style / link / title など) |
| フロー・コンテンツ | コンテンツとして表示されるほぼ全ての要素 |
| セクショニング・コンテンツ | 見出しと概要からなるセクション（章・節）を構成する要素<br>(section / article / aside / nav) |
| ヘッディング・コンテンツ | セクションの見出しとなる要素<br>(h1 / h2 / h3 / h4 / h5 / h6) |
| フレージング・コンテンツ | 段落内で使用するような要素・テキスト<br>(a / span / strong / time / rubyその他従来のインライン要素に相当する要素) |
| エンベッディッド・コンテンツ | 画像・音声・動画などの外部ファイルを埋め込むための要素<br>(img / iframe / audio / video / embed / object / canvas / math / svg ) |
| インタラクティブ・コンテンツ | ハイパーリンクやフォームなど、ユーザが操作できる要素<br>(a / button / input / select / textareaなど) |

新しいカテゴリの特徴は、従来のブロック要素／インライン要素のように二分されているのではなく、相互に重複している点です。

図 17-1 カテゴリ概念図

上の図は各カテゴリの区分を表した概念図です。この図からは例えば、

- 一部のメタデータを除くほぼ全ての要素は「フロー・コンテンツ」に所属する
- 「ヘッディング・コンテンツ」は「フロー・コンテンツ」以外のカテゴリとは重複しない
- 「エンベッディッド・コンテンツ」は全て「フレージング・コンテンツ」であり「フロー・コンテンツ」でもある。

などのような情報を読み取ることができます。

基本的にはどんな要素がどこに所属するのかカテゴリ自体の意味によって大まかに把握できていれば問題ありませんが、特定の条件によって所属するカテゴリが変わる要素もあり、実際にはかなり複雑ですので、詳細については必要に応じてリファレンスサイト等で確認する必要があります。

※参考サイト
▶ HTML5.jp　　　　　　　　URL http://www.html5.jp/tag/models/
▶ World Wide Web Guide　　URL https://w3g.jp/html5/content_models

## コンテンツ・モデル

コンテンツ・モデルとは、「要素の中にどんな要素を入れることができるか」といったことを定義したものです。例えば従来のブロック要素／インライン要素の分類で言えば、「インライン要素の中にはブロック要素を入れることができない」といったルールがありました。このような構造上のルールを、新しいカテゴリを使って詳細に定めたものが HTML5 のコンテンツ・モデルとなります。

▶ コンテンツ・モデルのパターン

HTML5 の仕様書には、個別の要素ごとに「所属カテゴリ」や「コンテンツ・モデル」といった情報が記載されています。HTML5 ではこの情報をもとに文法的に正しいかどうかを判断します。

## 新しいカテゴリとコンテンツ・モデル

表17-2 HTML5 タグリファレンス情報の例

| 要素名 | カテゴリ | コンテンツ・モデル |
| --- | --- | --- |
| div要素 | フロー・コンテンツ | フロー・コンテンツ |
| ul要素 | フロー・コンテンツ | 0個以上のli要素 |
| strong要素 | フロー・コンテンツ<br>フレージング・コンテンツ | フレージング・コンテンツ |
| br要素 | フロー・コンテンツ<br>フレージング・コンテンツ | 空 |

各要素のコンテンツ・モデルには、いくつかのパターンがあります。

- カテゴリ単位で指定されている（div, span, p など）
- 特定の要素しか入れられない（table, ul, ol, select など）
- 他の要素を入れられない（br, img, input など＝空要素）
- 親要素の条件を引き継ぐ（del, ins など）
- 上記パターンにさらに特定の条件がつく（header, footer, a など）

一見複雑で難しそうに見えますが、HTML5以前から存在する要素のコンテンツ・モデルは、原則として従来と同じか、呼び方が変わっているだけで実質同じというパターンがほとんどです。また、新しい要素についても実は<mark>従来通りのブロック／インラインの感覚でマークアップしたとしても致命的な問題はほぼ起きない</mark>ようになっています。ですので、実際問題としてこの新しいカテゴリ分類とコンテンツ・モデルのルール変更の件については初心者の方が無理に全て暗記しようとする必要はないと言えます。

> Memo
>
> 「フレージング・コンテンツの中にはフレージング・コンテンツしか入らない」
> 「フロー・コンテンツ（フレージング・コンテンツを除く）の中にはフロー・コンテンツが入る」
> という原則があり、これは従来のブロック要素／インライン要素の内包関係とほぼ同じであるため、従来の感覚でマークアップしても多くの場合問題は起きません。
>
> 【HTML5以前の旧カテゴリ】インライン／ブロック
>
> 【HTML5以前のコンテンツ・モデル】
> ブロック内にインライン：OK
> インライン内にブロック：NG
>
> ↓HTML5のカテゴリに当てはめると…
>
> フロー・コンテンツ の中に フレージング・コンテンツ（≒インライン、※フレージング・コンテンツを除く）≒ブロック
>
> ↓HTML5のコンテンツ・モデルに当てはめると…
>
> フロー内にフレージング：OK
> フレージング内にフロー（※フレージングを除く）：NG
>
> 基本的な構造はほぼ同じ（※一部例外を除く）

ただし、文法チェックの際にコンテンツ・モデル違反を指摘された場合は自分で仕様書を調べ、ルールに従って適切に修正できるようにすることが求められます。また技術ブログや解説書などではこの新しいルールに即して説明がなされますので、ルール・概念が変更されているという事実については知っておくべきでしょう。

※参考サイト
▶ HTML5.jp
URL http://www.html5.jp/tag/elements/
▶ World Wide Web Guide
URL https://w3g.jp/html5/content_models

### ▶ 親要素の条件を引き継ぐ「トランスペアレント」

仕様書を見ると、コンテンツ・モデルが「トランスペアレント」となっているものがいくつか存在します。「トランスペアレント」とは、==親要素のコンテンツ・モデルを継承する==という意味です。

親要素がフロー・コンテンツを含むことができるのであれば、同じようにフロー・コンテンツを含むことができ、親要素がフレージング・コンテンツしか含めない場合は、同じようにフレージング・コンテンツしか含むことができません。また、もしも==親要素が存在しなかった場合は、全てのフロー・コンテンツを入れることができる==ようになります。

このように、親要素の条件によって中に入れても良いコンテンツが変わってくるタイプの代表的な要素にa要素があります。a要素はHTML5におけるカテゴリ分類方法とコンテンツ・モデルの変更によって、従来とは大きく異なるマークアップが可能になった代表的な要素となりますので、しっかり理解してWebサイト制作に活かしていきましょう。

## a要素の新しい使い方と注意点

### ▶ a要素のカテゴリとコンテンツ・モデル

仕様書に記載されているa要素のカテゴリとコンテンツ・モデルは以下の通りです。

**表17-3**

| 要素名 | カテゴリ | コンテンツ・モデル |
| --- | --- | --- |
| a要素 | フロー・コンテンツ<br>フレージング・コンテンツ<br>インタラクティブ・コンテンツ | トランスペアレント |

コンテンツ・モデルが「トランスペアレント」になったことで、HTML5以前の規格では文法的に許されなかった「div要素をa要素で囲む」といった使い方が可能となりました。タッチデバイスの登場でリンク領域を大きく取るデザインが主流となってきた今の時代にとって、この変更はコーディングを簡略化できる大変嬉しい変化であると言えます。

222

## 新しいカテゴリとコンテンツ・モデル

図 17-2 ブロックリンク

Memo　HTML5 以前の規格でブロック全体を 1 つのリンク領域にとして機能させるためには、JavaScript の力を借りたり、a 要素の中に入れる要素を span などの他のインライン要素に無理矢理置き換えたりするなどの強引なマークアップをするなど、面倒な対応が必要でした。

### ▶ a 要素の新しいマークアップルール

　a 要素の中に div 要素や p 要素などのブロックレベルの要素を入れることができるようになったからといって、何でも入れていいというわけではありません。ブロック領域全体を a 要素で囲む場合には、以下の 3 つのルールを順守する必要がありますので、注意してください。

**ルール①：a 要素を除いた残りが文法的に正しくなければならない**

● 例 1

```
<a href="#">
<section>
<h1>見出し</h1>
<p>テキストテキストテキストテキスト</p>
</section>
</a>
```

　ブロック領域全体を a 要素で囲む場合、基本的にそのコードから a 要素を取り除いた状態で、文法的に正しい状態をきちんと維持しなければなりません。例 1 の場合、a 要素がなかった場合「section 要素の中に h1 要素と p 要素が入っている」というコードが残りますが、これは何ら問題ありません。あくまで正しいマークアップをするのが前提で、その上で必要な領域にリンクを設定する必要があるということです。

ルール②：親要素のコンテンツ・モデルに従わなければならない

● 例2

```
<ul>
<a href="#"><li>テキストテキストテキスト</li></a>
<a href="#"><li>テキストテキストテキスト</li></a>
</ul>
```

仮にa要素を取り除いた残りのコードが正しい状態だったとしても、例2は文法違反になります。「ul要素の直下にはli要素しか入れることができない」というルールがあるからです。a要素のコンテンツ・モデルは「トランスペアレント」すなわち「親要素のコンテンツ・モデルに従う」ということですので、親要素であるul要素自身のルールには従わなければなりません。ul、ol、dl、table といった、直下に配置できるものが特定の要素に限られているものは特に注意が必要です。

ルール③：自分自身の中に他のクリック・操作可能な要素を入れてはならない

● 例3

```
<ul>
  <li>
    <a href="#">
      <div class="ph"><img src="xxxxx.jpg" alt=""></div>
      <dl class="data">
        <dt>商品名</dt><dd>完熟南高梅 (1kg)</dd>
        <dt>数量</dt><dd><input type="num" value="1"></dd>
      </dl>
    </a>
  </li>
</ul>
```

例3はルール①もルール②もクリアしていますが、文法違反になります。a要素の中にinput要素が含まれているからです。a要素はそれ自身が「インタラクティブ・コンテンツ」のカテゴリに所属しているのですが、「インタラクティブ・コンテンツの中に他のインタラクティブ・コンテンツを含めてはならない」というルールがあり、それに抵触します。インタラクティブ・コンテンツとは「ユーザによるクリック・操作が可能な要素」で、a / input / button / label / select / textarea / audio ※ / video ※ などが含まれます。

※controls属性がある場合のみ

以上3つのルールを順守していれば、これまでよりも柔軟にデザイン仕様に合わせたリンク領域を設定できるようになりますので、是非試してみてください。

- HTML5では新しいカテゴリ分類とコンテンツ・モデルが採用されている
- 従来通りブロック／インラインといった認識でのマークアップでもおおむね問題はない
- a要素はルール変更によりブロック領域全体に対して使用できるようになっている

CHAPTER 05 本格的なHTML5によるマークアップを行うための基礎知識

LESSON 18 その他の新要素と属性

HTML5で追加された新要素・属性は他にも多数ありますが、ブラウザのサポート状況にばらつきがあったり、Webアプリでの利用が前提だったりするなど、一般的なWeb文書ではあまり利用する機会がないものも多くあります。Lesson18ではこれまで紹介したセクション関連要素以外に、通常のWeb文書のマークアップで比較的よく使うと思われる新要素・属性について解説します。

## 講義 セクション関連以外のよく使う新しい要素と属性

### テキストの意味付けに関する新要素

▶ time 要素

　time 要素は、コンピュータから読み取り可能な形式で 24 時間表記の時刻や、新暦（グレゴリオ暦）の正確な日付 を表すための要素です。日付や時刻であれば必ず time 要素でマークアップしなければならないというわけではなく、正確な日時をブラウザに読み取らせたい場合に使用します。time 要素の中の日時が「明日」とか「2019年1月1日」のようにコンピュータから読み取りができない形式である場合は、time 要素に datetime 属性 を追加し、そちらに正確な日時のデータを入れる必要があります。

● 使用例

```
<p><time>13:55</time></p>
<p><time datetime="2019-02-18">明日</time>は重要な会議がある。</p>
```

**表 18-1** datetime 属性の概要

| datetime 属性 | 値には正確な日付・時刻が入ります。<br>datetime 属性で指定する日時はコンピュータで使用することを想定しているため、正式な日付や時刻を決められた書式で記述する必要があります。<br>【書式】<br>YYYY-MM-DDThh:mm:ssTZD | ① 年<br>② 年月<br>③ 年月日<br>④ 時分<br>⑤ 時分秒<br>⑥ 年月日時分秒<br>⑦ 年月日時分秒 + タイムゾーン | 2019<br>2019-01<br>2019-01-01<br>08:30<br>08:30:21<br>2019-01-01T08:30:21<br>2019-01-01T08:30:21+9:00 |

## ▶ ruby 要素 / rt 要素 / rp 要素

ruby 要素は、ルビ（ふりがな）を振るための要素です。rt 要素にふりがな、rp 要素にルビ非対応ブラウザで表示する記号などを入れます。rp 要素で指定した部分は、ルビ対応ブラウザの場合は表示されません。

Memo： ruby 要素は長らく Firefox のみ非対応でしたが、38 から対応しました。従って現在主要なブラウザはほぼ全て対応しています。

● 使用例

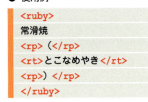

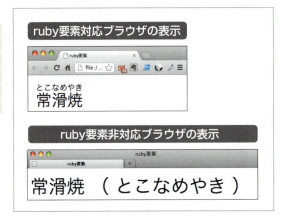

## ▶ mark 要素

mark 要素は、参照目的で特定の語句をマークしたりハイライト表示したりするための要素です。引用したコンテンツや解説を加えたいコンテンツの中で、「この部分に注目してほしい」という箇所をハイライト表示させるような形で使用します。また、検索結果画面などで検索キーワードをハイライト表示するような場面でも mark 要素を使用できます。

● 使用例

```
<pre><code>
#gnav ul{
   <mark>overflow:hidden;</mark>
}
#gnav li{
   width:100px;
   float:left;
}
</code></pre>
<p>親要素のulにoverflow:hidden;を設定することで、clearfixしたのと同じ効果が得られます。
</p>
```

## ▶ video 要素・audio 要素

video 要素は、ブラウザ上で動画メディアを再生するための要素、audio 要素はブラウザ上で音声メディアを再生するための要素です。これらの要素を使うことで、動画・音声配信の際にユーザの環境にプラグインがインストールされているかどうかを気にする必要がなくなります。

## その他の新要素と属性

● 使用例

```
<video src="sample.mp4" type="video/mp4" controls>
  video要素をサポートしていないブラウザで閲覧されています。最新ブラウザで御覧ください。
</video>
```

```
<audio src="sample.mp3" controls>
  audio要素をサポートしていないブラウザで閲覧されています。最新ブラウザで御覧ください。
</audio>
```

　動画・音声の再生・停止・音量調節などのコントロールをユーザができるようにするには、controls属性を設定する必要があります。また、video 要素・audio 要素の中のテキストはこの要素をサポートしていないブラウザだけで表示されます。複数の動画・音声フォーマットを提供したい場合、video 要素・audio 要素の中に source 要素で複数のファイルを読み込むことができます。

● 使用例：複数のフォーマットを配信する場合

```
<video controls>
  <source src="sample.mp4" type="video/mp4">
  <source src="sample.webm" type="video/webm">
</video>
```

```
<audio controls>
  <source src="sample.mp3" type="video/mp3">
  <source src="sample.wav" type="video/wav">
</audio>
```

### ▶ picture 要素

　picture 要素はレスポンシブ Web デザインのサイトなどで画像を扱う際、画面サイズやピクセル密度などの表示条件に応じて別々の画像を適切に出し分けることができる要素です。これを使うと、例えば「PCのような大画面の環境では横長の大きなメインビジュアルを、スマートフォンのような小さな画面環境では正方形の比較的小さなメインビジュアルを表示させる」といったことを HTML の記述だけで簡単に実現できます。

● 使用例

```
<picture>
  <source media=" (max-width: 640px)" srcset=" img/small.jpg" >
  <source media=" (max-width: 960px)" srcset=" img/medium.jpg" >
  <img src=" img/large.jpg" alt="" >
</picture>
```

　picture 要素の中には source 要素の中に条件に当てはまる画像がなかった場合や、非対応環境向けのデフォルト画像となる img 要素を 1 つ必ず設置する必要があります。

> Memo
> picture 要素のより詳しい情報は、Chapter07 Lesson23 を参照してください。

227

## HTML5 文書でよく使う新属性

HTML5 で追加された新しい属性で最もよく使うものは、Chapter03 Lesson11 で紹介したフォームの使い勝手を向上させる新属性になります。フォーム関連の新属性以外では data-* 属性（独自データ属性）、role 属性（ランドマークロール）などが比較的よく使われます。いずれも通常のマークアップに対して必須のものではありませんが、必要に応じて使うことでより使い勝手やアクセシビリティを向上させることができます。

### ▶ form 関連の新属性

Chapter03 Lesson11 を参照してください。

### ▶ data-* 属性（独自データ属性）

data-* 属性は「独自データ属性」と呼ばれるもので、制作者が必要に応じて「data-」から始まる独自の属性を自由に設定できるというものです。data-* の「*」の部分には好きな名称をつけることができます。

この属性は主に JavaScript などの外部プログラムに任意の値を渡すために使用するものであり、通常の HTML 文書をマークアップする際には使用しません。

図 18-1 ツールチップの例

● 使用例：独自データ属性の値をツールチップとして使用

```
<a href="#" data-tooltip="Hello">Example</a>
```

### ▶ role 属性

role 属性は、Web 文書・アプリのアクセシビリティを向上させるため、HTML の各要素に「役割」を与えるための属性です。role 属性は「ランドマークロール」「構造的ロール」「ウィジェットロール」といったカテゴリに分かれているのですが、このうちナビゲーションの目印として機能する「ランドマークロール」が注目されています。

ランドマークロールを設定すると「サイトのヘッダー・フッター」「メインコンテンツエリア」「検索フォーム」「ナビゲーション」「文書の補足情報」といった役割が各要素に与えられます。一部のスクリーンリーダーなどの対応アプリケーションでは、role が設定された要素間を簡単に移動（ジャンプ）できるなど、文書閲覧上のナビゲーション機能が強化されるため、アクセシビリティの向上につながります。

## その他の新要素と属性

**表 18-2** role 属性（ランドマークロール）の概要

| 値 | 意味 | 同様の役割を持つHTML5要素 |
|---|---|---|
| application | 文書ではなくWebアプリケーションであることを示す | － |
| search | 検索フォームを含む領域を示す | － |
| form | 検索フォーム以外のフォームコンテナを示す | － |
| main | ドキュメントの主要なコンテンツを示す（ページに1つ） | main要素 |
| navigation | ドキュメントのナビゲーションを示す | nav要素 |
| complementary | ドキュメントを補助する情報を示す | aside要素 |
| banner | サイトのヘッダーを示す（ページに1つ） | section/article要素の子要素ではないheader要素 |
| contentinfo | コンテンツの著作権やプライバシー情報へのリンクを示す | section/article要素の子要素ではないfooter要素 |

　一部のHTML5要素は、特にrole属性を設定しなくても暗黙的に該当のrole属性の役割を持っているため、これらの要素に対してはrole属性は設定しなくても良いとされています。従って、HTML5の新要素を正しく使ってマークアップされた文書であれば、application, search, form以外のrole属性を指定する機会は少ないと思われます。逆に、DOCTYPE宣言のみ <!DOCTYPE html> としてHTML5化しただけでコンテンツ部分は従来のHTMLと同じといったようなケースでは、role属性を指定することで文書構造を明確化し、HTML5新要素を使ったのと同等のアクセシビリティを確保することが可能となります。

> **Memo** スクリーンリーダーの種類によってはHTML5の新要素を正しく認識できないものも存在するようです。文法チェックで警告は出ますが、現状では確実にアクセシブルにしたい場合はrole属性の設定をした方が良いかもしれません。

- time要素は「コンピュータから読み取り可能な形式」で日時を表現する必要がある
- form関連新属性以外では、独自データ属性とrole属性が比較的よく使われる
- role属性を活用するとセクション関連要素を使わなくてもアクセシビリティの向上が期待できる

# CHAPTER 06

## 思い通りにデザインするための CSS3 基礎知識

LESSON 19

20

21

22

基本的な装飾用の CSS3 プロパティや、各種セレクタの紹介などは Chapter02 で既に触れていますが、本章ではそれらをさらに使いこなし、思い通りのデザインを作れるようにするために改めて CSS3 のプロパティ・セレクタ・機能について解説していきます。

CHAPTER 06 　思い通りにデザインするための CSS3 基礎知識

LESSON 19 ｜ CSS3 セレクタ

CSS には数多くのセレクタが存在しますが、その大半が CSS3 になってから新たに追加されたものになります。Lesson19 では、特に「属性セレクタ」と「疑似クラス」について詳しく解説していきます。

Sample File　chapter06 ▶ lesson19 ▶ before ▶ css ▶ style.css、base.css
　　　　　　　　　　　　　　　　　　　　 ▶ index.html

## 実習　属性セレクタ

**表 19-1** CSS3 で追加された属性セレクタ

| 書式 | 意味 |
| --- | --- |
| E[foo^="bar"] | foo 属性の値が bar で始まる E 要素 |
| E[foo$="bar"] | foo 属性の値が bar で終わる E 要素 |
| E[foo*="bar"] | foo 属性の値が bar を含む E 要素 |

　属性セレクタは要素の属性とその値がどのようなものになっているかをもとに対象を選択するセレクタです。CSS3 で追加された属性セレクタは、簡単な属性値のパターンマッチができるようになっています。少しだけ考え方に慣れが必要なので、サンプルコードでそれぞれの使い方を理解するようにしましょう。

### 属性値が「〜で始まる」要素を選択する

　class 属性値が START で始まる li 要素の枠線を赤くするように CSS を設定します。属性値が「〜で始まる」なので E[foo^="bar"] を使用します。

● HTML

```
<ul class="sample">
<li class="STARTxx">class="STARTxx"</li>
<li class="xxSTART">class="xxSTART"</li>
<li class="xxSTARTxx">class="xxSTARTxx"</li>
</ul>
```

● CSS
```
/*～で始まる*/
li[class^="START"]{
  border-color:#f00;
}
```

class="STARTxx"

class="xxSTART"

class="xxSTARTxx"

class 属性の値が「START」で始まっているのは最初の li 要素だけなので、1 行目だけ枠線が赤くなります。

## 属性値が「～で終わる」要素を選択する

class 属性値が END で終わる li 要素の枠線を赤くするように CSS を設定します。属性値が「～で終わる」なので E[foo$="bar"] を使用します。

● HTML
```
<ul class="sample">
<li class="ENDxx">class="ENDxx"</li>
<li class="xxEND">class="xxEND"</li>
<li class="xxENDxx">class="xxENDxx"</li>
</ul>
```

● CSS
```
/*～で終わる*/
li[class$="END"]{
  border-color:#f00;
}
```

class="ENDxx"

class="xxEND"

class="xxENDxx"

class 属性の値が「END」で終わっているのは 2 番目の li 要素だけなので、2 行目だけ枠線が赤くなります。

## 属性値が「～を含む」要素を選択する

class 属性値が CNT を含む li 要素の枠線を赤くするように CSS を設定します。属性値が「～を含む」なので E[foo*="bar"] を使用します。

● HTML

```
<ul class="sample">
<li class="CNTxx">class="CNTxx"</li>
<li class="xxCNT">class="xxCNT"</li>
<li class="xxCNTxx">class="xxCNTxx"</li>
</ul>
```

● CSS

```
/*〜を含む*/
li[class*="CNT"]{
  border-color:#f00;
}
```

| class="CNTxx" |
| class="xxCNT" |
| class="xxCNTxx" |

class属性の値に「CNT」の文字列が含まれているのは全てのli要素なので、3行とも枠線が赤くなります。

## 実用例　リンクの種類別にアイコンを表示させる

「外部サイト」へのリンクには末尾に外部リンクアイコン、「PDFファイル」へのリンクには先頭にPDFアイコンが自動的につくように属性セレクタを設定します。

リンク先の属性値をもとに判断しますので、対象となる要素はa要素、使用する属性はhref属性となります。

● HTML

```
<ul class="sample">
<li><a href="index.html">通常のリンク</a></li>
<li><a href="http://www.google.com/">外部サイトへのリンク</a></li>
<li><a href="img/file01.pdf">PDFファイルへのリンク</a></li>
</ul>
```

● CSS

```
/*外部サイトへのリンク*/
a[href^="http"]{
  padding-right:20px;
  background:url(../img/icon_blank.gif) right center no-repeat;
}
/*PDFファイルへのリンク*/
a[href$=".pdf"]{
  padding-left:20px;
  background:url(../img/icon_pdf.gif)  no-repeat;
}
```

外部サイトへのリンクは「http（絶対パス）で始まるもの」、PDFファイルへのリンクは「拡張子が.pdfのもの」を探せば良いので、属性セレクタはそれぞれa[href^="http"]、a[href$=".pdf"]となります。

## 実習　疑似クラス

表19-2 CSS3で追加された疑似クラス

| 種類 | 疑似クラス | 意味 |
|---|---|---|
| 構造疑似クラス | E:last-child | 最後の子要素E |
| | E:nth-child(n) | n番目の子要素E |
| | E:nth-last-child(n) | 後ろからn番目の子要素E |
| | E:only-child | 唯一の子要素E |
| | E:first-of-type | 最初のE要素 |
| | E:last-of-type | 最後のE要素 |
| | E:nth-of-type(n) | n番目のE要素 |
| | E:nth-last-of-type(n) | 後ろからn番目のE要素 |
| | E:nth-only-of-type | 唯一のE要素 |
| | E:root | ルート要素（html要素） |
| | E:empty | 中身が空のE要素 |
| 否定疑似クラス | E:not(s) | sではないE要素 |
| ターゲット疑似クラス | E:target | 参照URIの対象であるE要素 |
| UI疑似クラス | E:enabled | 有効なUIであるE要素 |
| | E:disabled | 無効なUIであるE要素 |
| | E:checked | チェックされているE要素（チェックボックス／ラジオボタン） |

　上記はCSS3で追加された疑似クラス一覧です。以前から:first-child（最初の子要素）はありましたが、CSS3では最後の子要素、n番目の子要素などのバリエーションが増えているのが特徴です。

### 全ての子要素をカウントする「～child」系疑似クラス

　:first-child（CSS2.1で定義済み）／:last-child／:nth-child(n)／:nth-last-child(n)／:only-childの5つは、同一階層にある全ての子要素をカウントして条件に該当したものを選択する疑似クラスです。次のソースコードに対してこれらのchild系疑似クラスを適用するサンプルを見てみましょう。

● HTML

```
<ul class="sample child">
<li>child1 (first)</li>
<li>child2</li>
<li>child3</li>
<li>child4</li>
<li>child5</li>
<li>child6</li>
<li>child7 (last)</li>
</ul>
```

▶ ul.child の最後の子要素の枠線を赤くする

最後の子要素を選択するには、:last-child を使います。

● CSS

```
/*最後の子要素*/
.child :last-child{
  border-color:#f00;
}
```

| child1 (first) |
| child2 |
| child3 |
| child4 |
| child5 |
| child6 |
| child7 (last) |

「child7」の枠線が赤くなります。nth-last-child(1) としても同じ結果になりますが、最後の子要素を選択する場合は素直に :last-child とするのが自然でしょう。

▶ 3番目の子要素の文字を赤くする

前から n 番目の子要素を選択するには、:nth-child(n) を使います。

● CSS

```
/*3番目の子要素*/
.child :nth-child(3){
  color:#f00;
}
```

| child1 (first) |
| child2 |
| child3 |
| child4 |
| child5 |
| child6 |
| child7 (last) |

3番目の子要素である「child3」の文字が赤くなります。直接順番を指定する場合、:nth-child(n) の n には 1 から始まる整数を入れます。

# CSS3 セレクタ

### ▶ 後ろから 3 番目の子要素の文字を青くする

後ろから n 番目の子要素を選択するには、:nth-last-child(n) を使います。

● CSS

```css
/*後ろから3番目の子要素*/
.child :nth-last-child(3){
  color:#00f;
}
```

後ろから 3 番目の子要素である「child5」の文字が青くなります。今回のソースコードの場合、:nth-child(5) と :nth-last-child(3) は同じ子要素を指します。どちらから数えるかは CSS の設計次第です。

| child1 (first) |
| child2 |
| child3 |
| child4 |
| child5 |
| child6 |
| child7 (last) |

### ▶ 偶数番目の子要素だけ背景色を #ccc にする

偶数番目の子要素を選択するには、:nth-child(even) を使います。

● CSS

```css
/*偶数番目の子要素*/
.child :nth-child(even){
  background-color:#ccc;
}
```

child2,child4,child6 の背景色が #ccc（濃いグレー）になります。:nth-child(n) の n を「even」とすれば偶数番目、「odd」とすれば奇数番目の子要素を選択できます。:nth-last-child(n) の場合も同様です。

| child1 (first) |
| child2 |
| child3 |
| child4 |
| child5 |
| child6 |
| child7 (last) |

### ▶ 2 番目を先頭に 3 つおきの子要素の枠線を 3px の黒実線にする

少し複雑なパターンで要素を選択する場合は、nth-child(n) の n に数列を入れて指定します。

● CSS

```css
/*2番目を先頭に3つおきの子要素*/
.child :nth-child(3n+2){
  border:#000 3px solid;
}
```

237

child2 と child5 の枠線が 3px の黒実線となります。
n には（αn＋β）という形式の数列を入れることができます。
この場合の n には 0,1,2... のように 0 から始まる整数が代入され、(3n+2) の場合は (3 × 0+2),(3 × 1+2),(3 × 2+2)... となり 2, 5, 8.... という数列が返ってきます。「数列」というと難しく感じるかもしれませんが、3n は「3 の倍数」、+2 は「先頭から 2 番目から数え始める」と読み替えると分かりやすいかと思います。
なお (2n) とした場合は (even)、(2n+1) とした場合は (odd) と同じ結果となります。

| child1 (first) |
| child2 |
| child3 |
| child4 |
| child5 |
| child6 |
| child7 (last) |

## 同じ要素のみをカウントする「～of-type」系疑似クラス

:first-of-type／:last-of-type／:nth-of-type (n)／:nth-last-of-type (n)／:only-of-type の 5 つは、同一階層にある同じ種類の要素をカウントして条件に該当したものを選択する疑似クラスです。次のソースコードに対してこれらの of-type 系疑似クラスを適用するサンプルを見てみましょう。

● HTML
```
<div class="sample ofType">
<h4>heading1 (h4)</h4>
<p>paragraph1</p>
<h4>heading2 (h4)</h4>
<p>paragraph2</p>
<h5>heading3 (h5)</h5>
<p>paragraph3</p>
</div>
```

### ▶ .ofType の最初の要素の枠線を赤くする

最初の要素を選択するには :first-of-type を使います。

● CSS
```
/*最初の要素*/
.ofType :first-of-type{
  border-color:#f00;
}
```

| heading1 (h4) |
| paragraph1 |
| heading2 (h4) |
| paragraph2 |
| heading3 (h5) |
| paragraph3 |

Memo: .ofType :first-child と指定した場合には、heading1 だけが選択されます。～ child は、要素の種類に関係なく全ての子要素を並列でカウントするため、「最初の子要素」というのは常に 1 つしか存在しません。

要素を指定せずに :first-of-type と指定すると、heading1、paragraph1、heading3 の 3 つが選択されます。これは、～ of-type という疑似クラスが、同じ種類の要素ごとにそれぞれ順番をカウントする性質を持っているからです。.ofType という div の子要素には、h4 要素・p 要素・h5 要素の 3 種類が含まれており、:first-of-type とした場合はそれぞれの中で最初の 1 つが選択されるため、この 3 つの枠線が赤くなるのです。

## CSS3 セレクタ

### ▶ .ofType の偶数個目の要素の枠線を青くする

偶数個目の要素を選択するには :nth-of-type(even) を使用します。

● CSS

```css
/*偶数個目の要素*/
.ofType :nth-of-type(even){
  border-color:#00f;
}
```

要素の種類ごとにそれぞれの 2 番目が選択されるので、headig2 と paragraph2 の枠線が青くなります。

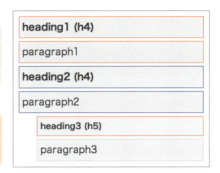

### ▶ .ofType の唯一の要素の文字を赤くする

唯一の要素を選択するには :only-of-type を使用します。

● CSS

```css
/*唯一の要素*/
.ofType :only-of-type{
  color:#f00;
}
```

:only-of-type は親要素の中で 1 つしか存在しない要素を選択します。h4 要素と p 要素は複数個ありますが、h5 要素は 1 つしかないので、heading3 の文字が赤くなります。

### ▶「～ child」と「～ of-type」の違い

～child 系の疑似クラスと～of-type 系の疑似クラスはよく似ているため混同しやすいのですが、明確に違いがあります。

どちらも「子要素に連番を振ってその何番目かを数える」という点については同じなのですが、そもそもの「連番の振り方」が違うのです。それぞれの連番の振り方については、次の図を見れば一目瞭然です。

図 19-1 連番の振り方の違い

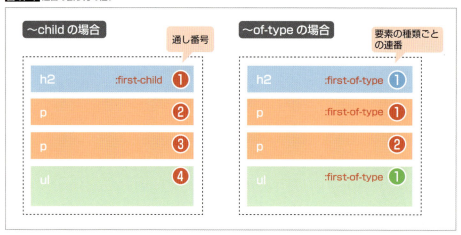

　〜child が子要素の種類に関係なく、通し番号を振るのに対して、〜of-type は要素の種類ごとにそれぞれ連番を振ります。このような仕様の違いがあるため、子要素に複数の種類の要素が含まれている場合、〜child によるセレクタと〜of-type によるセレクタでは結果に違いが生じるのです。逆に ul/li のように子要素が 1 種類しか存在しない場合にはどちらを使おうが結果は同じとなります。

　両者の仕様の違いを確認したところで、もう少し実用的なサンプルを見てみましょう。

## 実用例 1　しましまテーブルを作る

　次の table 要素で作られた表組みの、偶数行目の背景色を #eee にして、白とグレーのしましまテーブルを作ります。

● HTML

```
<table class="stripe">
<tr><td>White</td><td>White</td></tr>
<tr><td>Gray</td><td>Gray</td></tr>
<tr><td>White</td><td>White</td></tr>
<tr><td>Gray</td><td>Gray</td></tr>
</table>
```

● CSS

```
/*しましまテーブル*/
.stripe tr:nth-child(even){
  background-color:#eee;
}
```

| White | White |
|---|---|
| Gray | Gray |
| White | White |
| Gray | Gray |

カウントするものを tr 要素に限定することがポイントです。td 要素まで選ばれてしまうようなセレクタの作り方だとうまくいきません。またこの構造の場合は tr:nth-of-type(even) でも OK です。

## 実用例 2　最後の 1 行だけ赤文字で強調する

次の dl 要素で作られたリストの、最後の 1 行だけ赤文字にします。

● HTML
```
<dl class="lastRed">
<dt>Item1</dt>
<dd>XXXXXXXXXX</dd>
<dt>Item2</dt>
<dd>XXXXXXXXXX</dd>
<dt>Item3</dt>
<dd>XXXXXXXXXX</dd>
</dl>
```

● CSS
```
/*最後の1行を赤文字に*/
.lastRed :last-of-type{
  color:#f00;
}
```

Item1　XXXXXXXXXX
Item2　XXXXXXXXXX
Item3　XXXXXXXXXX

> 見た目には 1 行でもソースコードを見ると dt 要素と dd 要素の 2 種類でできていますので、それぞれの最後の 1 つを選択するために :last-child ではなく :last-of-type としてください。

## 実習　否定／ターゲット／ UI 疑似クラス

### 否定疑似クラス

:not(s) は、s で指定したセレクタの対象となるもの以外を選択する疑似クラスです。「○○以外全部」というセレクタを作ることができます。以下の HTML ソースに対し、最後の 1 行以外全ての枠を赤くするスタイルを設定してみます。

● HTML
```
<ul class="sample nots">
<li>list1</li>
<li>list2</li>
<li>list3</li>
<li>list4</li>
<li>list5</li>
</ul>
```

● CSS
```
/*最後の1行以外全てを選択*/
.nots li:not(:last-child){
  border-color:#f00;
}
```

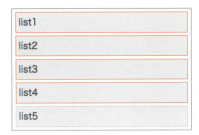

li 要素の :last-child（最後の子要素）以外全てを選択する否定疑似クラスを作っています。今回は not() の中に疑似クラスを入れていますが、id ／ class セレクタやタイプセレクタを入れることもできます。

## ターゲット疑似クラス

「ターゲットされている要素」つまり、ページ内ジャンプのリンクをクリックしたときに、ジャンプ先の要素に対して CSS を適用できるようにするのがターゲット疑似クラスです。使い道はいろいろありますが、簡易版の開閉パネルを作ることもできます。次の HTML ソースに対して、MENU をクリックしたらリンク先の dd 要素が開くスタイルを設定してみます。

● HTML
```
<dl class="sample target">
<dt><a href="#panel1">MENU1</a></dt>
<dd id="panel1">panel1 panel1 panel1 panel1 panel1 panel1 panel1 panel1</dd>
<dt><a href="#panel2">MENU2</a></dt>
<dd id="panel2">panel2 panel2 panel2 panel2 panel2 panel2 panel2 panel2</dd>
<dt><a href="#panel3">MENU3</a></dt>
<dd id="panel3">panel3 panel3 panel3 panel3 panel3 panel3 panel3 panel3</dd>
</dl>
```

● CSS
```
/*リンク先を開く*/
.target dd:target{
  display:block;
}
```

クリックしたときにスタイルを適用するので、ついうっかり「リンク元」の要素の方に :target をつけてしまいがちですが、:target をつけるのは「リンク先」の要素ですので間違えないようにしましょう。

## UI 疑似クラス

入力フォームの状態に応じて要素を選択するための疑似クラスです。よくある使い方は、フォームに隣接したラベル要素に対して状態が分かりやすいスタイルを適用することです。

● HTML

```
<form class="ui">
<input type="radio" name="radio" id="radio1" value="1">
<label for="radio1">選択肢1</label>
<input type="radio" name="radio" id="radio2" value="2">
<label for="radio2">選択肢2</label>
<input type="radio" name="radio" id="radio3" value="3" disabled>
<label for="radio3">選択肢3</label>
</form>
```

● CSS

```
/*有効な選択肢のラベルのスタイル*/
.ui input:enabled+label{
  cursor:pointer;
}
.ui input:enabled+label:hover{
  color:#00c4ab;
}
```
❶ 有効なフォームラベルはカーソルを指にし、:hover時に文字色を#00c4abに変更する

```
/*無効な選択肢のラベルのスタイル*/
.ui input:disabled+label{
  color:#ccc;
}
```
❷ 無効なフォームラベルは文字色を#cccにする

```
/*チェックされた選択肢のラベルのスタイル*/
.ui input:checked+label{
  background:#cceebb;
}
```
❸ 選択されたフォームラベルは背景色を#cceebbにする

フォーム部品自身ではなく、それに隣接するlabel要素にスタイルを適用するので、隣接セレクタ（E+F）を使用しています。

## Column

### CSS4 セレクタ

CSS3 では :nth-child(n) を代表とする便利な機能を提供するセレクタが多数追加されましたが、現在さらに便利な様々なセレクタを CSS4 セレクタとして仕様策定中です（正式には CSS セレクタ Level4 ですが本書では便宜上 CSS4 セレクタと呼びます）。

CSS4 セレクタで検討されている機能には、例えば「要素の親を指定できる」、「いずれかの条件にマッチするものだけを指定する（:matches(s1, s2))」、「いずれかの条件にマッチするものを除く（:not(s1,s2))」、「指定したセレクタを子要素に持つものを指定する（:has(s1,s2))」といった、実際に使えるようになったら今よりかなり便利になるものが多数含まれています。

CSS4 セレクタはまだ仕様策定中であり、各種ブラウザでのサポート状況もまちまちですので今すぐ使えるわけではありませんが、将来的にはこうしたものも使えるようになる予定であるということを頭の片隅に入れておいて、時々動向をチェックしてみるのも良いでしょう。

※参考サイト
▶ Selectors Level 4
URL https://www.w3.org/TR/selectors-4/

## Point

- CSS3 セレクタは IE9 以上の主要環境全てで使うことができる
- 〜child 疑似クラスは要素を区別せず全ての子要素をカウント、〜of-type 疑似クラスは同じ種類の要素をカウントする
- 疑似クラスを使いこなすことで、様々なケースできめ細かく要素を選択することができるようになる

CHAPTER 06　思い通りにデザインするためのCSS3基礎知識

LESSON
20　CSS3の装飾表現

Lesson20ではCSS3における装飾プロパティの詳細仕様と、それらを使った様々なデザイン表現の事例について学習していきます。

Sample File　chapter06 ▶ lesson20 ▶ before ▶ css ▶ style.css、base.css
　　　　　　　　　　　　　　　　　　　　▶ index.html

## 実習　テキストの装飾

### text-shadow

**図 20-1** text-shadowプロパティの基本書式

```
text-shadow: X方向の距離 Y方向の距離 ぼかし幅 影色;
例：text-shadow: 1px 1px 5px #000
```

　text-shadowは文字に影をつけるプロパティです。X方向の距離とY方向の距離にはマイナスの数値を指定することも可能で、値をカンマ (,) で区切ることで複数の影を重ねづけすることもでき、これによって様々なデザイン表現が可能となります。
　では以下のHTMLソースに対して、text-shadowを使ったいろいろなタイポグラフィ表現のサンプルを作ってみましょう。

● HTML

```
<ul class="sample ts">
<li class="ts01">Drop Shadow</li>
<li class="ts02">Glow</li>
<li class="ts03">Bevel</li>
<li class="ts04">Emboss</li>
<li class="ts05">Stroke</li>
<li class="ts06">Neon</li>
</ul>
```

### ▶ ドロップシャドウ

● CSS

`.ts01{text-shadow: 2px 2px 3px #999;}`

**Drop Shadow**

　最も典型的なテキストのドロップシャドウ表現です。X方向・Y方向の距離をともにプラスにすれば右下、ともにマイナスなら左上に影がつきます。

### ▶ グロー（光彩）

● CSS

`.ts02{color:#fff; text-shadow:0 0 5px #999;}`

**Glow**

　X方向・Y方向の距離をともに0とすると、いわゆる「グロー（光彩）」表現となります。

### ▶ ベベル（浮き出し）

● CSS

`.ts03{color:#ccc; text-shadow:-1px -1px 0 #fff, 1px 1px 0 #aaa;}`

**Bevel**

　左上にハイライト、右下にシャドウをつけると「ベベル（浮き出し）」表現となります。

### ▶ エンボス（彫り込み）

● CSS

`.ts03{color:#ccc; text-shadow:-1px -1px 0 #aaa, 1px 1px 0 #fff;}`

**Emboss**

　右下にハイライト、左上にシャドウをつけると「エンボス（彫り込み）」表現となります。

## ▶ 袋文字

● CSS

```
.ts05{
  color:#fff;
  text-shadow:
    1px 1px 0 #999,
    -1px 1px 0 #999,
    1px -1px 0 #999,
    -1px -1px 0 #999;
}
```

Memo 袋文字は text-stroke というプロパティで表現することも可能です。

上下左右に 1px ずつぼかしのないシャドウをつけるといわゆる「袋文字」表現となります。

## ▶ ネオン

● CSS

```
.ts06{
  text-shadow:
    0 0 5px #fff,
    0 0 13px #f03,
    0 0 13px #f03,
    0 0 13px #f03,
    0 0 13px #f03;
}
```

白文字の周囲に明るい色のシャドウを何回か重ねると「ネオン（発光）」表現となります。

### 【参考】text-stroke（※ IE 非対応）

　text-stroke は文字に輪郭線をつけるためのプロパティです。text-stroke というのは、text-stroke-width と text-stroke-color のショートハンドプロパティなので、別々に記述することも可能です。

　このプロパティは正式にはまだ W3C 仕様で定義されていないため、「-webkit-」プレフィックスをつける必要があります。また、IE は非対応です。

Memo
-webkit-
-webkit- は本来 Chrome と Safari にのみ適用されるベンダープレフィックスですが、text-stroke の場合は Edge と Firefox にも適用されます。

● HTML

```
<ul class="sample ts2">
<li class="t-stroke01">OUTLINE</li>
<li class="t-stroke02">OUTLINE+SHADOW</li>
</ul>
```

### ▶ 袋文字

● CSS

```
.t-stroke01 {
  -webkit-text-stroke: 1px #000;
}
```

OUTLINE

### ▶ 袋文字＋ドロップシャドウ

● CSS

```
.t-stroke02 {
  -webkit-text-stroke: 1px #000;
  text-shadow: 2px 2px 0 #000;
}
```

OUTLINE+SHADOW

> **Memo** このプロパティはテキストの「内側」に線を引くため、ある程度太いフォントでないと見栄えが悪くなる可能性があります。テキストの「外側」に線を引きたい場合は、上述の text-shadow での袋文字のテクニックを利用しましょう。

---

### 【参考】-webkit-background-clip: text / -webkit-text-fill-color（※ IE 非対応）

background-clip は背景画像をボックスのどの領域で切り抜くか（border-box / padding-bod / content-box）を指定するプロパティですが、「-webkit-」プレフィックスをつけた上で値を「text」とすると、背景画像をテキストの形に切り抜くことができます。実際にテキストの中に切り抜いた背景画像を表示させるためにはテキストの塗りつぶし色を透明にする必要があるため、-webkit-text-fill-color: transparent と組み合わせて使用します。

なお -webkit-background-clip: text も -webkit-text-fill-color も W3C 仕様で定義されたものではない拡張プロパティであるため、IE では利用できません。

● 切り抜き用に用意した背景画像

● HTML
```
<p class="clip">HELLO WORLD!</p>
```

● CSS
```
.clip {
    background: url(../img/bg_flower.jpg) center center no-repeat;
    -webkit-background-clip: text;
    -webkit-text-fill-color: transparent;
}
```

## 実習　ボックスの装飾

### border-radius

図 20-2 border-radius プロパティの基本書式

```
border-radius: 角丸の半径;
例：border-radius: 5px;
```

border-radius はボックスを「角丸」にするためのプロパティです。margin/padding と同様に値を 1 つ〜4 つ取ることができます。この場合の各値の意味するところは図 20-3 の通りです。

図 20-3 値 1 つ〜4 つの場合の指定箇所

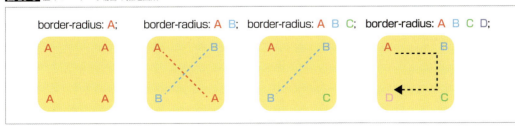

## 基本の角丸

● HTML
```
<ul class="sample bdr">
<li class="bdr01">値1つ</li>
<li class="bdr02">値2つ</li>
<li class="bdr03">値3つ</li>
<li class="bdr04">値4つ</li>
</ul>
```

▶ 値1つの角丸指定

● CSS
```
.bdr01 { border-radius: 10px; }
```

値1つで四隅の一括指定となります。

▶ 値2つの角丸指定

● CSS
```
.bdr02 { border-radius: 50px 0;}
```

値2つで「左上と右下」「右上と左下」の対角線指定となります。

▶ 値3つの角丸指定

● CSS
```
.bdr03 { border-radius: 0 25px 50px;}
```

値3つで「左上」「右上と左下」「右下」の指定となります。

▶ 値4つの角丸指定

● CSS
```
.bdr04 { border-radius: 0 10px 25px 50px; }
```

値4つで四隅の個別指定となります。この場合は左上から時計回りで指定します。

CSS3 の装飾表現

## 正円と楕円

四隅の円の半径を全て 50% 以上の同じ % 値に設定すると、ボックスを「円」とすることができます。もともとのボックスが正方形なら「正円」、長方形なら「楕円」となります。

● HTML
```
<ul class="sample bdr">
<li class="circle">正円</li>
<li class="ellipse">楕円</li>
</ul>
```

▶ 正円

● CSS
```
.circle {
  width: 150px;   /* 元の要素を正方形にしておく */
  height: 150px;
  border-radius: 50%;
}
```

▶ 楕円

● CSS
```
.ellipse {
  width: 250px;   /* 元の要素を長方形にしておく */
  height: 150px;
  border-radius: 50%;
}
```

## 楕円の円弧を使った角丸

各コーナーに楕円を当てる形でゆがんだ角丸を作ることもできます。値は「横の半径 / 縦の半径」のように記述します。ショートハンドで 4 つのコーナー全てを異なる値の楕円とする場合には以下のサンプルのように記述します。対応する半径が少し分かりづらくなりますので注意が必要です。

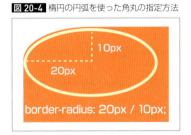

図 20-4 楕円の円弧を使った角丸の指定方法

● CSS
```
.sample { border-radius: 10px 20px 30px 40px / 20px 10px 20px 10px; }
```

● HTML

```
<ul class="sample bdr">
<li class="bdr05">膨らんだ長方形</li>
<li class="bdr06">ゆがみ円</li>
</ul>
```

▶ 膨らんだ長方形

● CSS

```
.bdr05 { border-radius: 50px / 30px;}
```

▶ ゆがみ円

● CSS

```
.bdr06 { border-radius: 30% 60% 60% 50% / 80% 40% 70% 30%; }
```

> **Memo**　「ゆがみ円」のようないびつな形は計算して狙って作るのは難しいので、実際に作られる形を見ながら数字を調整して気に入った形に仕上げていくと良いです。

## box-shadow

図 20-5 box-shadow プロパティの基本書式

```
box-shadow:  X方向の距離  Y方向の距離  ぼかし幅  広がり  影色  inset;
                                        ※省略可        ※内側に影をつける場合のみ設定
例：box-shadow: 0 0 5px 2px #000 inset;
```

box-shadow は**ボックスに影をつける**ためのプロパティです。text-shadow 同様、カンマ区切りで複数の影を重ねづけすることもでき、様々なデザイン表現に応用できます。

では次の HTML ソースに対して、box-shadow を使ったいろいろな装飾表現のサンプルを作ってみましょう。

● HTML

```
<ul class="sample bs">
<li class="bs01">Drop Shadow</li>
<li class="bs02">Glow</li>
<li class="bs03">Inset Drop Shadow</li>
<li class="bs04">Inset Glow</li>
<li class="bs05">Spread Shadow</li>
<li class="bs06">Multi Shadow</li>
</ul>
```

# CSS3 の装飾表現

### ▶ 基本のドロップシャドウ

● CSS
```
.bs01{ box-shadow:2px 2px 5px rgba(0,0,0,0.5); }
```

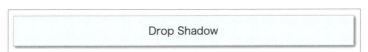

X 方向の距離・Y 方向の距離にプラスの値を取る基本のドロップシャドウです。

### ▶ グロー（光彩）

● CSS
```
.bs02{ box-shadow:0 0 10px rgba(0,0,0,0.5); }
```

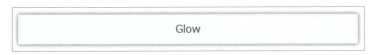

X 方向・Y 方向の距離をそれぞれ 0 とすると「グロー（光彩）」表現となります。

### ▶ 内側へのドロップシャドウ

● CSS
```
.bs03{ box-shadow:2px 2px 5px rgba(0,0,0,0.5) inset; }
```

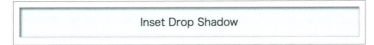

「inset」キーワードを追加することで要素の内側に影をつけられます。

### ▶ 内側へのグロー（光彩）

● CSS
```
.bs04{ box-shadow:0 0 15px rgba(18, 154, 238, 0.5) inset; }
```

inset で内側に広めの光彩をつけると、ゆるやかな立体のような表現が可能です。

### ▶ 広がり（spread）指定で作る実線

● CSS

```
.bs05{ box-shadow:0 0 0 6px #9cc883; }
```

X方向の距離・Y方向の距離・ぼかし幅に続けて「広がり」を指定すると、要素の境界線から「広がり」で指定したサイズだけベタ塗りを足すことができます。ぼかし幅0で広がりを追加すると、見た目上は「ボーダー」のような実線となります。

### ▶ シャドウの複数設定

● CSS

```
.bs06{
  box-shadow:
    0 0 0 3px #ffffff inset,  /*ボーダーの内側の白線*/
    0 0 0 3px #fffa9a,   /* ボーダーの外側1つめの黄色線*/
    0 0 0 6px #9cc883;   /*ボーダーの外側2つめの緑線*/
}
```

値をカンマで区切って影を複数重ねづけする場合、後から付け足したものが下のレイヤーに足される形となります。ボーダーの外側にある黄色と緑色の実線部分は表示上はいずれも3px分の幅を持っていますが、実際には一番下になる緑色の実線は黄色い実線の幅である3px分が隠されてしまうので、倍の6pxの幅を持たせています。

このように、複数の値を使ってデザイン表現をする場合、影同士の重なり順に注意をする必要があります。

## border-image

図20-6 border-imageプロパティの基本書式

```
border-image: 画像パス  画像スライス幅  /  線幅  繰り返し方法 ;
              (source)   (slice)          (width) (repeat)

例：border-image: url(../img/bg.png) 20 / 10px round;
```

border-imageは、borderに背景画像を設定することができるプロパティです。1枚の背景画像を9分割してborderの四隅と四辺に割り当て、ボックスのサイズや線幅が変わっても自動的に拡大・縮小・パターン繰り返しなどの調整をしてくれるため、複雑なデザイン柄の可変サイズ対応borderを作ることができます。

border-imageの使い方の手順は以下の通りです。

❶ 普通のborderを設定（※ border-imageが適用されなかった場合のフォールバック）
❷ border-image用の背景画像を用意（※ border用に9分割可能なデザインにしておく）
❸ border-imageの適用

**図 20-7** border-imageの画像スライスとborderへの適用パターン

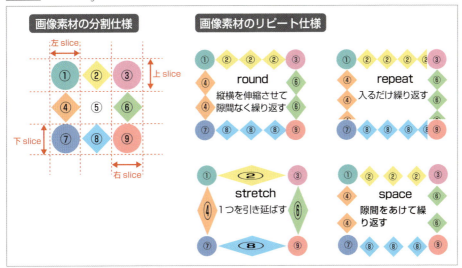

※round、spaceは一部の環境でサポートされていない場合があります。その場合はstretch以外の他のサポートしている値に自動的に読み替えられるようです。サポート環境の詳細は「Can I use…（https://caniuse.com）」を参照してください。

では次の画像をborder-imageに適用して表示を確認してみましょう。

【使用する画像】

● HTML

```
<div class="bdi">
  <p>Lorem ipsum dolor sit amet, consectetuer adipiscing elit. Aenean commodo ligula eget dolor. Aenean massa.  </p>
</div>
```

● CSS

```
.bdi {
  border: 24px solid #fbef82; /*フォールバック指定*/
  border-image: url(../img/bdi.png) 24 round;
}
```

　今回用意した画像は 72 × 72px の正方形です。24px ずつ 9 等分すれば、それぞれのブロックに丸が 1 つ収まるようにしてあります。リピート指定部分を変更して、どのように border-image が表示されるか試してみましょう。

　なお、border-image 用の画像素材は必ずしも各ブロックが等分されなければならないわけではありません。ただし各辺のスライスサイズがバラバラになると指定がかなり面倒になるため、シンプルに使いたいならちょうど 9 等分できるような素材にしておくとよいでしょう。

> Memo
> border-image を使用する場合は、一部のブラウザにバグがあるため、必ず別途 border-style を指定しておく必要があります。忘れずに指定するようにしましょう。

### 【参考】リピート指定を複数にした場合

リピートの値を 2 つ指定した場合、最初の値が上下、次の値が左右を意味します。

● CSS

```
border-image: url(../img/bdi.png) 24 round stretch;
```

### 【参考】スライスサイズと異なる線幅指定をした場合

　用意している画像のスライスサイズと異なる線幅を指定した場合、線幅に合わせてフィットするように自動的に画像サイズが調整されます。また、線幅の指定は border-width でも border-image-width でもどちらでも指定できますが、両方で異なる幅を指定した場合には border-image-width の方が優先されます。

## CSS3の装飾表現

● CSS

```
/*border-widthで指定する場合*/
border: 12px solid #fbef82;
border-image: url(../img/bdi.png) 24 round;

/*border-image-widthで指定する場合*/
border: 24px solid #fbef82;
border-image: url(../img/bdi.png) 24 / 12px round;
```

Lorem ipsum dolor sit amet, consectetuer adipiscing elit. Aenean commodo ligula eget dolor. Aenean massa.

### background-size

図 20-8 background-size プロパティの基本書式

```
background-size: auto|cover|contain|横 縦;
例：background-size: cover;
```

background-size は、背景画像の表示サイズを指定するためのプロパティです。初期値の auto は従来通り原寸表示となり、それ以外に「cover」「contain」「横 縦」が指定できます。cover と contain は元画像の縦横比率を保ったまま配置しますが、横／縦を数値指定すれば比率を変更することもできます。このプロパティによって、サイズ可変の要素を背景画像で常に覆う、といったデザインが簡単に実現できます。

では以下の HTML ソースに対して background-size を指定してみましょう。使用している画像は 737 × 415 とかなり大きな画像ですので、auto の状態では画像の一部しか見えませんが、background-size の値を変えることで表示がどのように変わるか確認してみましょう。

● HTML

```
<ul class="bgsize">
<li class="bgsize01">auto</li>
<li class="bgsize02">cover</li>
<li class="bgsize03">contain</li>
<li class="bgsize04">%</li>
<li class="bgsize05">px</li>
</ul>
```

257

### ▶ cover を指定

● CSS

`.bgsize02{ background-size:cover; }`

「cover」は写真の比率を保ちつつ、背景画像は常に縦または横の一辺に 100% フィットして要素全体を覆う状態となります。

### ▶ contain を指定

● CSS

`.bgsize03{ background-size:contain; }`

「contain」は写真の比率を保ちつつ、常に背景画像全体が要素の中に全て表示される状態となります。

### ▶ パーセント指定

● CSS

`.bgsize04{ background-size:100% 100%; }`

「横 縦」ともに 100% 指定すると、写真の比率を無視して常にその背景画像で要素全体を覆う状態となります。cover とどちらが良いかは、用意する素材次第です。

### ▶ ピクセル指定

● CSS

`.bgsize05{ background-size:170px 100px; }`

「横 縦」ともに px 指定すると、指定したサイズに拡大・縮小させて固定サイズで背景画像を表示できます。

## linear-gradient()

**図 20-9** linear-gradient() 関数の基本書式

```
linear-gradient(方向・角度, カラーストップ, カラーストップ);
方向・角度     …to bottom | to top | to right | to left | 数値deg
カラーストップ …色 位置
例：background: linear-gradient(to right, #f00, #fff);
```

linear-gradient() は線形グラデーションを作成するための background-image の新しい値（関数）です。グラデーションは Web デザインでは非常に重要・ポピュラーなエレメントであり、border-radius、box-shadow とともに Web のデザイン表現を向上させるのに役立ちますので、使い方を覚えておきましょう。

では以下の HTML ソースに対してグラデーションを設定してみましょう。

● HTML

```
<ul class="grad">
<li class="grad01">2Colors (top → bottom) </li>
<li class="grad02">3Colors (left → right) </li>
<li class="grad03">3Colors (left top → right bottom) </li>
</ul>
```

### ▶ 上から下への 2 色グラデーション

● CSS

```
/*linear-gradient()*/
.grad01{
  background:linear-gradient(to bottom,#f36,#fff);
}
```

2Colors (top → bottom)

よく使う「上から下」「左から右」などといったシンプルなグラデーションの方向指定は、「to グラデーションの方向」というキーワードで指定するのが一般的です。なおグラデーション方向の初期値は「上から下」ですので、上記のコードは「to bottom」を省略して次のように記述することもできます。

```
.grad01{
  background:linear-gradient(#f36,#fff);
}
```

### ▶ 左から右への3色グラデーション

　始点・終点以外の箇所に色を指定する場合は「カラーストップ（色が変化する位置）」の指定が必要になります。3色以上使う場合には「色 位置」のセットをカンマで区切って必要なだけ追加できます。

● CSS

```
.grad02{
  background:linear-gradient(
    to right,
    #f36 0%,
    #fff 50%,
    #f63 100%);
}
```

Memo　分かりやすいように途中で改行を入れていますが、もちろん一行で記述しても構いません。

3Colors (left → right)

### ▶ 左上から右下への3色グラデーション

　ボックスの頂点を始点・終点にした斜めのグラデーションは、上下左右のグラデーション同様、「to グラデーションの方向」のキーワードで指定できます。

● CSS

```
.grad03{
  background:linear-gradient(
    to right bottom,
    #f36 0%,
    #fff 50%,
    #f63 100%);
}
```

3Colors (left top → right bottom)

## CSS3の装飾表現

「左上から右下」のグラデーションなら、上記のように「to right bottom」とキーワード指定することで実現できますが、対角線の頂点を結ぶ形で斜めグラデーションが作られるため、要素の形によってグラデーションの角度は変わってしまいます。要素の形がどのようなものであっても、特定の角度でグラデーションを塗りたい場合には、キーワード指定ではなく角度（deg）で指定しましょう。

● CSS

```
.grad03 {
  background: linear-gradient(
    135deg,
    #f36 0%,
    #fff 50%,
    #f63 100%);
}
```

3Colors（left top → right bottom）

なお、キーワード・角度によるグラデーション方向指定の仕様は以下の通りです。

図 20-10　linear-gradient のグラデーション方向指定の仕様

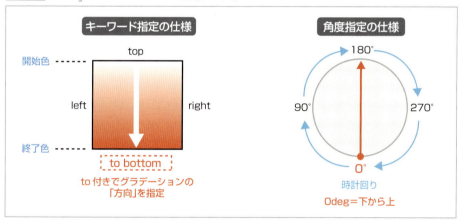

## radial-gradient()

**図20-11** radial-gradient() 関数の基本書式

```
radial-gradient(形状 サイズ at 中心位置, カラーストップ, カラーストップ);
形状          …ellipse | circle
サイズ        …farthest-corner | closest-corner | farthest-side | closest-side
中心位置      …at <center | left | right | top | bottom | 数値>
カラーストップ …色 位置
例：background: radial-gradient(circle farthest-side at top, #f00, #fff);
```

radial-gradient() は<mark>円形グラデーションを作成するための background-image の新しい値（関数）</mark>です。linear-gradient() より指定項目が多いので一見大変そうに見えますが、形状、サイズ、中心位置については初期値は省略可能なので、ボックスの中央から最も遠いコーナーまでを楕円形に塗りつぶす基本の円形グラデーションであれば radial-gradient(#f00, #fff); のようにかなりシンプルに記述することも可能です。radial-gradient() の構文の中で最も分かりづらいのが「サイズ」の指定ですので、図20-12 でよく確認しておくようにしましょう。

**図20-12** radial-gradient() サイズ指定の種類と形状

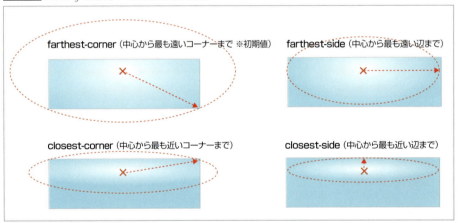

では以下の HTML を使ってシンプルな円形グラデーションを作ってみることにします。
　あらかじめ #fff から #f36 への2色の円形グラデーション（色以外は初期値）を用意しておきましたので、形状、サイズ、中心位置の指定を変えるとどのようにグラデーションが変化するのか確認してみましょう。

## CSS3 の装飾表現

● HTML
```
<ul class="grad">
<li class="grad04">（circle）</li>
<li class="grad05">（closest-side）</li>
<li class="grad06">（at bottom）</li>
</ul>
```

▶ 形状を「正円」に変更

● CSS
```
.grad04 {
  background:radial-gradient(circle ,#fff,#f36)
}
```

形状は ellipse（楕円）が初期値ですが、circle にすると正円にすることができます。

▶ サイズを「最も近い辺まで」に変更

● CSS
```
.grad05 {
  background:radial-gradient(closest-side ,#fff,#f36)
}
```

グラデーションのサイズは farthest-corner（中心から最も遠いコーナー）が初期値です。サイズ指定の変更によりどのようにグラデの状態が変化するかは、ボックスの縦横比やグラデの形状・中心位置など様々な条件で変わってきますので、望む形を作るには少々試行錯誤と慣れが必要になるかもしれません。

263

▶ 中心位置を「中央下」に変更

● CSS

```
.grad06 {
  background: radial-gradient(at bottom, #fff, #f36)
}
```

グラデーションの中心位置を変更する場合には「at 中心位置」という構文で指定します。初期値は「at center」です。位置の指定の仕方は、atに続いてleft、right、top、bottomなどのキーワードで各辺やコーナーを指定するか、要素の左上を基点としたx,yの座標を数値（px、%など）で指定します。なお、「at -50% -50%」などのように座標にマイナスの数値を入れると、グラデーションの中心をボックスの外に置くこともできます。

## repeating-linear-gradient()

図 20-13 repeating-linear-gradient()関数の基本書式

```
repeating-linear-gradient(方向・角度, カラーストップ, カラーストップ);
方向・角度      …to bottom | to top | to right | to left | 数値deg
カラーストップ  …色 位置
例：background: repeating-linear-gradient(135deg, #fff 25%, #f00 50%);
```

repeating-linear-gradient()は繰り返しの線形グラデーションを指定することでできる値（関数）です。基本書式はlinear-gradient()と同じですが、開始色の開始位置または終了色の終了位置、またはその両方を要素の端ではない位置に設定することで、残りの部分にグラデーションを繰り返し配置することができます（開始色の開始位置と終了色の終了位置をともに要素の両端に設定した場合は、linear-gradient()で指定したのと同じ結果となります）。

repeating-linear-gradient()を使うと繰り返しのグラデーションパターンだけでなく、「ストライプ柄」も作ることができます。

● HTML

```
<ul class="grad">
<li class="grad07">ストライプ</li>
</ul>
```

● CSS

```
.grad07 {
  background: repeating-linear-gradient(135deg, #fff, #fff 10px, #fef 10px, #fef 20px);
}
```

repeating-linear-gradient() もカンマで複数重ねづけできるので、色指定を rgba() の透過色にした上で角度を反転させたストライプを 2 つ重ねればギンガムチェックのような模様も作れるなど、アイデア次第で様々なパターン模様を作ることができます。

## repeating-radial-gradient()

図 20-14 repeating-radial-gradient() 関数の基本書式

```
repeating-radial-gradient(形状 サイズ at 中心位置, カラーストップ, カラーストップ);
形状         …ellipse | circle
サイズ       …farthest-corner | closest-corner | farthest-side | closest-side
中心位置      …at <center | left | right | top | bottom | 数値>
カラーストップ …色 位置
例：background: repeating-radial-gradient(circle farthest-side at top, #fff 25%, #f00 50%);
```

repeating-radial-gradient() は繰り返しの円形グラデーションを指定することができる値（関数）です。基本書式は radial-gradient() と同じで、指定上の注意点は repeating-linear-gradient() と同じです。他のグラデーションに比べると使い所が難しい感がありますが、仕様としては存在しますので使えそうな場面があったら活用してみましょう。

● HTML

```
<ul class="grad">
<li class="grad08">放射状</li>
</ul>
```

● CSS

```
.grad08 {
  background: repeating-radial-gradient(circle farthest-side, #fff 25%, #faf 35%, #faf
35%, #fff 50%)
}
```

## 実習　フィルター効果

### filter（※ IE 非対応）

filter プロパティは画像に対してぼかしや彩度、コントラストなど Photoshop のような様々なフィルター効果を適用することができるプロパティです。埋め込みの img 画像だけでなく、背景画像に対しても適用可能です。適用できる効果は以下の通り。

● 元画像

● HTML

```
<ul class="filter">
<li><img src="img/flower.jpg" alt="" class="filter01"><p>grayscale()</p></li>
<li><img src="img/flower.jpg" alt="" class="filter02"><p>sepia()</p></li>
<li><img src="img/flower.jpg" alt="" class="filter03"><p>contrast()</p></li>
<li><img src="img/flower.jpg" alt="" class="filter04"><p>brightness()</p></li>
<li><img src="img/flower.jpg" alt="" class="filter05"><p>saturate()</p></li>
<li><img src="img/flower.jpg" alt="" class="filter06"><p>hue-rotate()</p></li>
<li><img src="img/flower.jpg" alt="" class="filter07"><p>invert()</p></li>
<li><img src="img/flower.jpg" alt="" class="filter08"><p>opacity()</p></li>
<li><img src="img/flower.jpg" alt="" class="filter09"><p>blur()</p></li>
</ul>
```

## ▶ グレースケール

● CSS
```
img.filter01 { filter: grayscale(100%); }
```

画像を「グレースケール」にします。0%だとオリジナル画像、100%だと完全なグレースケールとなります。

## ▶ セピア

● CSS
```
img.filter02 { filter: sepia(100%); }
```

画像を「セピア色」にします。0%だとオリジナル画像、100%だと完全なセピア色となります。

## ▶ コントラスト

● CSS
```
img.filter03 { filter: contrast(150%); }
```

画像のコントラストを調整します。100%だとオリジナル画像、それより値が大きくなるとコントラストが大きく、値が小さくなるとコントラストが小さく（0%でグレーに）なります。

## ▶ 明るさ

● CSS
```
img.filter04 { filter: brightness(50%); }
```

画像の明るさを調整します。100%だとオリジナル画像、それより値が大きくなると明るく、小さくなると暗く（0%で真っ黒に）なります。

## ▶ 彩度

● CSS
```
img.filter05 { filter: saturate(50%); }
```

画像の彩度を調整します。100%だとオリジナル画像、それより値が大きくなると鮮やかに、小さくなると彩度が下がって無彩色となります。

### ▶ 色相回転

● CSS
```
img.filter06 { filter: hue-rotate(45deg); }
```

　画像内の色の色相を回転させます。0degだとオリジナル画像のまま変化しません。値に上限はないので360degで一回転し、それより大きい場合は一周目と重なり、効果が繰り返されます。

### ▶ 階調反転

● CSS
```
img.filter07 { filter: invert(100%); }
```

　画像の全ての色の階調を反転します。0%だとオリジナル画像のまま、100%で完全に反転します。

### ▶ 透明度

● CSS
```
img.filter08 { filter: opacity(50%); }
```

　画像を半透明にします。100%だと完全に不透明、0%で完全に透明となります。opacityプロパティと効果は同じですが、こちらの方がブラウザによっては表示パフォーマンスが良いことがあるようです。

### ▶ ぼかし

● CSS
```
img.filter09 { filter: blur(5px); }
```

　画像をぼかします。値が大きくなるほどぼかしの度合いが強くなります。pxやemなどほとんどの長さの単位を使えますが、「%」は使えません。

　filter効果は1つだけでなく、複数の効果を重複して適用することができます。また、後述のアニメーション効果で時間で変化させることもできます。ただしIEでは利用できないので、実際に使用するかどうかはプロジェクトごとに判断が必要になるかもしれません。

## 講義　CSS3 コーディングを補助するツール

　CSS3 は様々なデザイン表現が実現できる反面、構文が複雑で手入力しようとするとなかなか面倒だったりすることも多いため億劫になってしまうこともあるかもしれません。

　手入力するのがためらわれるような複雑なものを作りたい場合には、ネット上で公開されている各種書き出しツールなどを活用した方が効率的です。以下に無料で使える書き出しツールをいくつか紹介しておきますので、必要に応じて使ってみましょう。

### ▶ 特定のプロパティの記述を補助してくれるツール

▶ css generator
- **URL** https://css-generator.net/
- **対応プロパティ** border-image / text-shadow / box-shadow / border-radius
- **言語** 日本語
- **コメント** スライダー入力などで直感的に操作できてとても分かりやすいツール。「簡易設定」と「詳細設定」を選べるところが嬉しい。特に border-image のジェネレーターはこれ一択かも。

▶ CSS3 Generator
- **URL** http://ds-overdesign.com/
- **対応プロパティ** text-shadow / box-shadow / transform / filter
- **言語** 日本語
- **コメント** 数値入力式なのである程度仕様が分かっていないと若干分かりづらいかもしれないが、リアルタイムでプレビュー確認できるのは嬉しい。特に transform の設定がプレビューを見ながらできるのは秀逸。

▶ box-shadow と border-radius ジェネレーター
- **URL** http://www.bad-company.jp/box-shadow/
- **対応プロパティ** box-shadow / border-radius / width / height / border
- **言語** 日本語
- **コメント** 基本は box-shadow 生成ツールだが、ついでに影付きの角丸ボックスを作成するのに必要な項目も設定できる。「shadow を追加する」機能で複数の影を自動生成できるのが最大の特徴。

▶ Ultimate CSS Gradient Generator
- **URL** http://www.colorzilla.com/gradient-editor/
- **対応プロパティ** linear-gradient() / radial-gradient()
- **言語** 英語
- **コメント** グラデーションの自動生成ツールの決定版。古いブラウザ向けのコードも同時に出力するので、クロスブラウザ対策を強化しておきたい場合には特に便利。

▶ 特定のデザインの記述を補助してくれるツール

▶ CSS-TRICKS Button Maker
- URL　https://css-tricks.com/examples/ButtonMaker/
- 対象　ボタンの作成
- 言語　英語
- コメント　「ボタン」のデザインを直感的に設定できるツール。色、角丸、グラデーション、余白サイズ、文字サイズなどが設定可能。

▶ CSS ARROW PLEASE!
- URL　http://www.cssarrowplease.com/
- 対象　吹き出しの作成
- 言語　英語
- コメント　CSSで吹き出し型のボックスをデザインできるツール。吹き出しの作成はコードが煩雑なのでコピペでサクッと使えるのが便利。

▶ CSS triangle generator
- URL　http://apps.eky.hk/css-triangle-generator/
- 対象　三角形の作成
- 言語　英語
- コメント　CSSで三角形をデザインできるツール。手動で思い通りの三角形を作るのはなかなか大変なので、是非活用したいツール。

**Point**
- CSSでどのようなデザイン表現が可能なのかを知る
- 一部のプロパティはIEに対応していないなど、動作環境が限られる場合があるので注意する
- 書き出しツールを活用しつつ、手動でも書けるように練習しておく

**CHAPTER 06** 思い通りにデザインするための CSS3 基礎知識

# LESSON 21 変形・アニメーション

Lesson21では「transform（変形）」「transition（切替効果）」「animation（アニメーション）」を学習します。これらをマスターするとCSSだけでWebサイトに「動き」を加えることができるようになり、一気にモダンな印象を作り出すことが可能になります。

**Sample File** chapter06 ▶ lesson21 ▶ before ▶ css ▶ style.css、base.css
▶ index.html

## 実習 transform（変形）

**図 21-1** transform プロパティの基本書式

```
transform: トランスフォーム関数;
例：transform: rotate(45deg);
```

**表 21-1** トランスフォーム関数

| 変形処理 | 関数 |
| --- | --- |
| 移動 | translate() ／ translateX() ／ translateY() |
| 拡大／縮小 | scale() ／ scaleX() ／ scaleY() |
| 回転 | rotate() ／ rotateX() ／ rotateY() |
| 傾斜 | skew() ／ skewX() ／ skewY() |

　transform プロパティは二次元座標での変形を行うプロパティです。値に translate()／scale()／rotate()／skew() の4種類のトランスフォーム関数を取り、それぞれ移動、拡大縮小、回転、傾斜させることができます。

　では Lesson21 のサンプルファイルを使って transform プロパティを使ってみましょう。

## 移動

図 21-2 移動の書式

```
translate(X軸方向の距離, Y軸方向の距離※省略可)
translateX(X軸方向の距離)
translateY(Y軸方向の距離)
例：transform: translate(50px, 30px)
```

translate() 関数は、要素を X 軸方向、Y 軸方向に移動させることができます。X 軸方向の値をプラスにすると右、マイナスで左へ移動、Y 軸方向の値をプラスにすると下、マイナスで上へ移動します。

● HTML

```
<div class="trans01">右へ30px移動</div>
<div class="trans02">下へ30px移動</div>
<div class="trans03">右へ30px上へ30px移動</div>
```

▶ .trans01 を右へ 30px 移動

● CSS

```
/*translate()*/
.trans01{
transform: translate(30px,0);
}
```

図 21-3 右へ 30px 移動した結果

右へ 30px なので、translate(30px,0) と指定します。X 軸方向のみの移動の場合は Y 座標を省略できますので、translate(30px) と書くこともできます。また、X 軸方向のみの移動を指定する translateX() 関数を使って translateX(30px) と書くこともできます。

▶ .trans02 を下へ 30px 移動

● CSS

```
.trans02{
transform: translate(0,30px);
}
```

図 21-4 下へ 30px 移動した結果

下へ 30px なので、translate(0,30px) と指定します。Y 軸方向のみの移動を指定する translateY() 関数を使って translateY(30px) と書くこともできます。

### ▶ .trans03 を右へ 30px 上へ 30px 移動

● CSS

```
.trans03{
  transform: translate(30px,-30px);
}
```

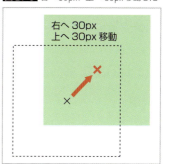

図 21-5 右へ 30px、上へ 30px 移動した

右へ 30px 上へ 30px なので、translate(30px,-30px) と指定します。「上」への移動はY座標にマイナスの値を指定します。

### ▶ translate() 実用事例：上下左右中央に配置

● HTML（lesson21 > after > sample > 01-transform.html）

left: 50%; top: 50%; に配置した円の中心を、自分の 1/2 サイズだけ左上にずらして上下左右中央に配置

## 拡大・縮小

図 21-6 拡大・縮小の書式

```
scale(X軸方向の倍率, Y軸方向の倍率※省略可)
scaleX(X軸方向の倍率)
scaleY(Y軸方向の倍率)
例：transform: scale(0.5, 0.5);
```

scale() 関数は、要素をX軸方向、Y軸方向に拡大／縮小させることができます。変形の原点はオブジェクトの中心となります。

● HTML

```
<div class="scale01">80%に縮小</div>
<div class="scale02">横を半分に縮小</div>
<div class="scale03">縦を1.5倍に拡大</div>
```

▶ .scale01 を 80% 縮小

● CSS

```
.scale01{
  transform: scale(0.8, 0.8);
}
```

図 21-7 80% に縮小した結果

「80% に縮小」とありますが、scale(80%, 80%) としたのでは効かないので scale(0.8, 0.8) という風に倍率で指定します。縦横が同じ比率で拡大・縮小する場合は Y 軸方向の数値は省略して scale(0.8) のように記述できます。scale() で要素を拡大・縮小した場合は、width／height の数値を変更した場合と違ってその要素の内容物（テキスト等）も含めて全体が拡大・縮小します。

▶ .scale02 の横を半分に縮小

● CSS

```
.scale02{
  transform: scale(0.5, 1);
}
```

図 21-8 横を半分に縮小した結果

横の比率だけを変更するには scale(0.5, 1) と X 軸方向の数値だけを変更します。X 軸方向の比率だけを変更する scaleX() 関数を使って scaleX(0.5) と記述することもできます。

▶ .scale03 の縦を 1.5 倍に拡大

● CSS

```
.scale03{
  transform: scale(1, 1.5);
}
```

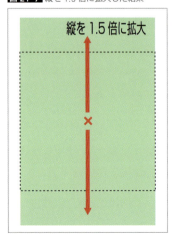

図 21-9 縦を 1.5 倍に拡大した結果

縦の比率だけを変更するには scale(1, 1.5) と Y 軸方向の数値だけを変更します。Y 軸方向の比率だけを変更する scaleY() 関数を使って scaleY(1.5) と記述することもできます。

### ▶ scale() 実用事例：:hover で拡大する画像

● HTML（lesson21 > after > sample > 02-scale.html）

## 回転

図 21-10 回転の書式

```
rotate(回転の角度)
rotateX(X軸方向の回転の角度)
rotateY(Y軸方向の回転の角度)
例：transform: rotate(45deg);
```

　rotate() 関数は、角度を指定して要素を回転させることができます。プラスの角度指定で時計回り、マイナスの角度指定で反時計回りに回転します。回転の原点はオブジェクトの中心となります。なお、rotateX() のように軸を明記するとその軸を中心とした反転効果となります。

● HTML
```
<div class="rotate01">45度回転</div>
<div class="rotate02">15度逆回転</div>
<div class="rotate03">Y軸反転</div>
```

● CSS
```
/*rotate()*/
.rotate01{
  transform: rotate(45deg);
}

.rotate02{
  transform: rotate(-15deg);
}

.rotate03 {
  transform: rotateY(180deg);
}
```

図 21-11 回転結果

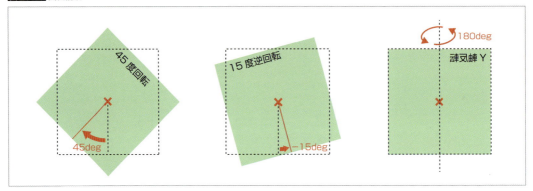

▶ rotate() 実用事例：UI パーツ

● HTML（lesson21 > after > sample > 03-rotate.html）

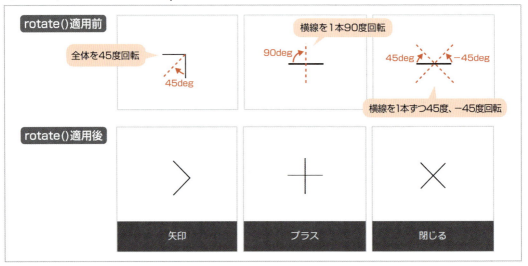

## 傾斜

図 21-12 傾斜の書式

```
skew(X軸方向の傾斜角度, Y軸方向の傾斜角度※省略可)
skewX(X軸方向の傾斜角度)
skewY(Y軸方向の傾斜角度)
例：transform: skew(30deg, 0);
```

　skew() 関数は、X 軸方向・Y 軸方向に要素を傾斜させることができます。軸と角度の関係がやや分かりづらいので、以下の図で概要を把握しておきましょう。

図 21-13 傾斜の軸と角度の関係

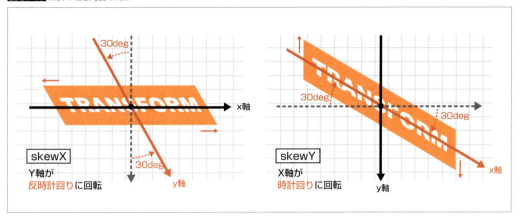

● HTML
```
<div class="skew01">X軸方向に30度傾斜</div>
<div class="skew02">Y軸方向に30度傾斜</div>
<div class="skew03">X軸・Y軸両方向に30度傾斜</div>
```

▶ .skew01 を X 軸方向に 30 度傾斜

● CSS
```
/*skew()*/
.skew01{
  transform: skew(30deg, 0);
}
```

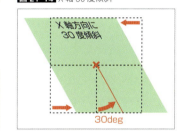

図 21-14 X 軸 30 度傾斜

　skew(30deg, 0) と X 軸方向のみにプラスの角度を指定すると Y 軸が反時計回りに回転するため、その軸に沿って左に倒れた平行四辺形になります。Y 軸方向の数値は省略できるので、skew(30deg) と書くこともできます。また X 軸方向の傾斜のみを指定する skewX() 関数を使って skewX(30deg) と書くこともできます。

▶ .skew02 を Y 軸方向に 30 度傾斜

● CSS
```
.skew02{
  transform: skew(0, 30deg);
}
```

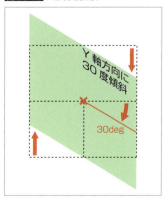

図 21-15 Y 軸 30 度傾斜

　skew(0, 30deg) と Y 軸方向のみにプラスの角度を指定すると X 軸が時計回りに回転するため、その軸に沿って左が下がった平行四辺形になります。Y 軸方向の傾斜のみを指定する skewY() 関数を使って skewY(30deg) と書くこともできます。

277

▶ .skew03 を X 軸 Y 軸方向にそれぞれ 30 度傾斜

● CSS

```
.skew03{
  transform: skew(30deg, 30deg);
}
```

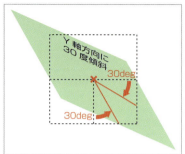

図 21-16　X 軸、Y 軸方向にそれぞれ 30 度傾斜

　skew() 関数で X 軸、Y 軸をそれぞれ傾けた結果、X 軸と Y 軸が重なってしまった場合、オブジェクトは画面に表示されなくなりますので角度の組合せには注意してください。

▶ skew() 実用事例：斜め背景

● HTML（lesson21 > after > sample > 04-skew.html）

## 実習 transform-origin（変形の原点）

**図 21-17** transform-origin のプロパティの基本書式

```
transform-origin: X軸方向の位置  Y軸方向の位置;
                  （左辺からの距離） （上辺からの距離）

X軸方向の位置  …比率 ｜ 数値 ｜ left ｜ center ｜ right
Y軸方向の位置  …比率 ｜ 数値 ｜ top ｜ center ｜ bottom
例：transform-origin:0 50%;／transform-origin: left center;／transform-origin: 10px 50px;
```

　Webページにはブラウザの左上を原点とする座標系があり、各要素はそれに基づいて配置されています。各要素にはそれとは別に自分自身の左上を原点とするローカル座標を持っており、transform-origin プロパティが原点の位置を決めています。

　ローカル座標の原点は通常オブジェクトの左上ですが、transform プロパティを使って変形処理をほどこした場合は自動的に値が「50% 50%（オブジェクトの中央）」にセットされる仕様となっています。変形の原点がオブジェクトの中央なのはこのためです。

**図 21-18** ローカル座標と原点

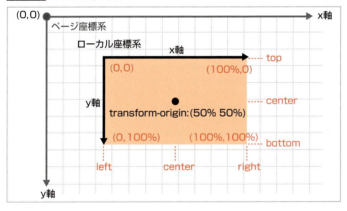

　ローカル座標の原点は、transform-origin の値を変更することでいつでも変更できます。

### 変形の原点を変更する

　transform プロパティは、:hover 疑似クラスで使うことでインタラクティブに変形させることもできます。scale() 関数でロールオーバーすると横に伸びるバーを用意しましたが、そのままでは原点が中心のため、左右に伸びてしまいます。そこで transform-origin プロパティを追加して、原点を左上に移動させましょう。

● HTML

```
<ul class="sample origin">
<li>のび〜る</li>
<li>のび〜る</li>
<li>のび〜る</li>
</ul>
```

● CSS

```
/* Transform-Origin
----------------------------*/
.origin li{
  width:30%;
  cursor:pointer;
}

.origin li:hover{
  transform: scale(2, 1);―――――❶
  transform-origin:0 0;―――――❷
}
```

❶ hover 時に scale() 関数で横 2 倍に拡大する指定です。
❷ transform-origin プロパティを追加します。変形の原点は左上にしたいので、値は 0 0（または left top）とします。

図 21-19 原点移動結果

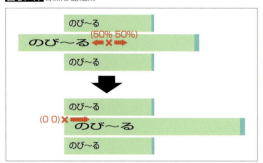

## Column 3D 変形

　本書で紹介している transform は原則として 2D（二次元）での変形処理を前提に解説していますが、X 軸、Y 軸に加えて奥行きを表す Z 軸を追加して 3D（三次元）で変形処理を行うこともできます。といっても「transform3d」というプロパティがあるわけではなく、transform プロパティの値に 3D 変形をする値を設定する形となります。translate()、scale()、rotate() の 3 つは 3D 変形の値を取ることができるため、Z 軸の値（translateZ()、scaleZ()、rotateZ()）を指定することが可能となります。X,Y,Z をまとめて指定するための値（translate3d()、scale3d()、rotate3d()）もあります。

　また、3D 変形させる場合、perspective() 関数を使って「遠近効果」をつけることもできます（スター・ウォーズのオープニングテキストを思い浮かべるとイメージしやすいかもしれません！）。

　3D 変形は少々高度な内容なので本書では詳しく解説はしませんが、興味のある方は各自調べてみるようにしましょう。

## 実習　transition（トランジションアニメーション）

**図21-20** transition プロパティの基本書式

```
transition: 変化にかかる時間 プロパティ 変化の仕方 変化が開始するまでの待機時間;
transition-duration: 変化にかかる時間;
transition-property: プロパティ;
transition-timing-function: 変化の仕方;
transition-delay: 変化が開始するまでの待機時間;
変化にかかる時間    …秒(s) | ミリ秒(ms)
プロパティ         …all | none | プロパティ名
変化の仕方         …ease | linear | ease-in | ease-out | ease-in-out | cubic-bezier()
待機時間          …秒(s) | ミリ秒(ms)
例：transition: 1s color linear 0.5s;／transition: 1s;
```

transition は、「:hover」などの動作をきっかけとして、==アニメーションでプロパティの値を変化==させることができるプロパティです。例えば「マウスを乗せると色が緑から黄色へ変わる」といった変化の場合、通常の :hover では一瞬で黄色に変わるだけですが、transition プロパティを使うと緑から黄色までなめらかに色を変化させることができるようになります。

ではサンプルを使って transition プロパティの使い方を練習してみましょう。

### 一定の時間でプロパティを変化させる（transition-duration）

まずはロールオーバーで背景色と文字色が1秒かけて同時にフワッと変化する効果を設定してみましょう。

● HTML
```html
<p class="btn btn01"><a href="#">button</a></p>
```

● CSS
```css
p.btn01 a{
  background-color:#9c9;
  color:#fff;
  transition:1s;
}
p.btn01 a:hover{
  background-color:#fc6;
  color:#000;
}
```

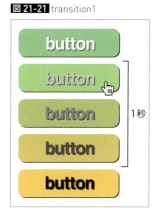

図21-21 transition1

:hoverの前後で変化するプロパティを全て同じように一律でアニメーションさせたい場合は、transitionプロパティに対して変化にかける時間（秒数）を設定するだけなのでとてもシンプルです。

> **Memo**　transitionプロパティは、背景関連指定におけるbackgroundプロパティのようなショートハンド用のプロパティです。「transition-duration:1s;」と個別プロパティで書いても構いません。

> **Caution**　transitionプロパティは:hoverの方ではなく、元の要素の方に設定しないと片道だけの効果となるので注意してください。

## 特定のプロパティだけにトランジション効果をつける（transition-property）

次に、背景色だけにトランジション効果をつけるアレンジをしてみましょう。

● HTML
```
<p class="btn btn02"><a href="#">button</a></p>
```

● CSS
```
p.btn02 a{
  background-color:#9c9;
  color:#fff;
  transition:background-color 1s;
}
```

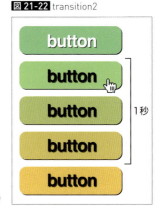

図 21-22　transition2

:hoverのタイミングで変化する複数のプロパティのうち、特定のものだけにトランジション効果をつけたい場合は、transitionプロパティの値にそのプロパティ名を追加します。変化の時間指定と順番は前後しても構いません。

> **Memo**　個別指定の場合は「transition-property: 対象プロパティ名 ;」となります。

## トランジション効果の開始に時間差をつける（transition-delay）

最後に、背景色と文字色が時間差で変化する効果をつけてみましょう。

● HTML
```
<p class="btn btn03"><a href="#">button</a></p>
```

● CSS
```
p.btn03 a{
  background-color:#9c9;
  color:#fff;
  transition:background-color 1s 0s, color 1s 1s;
}
```

図 21-23　transition3

:hoverのタイミングが発生してから実際に変化が開始するまでの時間を指定するのがtransition-delayプロパティです。ショートハンドで記述する場合には、必ずtransition-durationの数値より後ろに記述しなければなりません。今回は背景色のdelayは0秒、文字のdelayは1秒ですので、hoverしてすぐに背景色が変化し、1秒後に文字色が変化する動作となります。

ショートハンドの記述が分かりづらい場合は、以下のようにプロパティ単位で記述することもできます。

```
transition-property: background-color, color;
transition-duration: 1s, 1s;
transition-delay: 0s, 1s;
```

## トランジションの仕方に変化をつける（transition-timing-function）

transition関連のプロパティにはもう1つ、変化の仕方を設定するtransition-timing-functionプロパティというものがあります。主な値とその意味は次の通りです。

**表21-2** transition-timing-function プロパティの主な値

| 値 | 変化の仕方 |
| --- | --- |
| ease（初期値） | なめらかに始まりなめらかに終わる |
| linear | 一定の速度で変化 |
| ease-in | ゆっくり始まる |
| ease-out | ゆっくり終わる |
| ease-in-out | ゆっくり始まりゆっくり終わる |

言葉ではなかなかイメージがつかめないと思いますので、サンプルファイルの最後にある「transition-timing-function」のデータを実際に触って動きの特徴を確認してみてください。

このサンプルは、黄色い領域にマウスが入ったら、easeからease-in-outまでの5つのボックスが1秒かけて右へ500px移動するように設定してあります。delayは設定してありませんので、同時にスタートして同時に終わります。ただしtransition-timing-functionの値をそれぞれ違うものにしてあるため、途中経過の動き方は全て違うものになっているはずです。

通常は初期値の「ease」で良いと思いますが、ものによってはその他の動き方の方がしっくりくることもあると思いますので、それぞれの動きの特徴を押さえておきましょう。

transitionによる切替アニメーション効果は、数値で指定できるものの大半に適用することができ、色、サイズ、透明度、位置、形状など様々なプロパティが対象となります。特に先述のtransformプロパティと組み合わせるとユーザのアクションに応じて気持ちよく変形アニメーションを見せることができるため、現在のWeb制作における「リッチなUIデザイン」に欠かせない存在となっています。

派手な効果をつけることはしなくとも、全てのリンクにtransition効果をかけておき、:hoverでのopacityやcolorの変化に切替アニメーション効果をつけるだけでもWebサイトの印象はガラリと変わりますので、是非活用してみましょう。

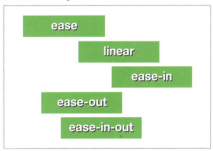

**図21-24** timing サンプル

## 実習　animation（キーフレームアニメーション）

　animation は要素にキーフレームアニメーションを適用するためのプロパティです。同じアニメーション効果でも transition と animation では以下のようにできることが異なりますので、用途に応じて使い分けるようにすると良いでしょう。

**図 21-25** transition プロパティと animation プロパティの違い

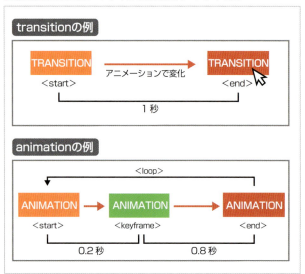

### ▶ transition の特徴

- 始点と終点を結んで変化させるだけのシンプルな動きのみ
- 一回限りの再生のみ（ループ再生不可）
- アニメーションをスタートさせるには :hover などのユーザのアクションが必要（自動再生不可）
- :hover などの状態変化に併せて往復で効果を適用できる

### ▶ animation の特徴

- 始点と終点以外にいくつでもキーフレームを追加して複雑な動きを演出可能
- 一回限りだけでなく、ループ再生、逆再生、反転再生なども可能
- ユーザのアクションがなくても、ページ読み込み時に自動再生が可能
- :hover などの状態変化の場合は往路の指定と復路の指定を別々に手動で設定する必要がある

## 変形・アニメーション

**図 21-26** animation 書式

```
animation: アニメーション名    所要時間      変化の仕方         遅延時間    ループ回数          再生方向
           (name)         (duration)  (timing-function)  (delay)  (iteration-count)  (direction)
           再生中・再生後のスタイル適用方法； ※必要なプロパティのみ設定可能
           (fill-mode)
例：animation: fadeIn 1s infinite alternate;
```

animationプロパティは複数のanimation関連プロパティをまとめたショートハンドで、各プロパティの値を半角スペースで区切って指定します。省略された値は初期値が適用されますので全ての値を記述する必要はありませんが、最低限 animation-name と animation-duration だけは必須となります。

**表 21-3** animation 関連プロパティ詳細

| プロパティ名 | 意味 | 値 | 初期値 |
|---|---|---|---|
| animation-name | 表示するアニメーションの定義（@keyframes）名 | 任意の文字列 | none |
| animation-duration | 1回の再生にかかる所要時間 | 秒(s)｜ミリ秒(ms) | 0 |
| animation-timing-function | 変化の仕方 | ease｜linear｜ease-in｜ease-out｜ease-in-out｜cubic-bezier() | ease |
| animation-delay | 再生を開始するまでの遅延時間 | 秒(s)｜ミリ秒(ms) | 0 |
| animation-iteration-count | ループ回数 | 1以上の整数<br>infinite（無限ループ） | 1 |
| animation-direction | 再生方向 | normal（通常再生）<br>reverse（逆再生）<br>alternate（毎回反転、初回は順方向）<br>alternate-reverse（毎回反転、初回は逆方向） | normal |
| animation-fill-mode | 再生中・再生後のスタイル適用方法 | none（適用なし）<br>backwards（開始前に0%の状態）<br>forwards（終了後に100%の状態）<br>both（backwards,forwards両方） | none |

### @keyframes 関数によるアニメーション内容の定義

animation プロパティでキーフレームアニメーションを適用させるためには、まず **@keyframes 関数**で「どのプロパティをどのタイミングでどのように変化させるのか」を事前に定義し、名前をつけておく必要があります。

**図 21-27** @keyframes 関数の基本書式

```
@keyframes アニメーション名 {
    0% {プロパティ：値;}, /*開始時のスタイル*/
    100% {プロパティ：値;}  /*終了時のスタイル*/
}
```
※0%と100%の間に変化のポイントを作りたければ、カンマで区切っていくつでもスタイルを追加できる。
※0%をfrom、100%をtoに置き換えることもできる。
※0%（開始時）のスタイル指定は省略可能（適用対象のもともとのスタイルが適用される）。

## アニメーションさせてみよう

シンプルにフェードインさせるためのアニメーションを作ってみましょう。まずは透明から不透明に変化するキーフレームアニメーションを「fadeIn」として定義します。.fadeIn01 セレクタにはマウスが乗ったら「1 秒かけて再生して停止」するように指定しておきます。

● HTML

```
<ul class="ani-sample">
  <li class="fadeIn01">1</li>
  <li class="fadeIn02">2</li>
  <li class="fadeIn03">3</li>
  <li class="fadeIn04">4</li>
</ul>
```

● CSS

```
@keyframes fadeIn {
  0% { opacity: 0; },
  100% { opacity: 1; }
}
.fadeIn01 { animation: fadeIn 1s; }
```

ブラウザを再読み込みすると、「1」の四角が 1 秒かけてフェードインして表示されたところで停止するアニメーションが表示されたはずです。transition と違って @keyframes によるアニメーションの定義と、animation プロパティによる再生オプションの指定が別々になっていることが面倒くさいように感じるかもしれませんが、これが分かれていることによって同じアニメーション定義を使って様々なアニメーション効果を作り出せるというメリットがあります。

次のような再生オプション指定を作って、それぞれどのように表示されるか試してみましょう。全く同じシンプルなアニメーション定義であっても、再生方法の指定を変えることで様々な表現が可能になることが分かるかと思います。

● CSS

```
.fadeIn02 { animation: fadeIn 1s infinite; } /*無限ループ*/
.fadeIn03 { animation: fadeIn 1s infinite alternate; } /*無限ループ + 反転再生*/
.fadeIn04 { animation: fadeIn 1s infinite alternate 3s; } /*無限ループ+反転再生+3秒後にスタート*/
```

アニメーションの定義次第では当然もっと複雑なアニメーションも可能ですし、再生タイミングについてもページが読み込まれたときだけでなく、:hover など状態が変化したときに設定することもできます。また、JavaScript を使えば「特定の class がついたとき」「スクロールして要素が画面内に入ったとき」「特定の要素が特定の領域を通過したとき」など、再生タイミングを自由にコントロールすることもできます。

## CSS animation のメリット

従来、このようなアニメーション効果は jQuery などの JavaScript ライブラリによって提供されてきました。しかしブラウザのサポート環境が充実してきたことにより、現在では CSS で作れるアニメーショ

ン効果は極力CSSで設定し、「いつ動かすか」という再生のタイミングだけをJavaScriptで制御するという住み分けをするのが主流となってきています。CSS animationはJavaScriptを使ったアニメーションよりも高速で表示パフォーマンスが良いというメリットがあるため、マルチデバイス対応が主流となった現代においては積極的に活用していきたい技術の1つとなっています。

　なお、@keyframesで複雑なアニメーションの定義を作るのはなかなか骨の折れる作業ですが、インターネット上には定義済みのCSSアニメーションサンプルが数多く提供されています。こうしたものをそのまま活用して手軽にアニメーションを利用したり、気に入った動きに近いもののコードを自分なりにカスタマイズして利用したりすることもできますので、試してみると良いでしょう。

#### ▶ CSS animation ライブラリ

▶ Animate.css
URL https://daneden.github.io/animate.css/
▶ AniCollection
URL http://anicollection.github.io/
▶ animista
URL http://animista.net/

- transform プロパティで要素の「移動／拡大縮小／回転／傾斜」ができる
- transition プロパティでマウスオーバー時のスタイルをなめらかに変化させることができる
- animation プロパティで複雑なアニメーション効果をCSSだけで実装できる

CHAPTER 06　思い通りにデザインするための CSS3 基礎知識

LESSON
22　メディアクエリ

Lesson22 ではマルチデバイス対応サイトの制作に欠かせない「メディアクエリ」の機能について、その仕組みと使い方を学習します。メディアクエリの機能は、マルチデバイスに対応したレスポンシブ Web デザインのサイトを制作するのに欠かせない技術となりますのでしっかり理解しておくようにしましょう。

Sample File　chapter06 ▶ lesson22 ▶ before ▶ style.css
　　　　　　　　　　　　　　　　　　　　　▶ index.html

## 講義　CSS3 メディアクエリ

### メディアクエリとは

　メディアクエリは、ウィンドウのサイズやモニタの物理サイズ、画面密度やデバイスの向きなど、閲覧環境の特性（メディア特性）に応じて CSS を分岐させることができる機能で、CSS2.1 の時代から使われている media 属性（media="all" など）の拡張として定義されています。

▶ **メディアクエリの記述方法と書式**

　メディアクエリの記述は、❶ CSS ファイル内の @media、❷ link 要素の media 属性　❸ CSS ファイル内の @import、のいずれかの場所に記述できます。❶は他の CSS と同じファイル内に記述して管理する場合に使い、❷と❸は条件分岐する CSS 記述を外部ファイル化して管理する場合に使います。
　それぞれの場合の書式は以下の通りです。

### 図22-1 メディアクエリ書式

**❶ CSS ファイル内に記述する場合**

```
@media screen※and(メディア特性){...スタイル設定...}
```
※メディアタイプは「all」や「print」などscreen以外の値を取ることもできますが、実際の用途を考慮するとほぼ「screen」となるのが一般的です。

**❷ link 要素に記述する場合**

```
<link rel="stylesheet" media="screen and (メディア特性)"
href="ファイル名.css>
```

**❸ @import に記述する場合**

```
@import url("ファイル名.css") screen and (メディア特性);
```

### ▶ 使用できる主なメディア特性

条件判別によく使うメディア特性には次のようなものがあります。

**表22-1** 主なメディア特性の概要

| 特性 | 条件 | 最大値／最小値 | 値 |
| --- | --- | --- | --- |
| width | 表示領域（ブラウザ画面）の幅 | max-／min- | 数値 |
| height | 表示領域（ブラウザ画面）の高さ | max-／min- | 数値 |
| orientation | 表示領域の向き。縦長（portrait）または横長（landscape） | なし | portrait／landscape |
| aspect-ratio | 表示領域の縦横比。「横／縦」（1/1など）という形で指定 | max-／min- | 縦横比 |
| device-pixel-ratio ※1 | 画面のピクセル密度（density）の値 | max-／min- | 1、1.5、2などの値 |
| resolution ※2 | 画面のピクセル密度の値 | max-／min- | dpi（1in※3あたりドット数）、dpcm（1cmあたりドット数）、dppx（1px単位のドット数） |

※1 device-pixel-ratioはW3C仕様には定義されていません。利用には-webkit-プレフィックスが必要です。
※2 W3C仕様に定義されているピクセル密度のメディア特性。Safari, iOS Safariがサポートしていないため、使用する場合は-webkit-device-pixel-ratioとの併記が推奨されています。
※3 単位の意味は表05-2を参照してください。

## メディアクエリの主な利用シーンと使い方

メディアクエリの機能が最も必要とされるのは、パソコンだけでなくスマートフォンやタブレットなど、様々な画面サイズを持つ多様なデバイスにそれぞれ適した形で画面を表示するような場面で、近年スマートフォン対応の手法の1つとして注目されている「レスポンシブ Web デザイン」がその代表となります。

### ▶ 表示領域のサイズによってスタイルを変える

代表的な例として、表示領域サイズによってスタイルを変更するメディアクエリを見てみましょう。

```
/*640px以下の環境*/                                  ※メディアクエリに必要な部分のみ抜粋
@media screen and (max-width:640px){                                        ❶
  body{background-color:red;}
}
/*641px以上980px以下の環境*/
@media screen and (min-width:641px) and (max-width:980px){                  ❷
  body{background-color:green;}
}
/*981px以上の環境*/
@media screen and (min-width:981px){                                        ❸
  body{background-color:yellow;}
}
```

❶「○○ px 以下」という場合のメディア特性には「max-width」を使います。
❷ 条件が複数ある場合は、andでメディア特性をつなげば全ての条件を満たしたときだけにスタイル指定できます。
❸「○○ px 以上」という場合のメディア特性には「min-width」を使います。

図 22-2 メディアクエリ例1

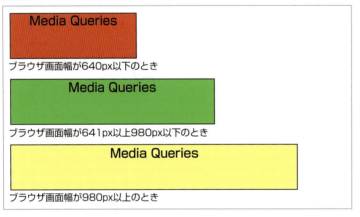

### ▶ デバイスの向きによってスタイルを変える

　もう1つの例として、スマートフォンなどの縦向き／横向きの概念があるデバイスで、画面を回転させた場合にスタイルを変更するメディアクエリを見てみましょう。

```
/*縦長表示のとき*/
@media screen and (orientation: portrait) {
  body{background-color: yellow; }
}
/*横長表示のとき*/
@media screen and (orientation: landscape) {
  body{background-color: green; }
}
```

**図22-3** メディアクエリ例2

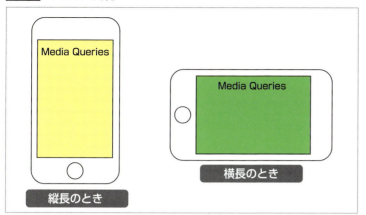

　表示領域の向きを表すメディア特性が「orientation」で、縦長が「portrait」・横長が「landscape」となります。縦向きと横向きで細かくレイアウトを調整したいような場面で活用できます。

> **Memo** orientation を使うのはおそらく主にスマートフォン・タブレットの場合だけかと思われますが、「表示領域が横長か縦長か」だけを見ているので、実際には PC ブラウザにも適用されます。

## 実習　メディアクエリでレイアウトを変更してみる

291

Chapter02で作成したページを、スマートフォンなどの画面幅の狭いデバイスでも閲覧しやすいようにメディアクエリを使ってレイアウト変更してみることにしましょう。

　Chapter02では固定幅（pxサイズ指定）で閲覧することを前提に作っていましたが、ここでは原則として可変幅（%サイズ指定）で閲覧することを前提にページを作りますので、Chapter02とは少しだけコードを変更してあります。以下にChapter02のLesson10で作成した固定幅前提の完成コードとの差分を掲載しておきますので、確認しておきましょう。

> **Memo** レスポンシブサイトを制作するためのテクニックはChapter09で詳しく解説しますので、そちらを参照してください。

● 可変幅対応にするための修正差分（css）

```css
/*画像の伸縮設定*/
img {
  max-width: 100%;   /*親要素が画像幅より小さくなったら自動で縮小する*/
  height: auto;   /*画像縦横比を正しく維持する（バグ対策）*/
}
/*コンテンツ枠の設定*/
#contents {
  box-sizing: border-box;   /*widthの幅計算対象をborder-boxに変更*/
  max-width: 960px;   /*最大960px（padding,border含む）までで自動伸縮する*/
  margin: 40px auto;
  padding: 4% 8%;   /*親要素の幅に合わせて指定比率で伸縮する*/
  border: 1px solid #f6bb9a;
  background-color: #fff;
}
/*猫写真の幅*/
#cats img {
  width: 60%;   /*2段組みの中で写真の占める幅を割合で指定*/
}
```

## 1 レイアウト変更が必要なポイントを探す

　まずはブラウザ幅を狭くしていき、レイアウトを変更しないと読みづらくなるポイントがどこにあるか探してみましょう。単純にブラウザの幅を狭くしてもそれが何pxなのか把握するのは難しいので、Chromeのデベロッパーツールを活用します。以下の図で手順に従って画面幅を変更してみてください。

メディアクエリ

図 22-4 画面幅変更の手順

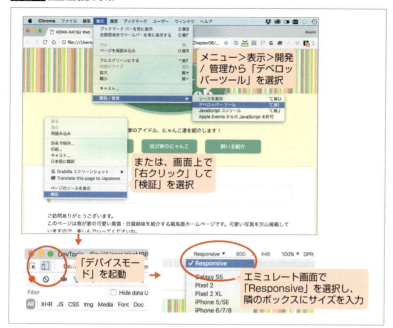

画面幅の数字を変更して幅を変えてみると、700pxでは特に問題なくても600pxだとメニューが崩れてしまうことが分かります。従って、レイアウトを切り替えるポイントは600〜700px幅のどこかにする必要があると分かります。

図 22-5 700px幅と600px幅の比較

もう少し細かくサイズを刻んでいくと、640pxでは特に問題なく表示できることが確認できると思いますので、今回はレイアウト切替のポイントは640pxとしたいと思います。

## 2 640px以下のレイアウトを指定するためのメディアクエリを書く

切替ポイントが決まりましたので、「640px以下」を指定するためのメディアクエリを記述します。メディアクエリの記述は他のCSSを正しく上書きできるよう、ベースとなるCSSより後ろに書くのが基本です。

今回はstyle.cssの末尾に記述するようにしておきましょう。

```
157    /*640px以下の場合のレイアウト調整用*/
158    @media screen and (max-width: 640px) {
159
160    }
```

## 3 メニューを縦並びに変更する

メニューを縦並びに変更するため、.menu liをdisplay: block;に変更します。これだけだと左詰めで幅も狭すぎるように感じるので、横幅は画面幅の60%に設定し、全体に中央に配置されるように調整しておきます。

```
157    /*640px以下の場合のレイアウト調整用*/
158    @media screen and (max-width: 640px) {
159        /*メニュー*/
160        .menu li {
161            display: block;
162            width: 60%;
163            margin: 0 auto 10px;
164        }
165    }
```

## 4 飼い主紹介を縦並びに変更する

飼い主紹介のアバター画像とプロフィールも縦並びに変更します。なおアバター画像のfloatを解除すると左寄せとなってしまってバランスが悪いので、一旦#profileのコンテンツ全体を中央揃えにしてから、h2とdl要素は左寄せに戻してレイアウトを調整しています。

> **Memo** 飼い主のアバター画像をdiv要素で囲んでおけばもっと簡単に画像だけ中央寄せにすることができるのですが、今回はChapter02のソースコードを前提に組んでいるため、少し回りくどいやり方になっています。

# メディアクエリ

```
157    /*640px以下の場合のレイアウト調整用*/
158 ▼  @media screen and (max-width: 640px) {
159      /*メニュー*/
160 ▶    .menu li {…}
165
166      /*飼い主紹介*/
167 ▼    #profile img.imgL {
168        float: none;
169      }
170 ▼    #profile {
171        text-align: center;
172      }
173      #profile h2,
174 ▼    #profile dl {
175        text-align: left;
176      }
177    }
```

## 5 スマートフォンでの表示を確認・調整する

　先程使った Chrome のデベロッパーツールで、今度はスマートフォンでの表示をエミュレーションしてみましょう。iPhone6/7/8（幅 375px）にするとタイトル部分が画面幅ギリギリすぎ、iPhone5/SE（320px）にするとコンテンツ幅から横にはみ出してしまっている状態です。

タイトル部分は幅300px固定の前提で作られているためこのような状態となっています。スマートフォンでもバランス良く収まるように調整する方法としては、

❶ 可変幅前提となるように％指定やvw指定に変更する
❷ 最も小さい画面幅でも問題ないサイズにサイズ指定を固定で小さくする

といった方法が考えられますが、今回はシンプルに❷の方法でもう一段階小さいサイズのタイトル指定を追加することにしましょう。

```
179  @media screen and (max-width: 400px) {
180    /*タイトル*/
181    h1 {
182      width: 200px;
183      font-size: 200%;
184    }
185  }
```

このように、メディアクエリを使うと可変幅前提で作られたWebページを、画面サイズに応じてレイアウト調整することが自由にできるようになります。

今回は「横幅」を条件としてレイアウト調整を行いましたが、メディアクエリが取り扱える条件（メディア特性）であれば同様に差分調整が可能ですので、必要があれば使うようにしましょう。

> **Memo**　メディアクエリで指定した狭い画面幅向けのスタイルをスマートフォンやタブレットでも正しく表示するためには、事前にHTML側に「viewport」というものの指定が必要です。詳細は次のChapter07で解説します。

**Point**
- メディアクエリを使うと、特定の条件下でだけ有効なスタイルを指定することができる
- 画面幅〜以下は「max-width」、〜以上は「min-width」という条件を使う
- メディアクエリはレスポンシブWebデザインの構築に必須の技術

# CHAPTER 07

## マルチデバイス対応の基礎知識

LESSON 23

24

スマートフォン・タブレットの普及により、パソコン以外のモバイル端末からWebサイトを閲覧する人の数が増えており、Webサイトのマルチデバイス対応に迫られる時代となってきています。本章では、スマートフォン・タブレット向けのWebサイトを制作する際にきちんと理解しておく必要のあるデバイスの特性や、制作上の注意点などの基礎知識を解説していきます。

CHAPTER 07　マルチデバイス対応の基礎知識

LESSON
23

# デバイスの特性を理解する

スマートフォンやタブレットというデバイスは、PCとはかなり異なる特性を持っています。Lesson23では、Webサイトのマルチデバイス対応をするにあたってまずデバイスの特性を理解し、サイトを制作する上で注意すべきポイントを解説します。

## 講義　スマートフォンとタブレット

### スマートフォン・タブレットの普及と対策の必要性

▶ 統計から見るスマートフォン・タブレットの普及率

　総務省が2018年7月27日に発表した「平成29年情報通信メディアの利用時間と情報行動に関する調査報告書」（図23-1）によると、スマートフォンの利用率は全年代合わせて80.4%となっています。年代別の内訳を見てみると、10代が85.6%、20代～40代はいずれも90%以上、50代でも74%となっており、もはや60代以上の高齢者以外はどの年代でも大半がスマートフォンを利用している状況であると言えます。

　また、同じく総務省が2018年5月25日に発表した2017年の通信利用動向調査によると、インターネットを使う際にスマートフォンを利用した人の割合が54.2%にのぼり、パソコンの48.7%を初めて上回ったという調査結果が出ています。いまや個人のインターネット接続の主流は完全にパソコンからスマートフォンに移っており、Webサイトを作る際にはまずスマートフォンで快適に閲覧できることを意識する必要があるということを理解しておく必要があるでしょう。

## デバイスの特性を理解する

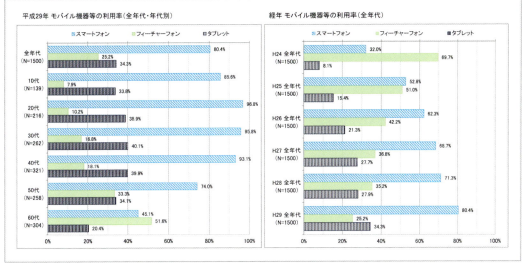

図 23-1 モバイル機器等の利用率

出典：総務省「平成29年情報通信メディアの利用時間と情報行動に関する調査報告書〈概要〉」
（http://www.soumu.go.jp/main_content/000564529.pdf）

### ▶ モバイルファーストインデックス

　モバイル利用者の増加を受け、Googleは2018年3月27日、Google Webマスター向け公式ブログにおいて「モバイルファーストインデックス」を正式に開始すると発表しました。モバイルファーストインデックスとは、これまで検索エンジンがパソコンサイトの内容をもとにコンテンツの質を評価してインデックスしていたものを、スマートフォンサイトの内容をもとにコンテンツの質を評価してインデックスするように方針転換したことを指しています。この方針転換によって、特にパソコンサイトよりもスマートフォンサイトの方が大幅に情報量が少ないようなWebサイトでは検索順位に大きな影響が出るようになっています。

　このように今日のWebサイト制作をとりまく状況は、ますますモバイル中心となってきています。従ってこれから新しくWebサイトを作るとなった場合、「モバイル対応しない」という選択肢はよほど特殊な条件が揃わない限り、基本的に存在しないと思った方が良いでしょう。これからのWeb制作者は、モバイルデバイスの特性を理解し、モバイルにやさしいWebサイトを作る必要があるのです。

> **Memo**
> **インデックス**
> インデックスとは、検索エンジンがページの内容を読み取り、データベースにそのページが整理・登録されている状態のことを指します。このインデックスの状態をもとに検索結果を一覧にして表示するので、検索エンジンにどのように評価されインデックスされているかによって、検索結果の順位が変動することになります。

## スマートフォン・タブレットのデバイス特性

具体的なマルチデバイス対応の方法を解説する前に、スマートフォンやタブレットといったデバイスがどのような特徴を持っているのか確認しておきましょう。

### ▶ タッチデバイス

最も大きな特徴は、タッチデバイスであるということでしょう。これはつまり、「指で直接画面を触って操作する」ということを意味しています。従ってマウスを使った細かい操作やキーボードからの高速入力ができるPCとは操作性そのものが大きく異なります。また、指で操作することに特化した「スワイプ」「フリック」「ピンチイン／ピンチアウト」といったPCにはない独自の操作インターフェースもあります。

### ▶ 限られたスペック

スマートフォンやタブレット端末は、近年高機能になってきたとはいえ、やはり全体としてみればPCより総じてスペックが劣る貧弱な端末であるということを忘れてはいけません。そのため、あまりにも処理に負荷がかかるようなコンテンツは避けなければなりません。

### ▶ Web閲覧環境の違い

Webサイトが閲覧される環境もPCとは大きく異なります。以下はPCとモバイル端末のWeb閲覧環境を比較した表ですが、PCでの閲覧環境よりも、モバイル端末を使ったWeb閲覧環境の方が制約が大きいということが分かります。

表 23-1 PCとモバイルのWeb閲覧環境の違い

|  | PC | モバイル |
| --- | --- | --- |
| 画面サイズ | 大きい | 小さい |
| 通信回線 | 速い・安定している | 遅い・不安定 |
| 閲覧場所 | 屋内 | 屋内・屋外 |
| 閲覧方法 | じっくり座って閲覧 | 移動中、ながら閲覧 |
| 閲覧時間 | 長い | 比較的短い |
| 文字入力の難易度 | 低い | 高い（長文入力に向かない） |

## スマートフォン・タブレット向けのインターフェース

### ▶ 指で操作することを意識する

モバイル端末向けのWebサイトを制作する際、特に注意すべきことは「指で操作する」という点です。指での操作はマウスと違ってタッチする領域が大きくなるため、細かい文字のテキストリンクが並ぶような、小さく隣接するリンク領域を作らないようにすることが重要です。

デバイスの特性を理解する

**図 23-2** 使いにくいリンク例

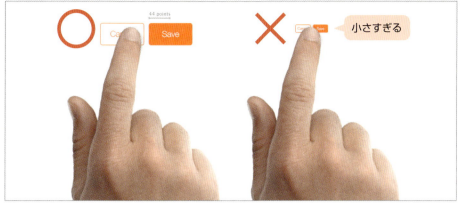

出典：UI Design Do's and Don'ts（https://developer.apple.com/design/tips/）

### ▶ ひと目で「押せる」ことが分かるデザイン

　もう1つ気を付けたいことが、スマートフォン・タブレットのようなタッチデバイスには「ロールオーバーの概念がない」ということです。PCであればマウスを乗せた段階（ロールオーバー）で何かしらの反応があるため、直感的に「ここはリンクだな」ということが分かりやすいのですが、タッチデバイスの場合は実際に押してみるまでリンクしているのかどうかは分かりません。従って、パッと見てひと目で「押せる」ことが分かるようなデザインを心がける必要があります。

**図 23-3** 押せると分かるデザイン例

### ▶ デザインの基本は「横幅可変」

　スマートフォン・タブレットには実に多種多様な機種が存在しています。特にAndroid端末ではアスペクト比の異なる様々な機種が発売されているため、縦向き（portfolio）・横向き（landscape）も含めると少しずつサイズの異なる画面サイズが無数に存在する状態となります。
　このような状況では、広い画面を持つことが多いPC向けサイトのように、平均的なモニタサイズに合わせてコンテンツ幅を固定サイズにすることは現実的ではありません。

　そこで、モバイル端末向けにWebサイトを制作する場合には、「横幅可変」を前提としたデザインで作るのが基本です。
　横幅可変とする場合、「リキッドレイアウト（配置される画像のサイズは固定でコンテナサイズのみ可変）」と「レスポンシブレイアウト（配置される画像サイズやカラム幅も同一比率を保ちながら可変）」の2パターンがありますが、どちらか一方でなければならない理由はありませんので、一画面に収まる情報量とデザインのバランスを見ながら適宜組み合わせてデザインすると良いでしょう。

301

図 23-4 Android 端末の画面サイズの多様化

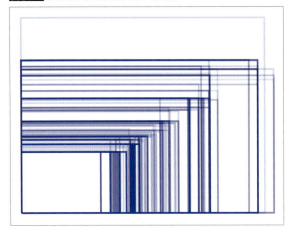

図 23-5 幅可変のデザイン

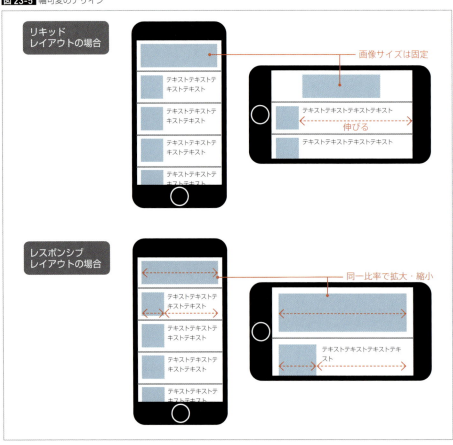

## ▶ モバイル向けデザインガイドライン

初めてモバイル向けのユーザインターフェース（UI）を設計するのであれば、Apple の「UI Design Do's and Don'ts」（https://developer.apple.com/design/tips/）が参考になります。英語サイトですが、簡潔な文言と分かりやすい写真で「モバイル UI デザインでやっていいこと、悪いこと」を厳選して 10 項目紹介してくれています。特に以下の 3 項目はモバイル向けの UI デザインを行う上での最低限の常識となっています。また、これ以外の項目もいずれも大事なことばかりですので、是非一度目を通しておくことをおすすめします。

- デバイスの画面サイズに合わせたレイアウト
- 最低 44 × 44px 以上のリンク領域
- 最低 11point 以上の文字サイズ

Memo **最少フォントサイズ**
日本語の場合は画数の多い漢字を使用しますので、最低サイズは 12px 以上、また特にメインの本文フォントは 14px 以上とした方が読みやすいとされています。

図 23-6 UI Design Do's and Don'ts 画面

## 画面サイズと viewport の関係

### ▶ viewport とは

viewport とは、モバイル端末においてデバイスのスクリーンを何ピクセル×何ピクセルとして扱うかを設定するもので、いわばモバイル端末の「仮想ウィンドウサイズ」とも言えるものになります。通常の PC 向け Web サイトをスマートフォン等で閲覧すると、多くの場合そのまま縮小されて全体が表示されると思いますが、これはデフォルトの viewport のサイズが多くの場合 980px となっているためです。

### ▶ viewportの設定と画面表示

viewportが980pxの状態でPCサイトを閲覧した場合、本来320〜360px程度しかないスクリーンの中に980px分の情報を縮小して詰め込む形となりますので、文字などは小さくなりすぎて拡大しないと読めません。また、拡大すれば当然画面内に情報が収まらなくなりますので、他の部分を見るには画面を縦横に移動させる必要もあります。これでは閲覧する際にストレスが溜まってしまいます。

そこで、モバイル向けのWebサイトを制作する際にはモバイルの画面サイズに最適化されたレイアウトにした上で、それをデバイス本来の画面サイズに合わせたviewportで表示する必要があります。

viewportの値を変更するには、meta要素を使います。HTMLのhead要素の中で以下のように記述すると、それぞれのデバイス本来のスクリーンサイズに合わせて自動的にviewportのサイズを調整してくれるようになります。

```
<meta name="viewport" content="width=device-width">
```

図 23-7 PCサイトをスマートフォンで閲覧した場合

**Memo viewportのwidth**
viewportのwidthの値には、content="width=640px"のように固定値を入れることもできます。その場合画面幅640pxだと想定してコンテンツは拡大縮小表示されます。しかし固定値で指定した場合、指定幅より大きなスクリーンを持つデバイスでは拡大されすぎて使いづらい状況になるなど、必ずどこかにしわ寄せが来ることになります。様々な画面サイズのデバイスに対応させるためには、今のところcontent="width=device-width"とするのがベストだと思われます。

図 23-8 viewportをdevice-widthに設定した場合

## デバイスピクセル比と画像表示の関係

### ▶ 画面サイズと解像度

　画面サイズと解像度の関係は、PCとモバイルでは少し様子が異なります。PCでは基本的に解像度が高くなれば画面サイズもそれに比例して大きくなりますが、モバイル端末の場合は解像度の大きさと画面サイズが比例しません。例えばiPhone3までとiPhone4/5/SEは物理的な端末の画面サイズは同じです。しかし、解像度を比較するとiPhone3までが320×480なのに対して、iPhone4/5/SEは640×960です。解像度が2倍になっているのに、画面サイズは変わりません。なぜでしょうか？

　それはスクリーンのピクセル密度が2倍になっているからです。ピクセル密度とは1インチあたりのピクセル数のことで、dpi（dot per inch）やppi（pixel per inch）と呼ばれています。ピクセル密度が高いほど、面積あたりの解像度が高くなります。ちなみにAppleではiPhone4以降で採用されたピクセル密度が通常の2倍以上あるディスプレイのことを「Retinaディスプレイ」と呼んでいます。Androidではこのような呼び名はありませんが、現在流通しているほとんどの端末はiPhone同様にピクセル密度の高いものとなっています。

図 23-9 Retina・非 Retina 比較

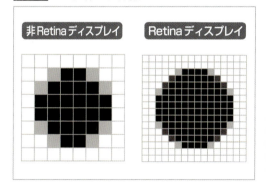

Caution: Retinaディスプレイとは Apple 製品における呼び名であり、Android 端末などその他のメーカーではそのようには呼びません。ただし、本書では便宜上 Android 端末も含めてピクセル密度の高い高精細なディスプレイのことを総じて「Retina ディスプレイ」と表現しています。ご了承ください。

### ▶ デバイスピクセル比とは

　端末の解像度・ピクセル密度が高くなると、同じサイズの画面の中により広い表示領域を確保できます。しかし単純に1px＝液晶の1dotとして表示させてしまうと困ったことが起きます。例えば320×320pxの要素を表示させた場合、横幅320pxの端末は画面幅いっぱいに表示されたのに、横幅640pxの端末では画面の半分にしか表示されないことになり、端末の解像度・ピクセル密度によって見え方がバラバラになってしまいます。このような事態を避けるために考えられたのが「デバイスピクセル比(device-pixel-ratio)」という概念です。

　まずWebデザインで扱うピクセルを「CSSピクセル（csspx）」、液晶上の物理的なdot＝ピクセルを「デバイスピクセル（dpx）」として区別して考えてください。Retinaディスプレイのようにピクセル密度が2倍となったスクリーンでは、1csspx＝2dpxとして表します。1つのCSSピクセルを何ピクセルのデバイスピクセルで表示するかの比率、これがデバイスピクセル比です。

　多くのPCモニタでは「CSSピクセル＝デバイスピクセル」なのでデバイスピクセル比のことを気にする必要はありませんが、モバイル端末ではデバイスピクセル比が1、1.5、2、3といった様々な種類の

デバイスが存在するため、マルチデバイス対応の Web サイトを制作するときにはこの点にも注意が必要となります。

> Memo
> 厳密に言うと「デバイスピクセル比：2」の端末では、1つのCSSピクセルを表示するのに縦 2dpx、横 2dpx 合計 4dpx 使用することになります。つまり縦に2倍、横に2倍、面積比4倍ということです。

**図 23-10** CSS ピクセルとデバイスピクセル

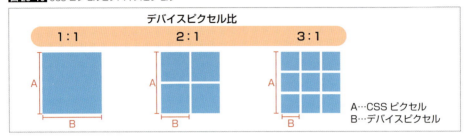

## Retina ディスプレイにおける画像表示の問題とその対策

　デバイスピクセル比が異なる複数のデバイス向けに Web サイトを制作する場合、ビットマップ画像の扱いで問題が生じる場合があります。前述した通り、デバイスピクセル比が2の端末では、1csspx = 2dpx として横2倍に拡大される形となります。その際、JPEG や PNG ようなビットマップ形式の画像データは、拡大されるとぼやけて画質が悪くなってしまうのです。これは、Photoshop などで 100 × 100px の画像を無理矢理 200 × 200px に解像度変更した場合に起こる現象と同じものですので、経験のある方も多いと思います。

　つまり PC サイトを作るときのように表示したい原寸サイズの画像を用意していたのでは、Retina ディスプレイなどでは画像がぼやけてしまい、画面のクオリティが下がってしまうのです。

**図 23-11** テキスト・画像の比較

デバイスの特性を理解する

### ▶ ベクター形式の採用

このようなビットマップ画像による画質の劣化が特に目立つのは、アイコン類や画像文字、イラストなどの色数が少なくエッジがシャープな画像です。このような画像の多くは「ベクター形式」のデータを採用することで解決できます。

ビットマップ画像が細かいドット（画素）の集合体でそのひとつひとつに色を塗ることで画像を表現しているのに対して、ベクター形式の画像はその形状を数式で表現します。数式で表現された画像は、どれだけ拡大してもエッジが粗くなることがなく、常にシャープな状態で美しく見せることが可能となります。具体的には、

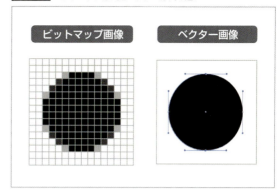

図 23-12 ビットマップ形式とベクター形式の違い

- 文字類は極力「テキスト（デバイスフォント / Web フォント）」を使う。
- 単色のアイコン・イラストは「アイコンフォント」を活用する
- サイトロゴ等の多色イラストは「SVG」を活用する
- 単純な図形は CSS で描画する

といった対策を取ることで、Retina ディスプレイにおける画質劣化の問題の大半は解決することができます。また、デザインをする段階からこのようなことを意識して、できるだけベクター形式の素材で表現できるようにデザインしておくことも重要です。

### ▶ ビットマップ画像の Retina ディスプレイ対策

エッジがシャープな文字・アイコン・イラストについては上記のようにベクター形式のデータを採用することで解決できますが、写真やボケ足の付いた透過画像などについては JPEG や PNG といったビットマップ画像を使うしかありません。ビットマップ画像を Retina ディスプレイでも美しく表示するためには、基本的には「2 倍サイズの画像を 1/2 に縮小して表示」といった手法を取る必要があります。具体的には次ページの図 23-13 のような方法です。

図 23-13 Retina ディスプレイ対策

```
●表示したいサイズ… 100×100px    ●用意する画像……… 200×200px
❶ img 画像の場合
  <img src="img/sample.png" width="100" height="100" alt="">
❷ 背景画像の場合
  .selector{ /*コンテナサイズ可変の場合*/
      background: url(img/sample.png) no-repeat;
      background-size: 100px 100px;
  }
  .selector{ /*コンテナサイズ固定の場合*/
      width: 100px;
      height: 100px;
      background: url(img/sample.png) no-repeat;
      background-size: contain;
  }
```

> **Memo** デバイスピクセル比:3 に対応させるのであれば 3 倍サイズの画像を用意し、1/3 に縮小して表示することになりますが、一般的にはそこまで対応することは少ないと思われます。

しかし、単純に何でも 2 倍サイズの画像を用意すればいいかというと、そう単純な話ではありません。なぜなら、ビットマップ画像はサイズが大きくなればなるほどデータサイズが大きくなるため、むやみに大きな画像を沢山使用すると Web サイトの表示が極端に遅くなってしまう恐れがあるからです。

画像が重いことで表示が遅くなってしまうと、例えば 3G 回線で接続しているモバイルユーザは閲覧することを諦めてしまうでしょうし、また他の同種の Web サイトと比較して極端に表示が遅いサイトは検索エンジンからの評価が低くなってしまう恐れもあります。従って、Web 制作者は画質のクオリティと表示速度のバランスをうまく取って、無駄に大きな画像を表示しなくても良いように配慮することが求められるのです。

### ▶ レスポンシブ・イメージの採用

ビットマップ画像のマルチデバイス対応を考える場合には、画面サイズや解像度などの条件に合わせて複数サイズの画像を用意しておき、それぞれの環境に合わせて使用する画像を使い分ける必要が出てきます。このとき、「レスポンシブ・イメージ」と呼ばれる新しい技術を使うと、対応しているブラウザ環境においてはブラウザ側が自動的に自らの環境に適したものだけを選択的に読み込んで表示してくれるため、サーバからのデータ転送量を抑えることができるようになります。

レスポンシブ・イメージを実現するための技術は次の 3 つがあります。

## ❶ srcset 属性

img 画像として表示させる画像ソースを複数用意しておき、ブラウザが環境に合わせて自動的に適切なサイズの画像を選択してくれる新しい属性です。画面サイズ、画面解像度、またはそれらの組合せ条件に応じて表示する画像ソースを切り替えることができます。画像ソースには基本的に同じ画像のサイズ違いを用意します。

```html
<!--  画面幅によって使い分け  -->
<img src="img/small.jpg" srcset="img/small.jpg 400w, img/medium.jpg 800w, img/large.jpg 1200w" alt="cat">

<!--  解像度によって使い分け  -->
<img src="img/sample.jpg" srcset="img/sample@2x.jpg 2x, img/sample@3x.jpg 3x" alt="cat">
```

## ❷ picture 要素

picture 要素の子要素として source 要素・img 要素を用意し、画面サイズ、画面解像度などの条件に応じて表示する画像を出し分けるための新しい要素です。source 要素には環境ごとの異なる画像を、img 要素にはデフォルト表示用の画像を記述します。

```html
<picture>
  <source
    media="(min-width: 640px)"
    srcset="img/large.jpg, img/large@2x.jpg 2x>
  <source
    media="(min-width: 480px)"
    srcset="img/medium.jpg, img/medium@2x.jpg 2x">
  <img
    src="img/small.jpg"
    srcset="img/small@2x.jpg 2x"
    alt="cat">
</picture>
```

## ❸ image-set()

image-set() は解像度の異なる複数の背景画像を出し分けるための background-image の新しい値です。

```css
#selector{
background-image: image-set(url(img/bg.jpg) 1x, url(bg@2x.jpg) 2x, url(bg@3x.jpg) 3x);
}
```

表 23-2 レスポンシブ・イメージの種類と用途

| レスポンシブ・イメージの種類 | 用途 |
| --- | --- |
| srcset 属性 | 内容・アスペクト比が同じで解像度（サイズ）のみ異なる画像の出し分けに使用する。 |
| picture 要素 | 内容・アスペクト比・解像度の異なる画像を環境に応じて出し分ける場合に使用する。 |
| image-set() | 解像度の異なる背景画像の出し分けに使用する。 |

　上記3つのいずれも IE11、Android4.x 以下はサポートしていないなど、全ての環境で利用可能な状態ではありませんが、非サポート環境では無視されるだけなので適切にフォールバックの指定がされていれば表示上大きな問題は生じません。「Can I use…（https://caniuse.com/）」で詳しいサポート状況を確認した上で、状況が許すなら積極的に活用していくことをおすすめします。

### ▶ 簡易的な対応方法

　レスポンシブ・イメージやその他の方法によって画面サイズや解像度ごとに異なる画像を出し分けるようなきめ細かな対応ができない場合、以下のようにすることで可能な範囲でデータ転送量を抑えることができます。あくまで簡易的な方法ではありますが、管理運用の手間も削減できるので一考の余地はあるかと思います。

#### ❶ スマートフォン専用サイトの場合

　スマートフォン専用サイトの場合は、現状ほとんどの端末のデバイスピクセル比は2以上です。そこで単純に全てのビットマップ画像を2倍サイズのみとすることで、等倍／2倍を差し替えるよりも結果的にデータ転送量を減らすことができます。

#### ❷ レスポンシブサイトの場合

　レスポンシブサイトの場合は PC またはスマートフォン（以下「SP」とします）のレイアウトを通じて最も大きく表示されるサイズの等倍画像を1種類だけ用意しておくようにします。PC 表示・SP 表示のどちらが大きく表示されるかはデザイン次第なので一概には言えませんが、レスポンシブサイトは画面幅が変わる＝画像は縮小される前提ですので、「最も大きく表示された場合の等倍サイズ」で画像を用意しておけば、画質をほぼ担保することが可能です。

---

#### Column 画像データサイズの最適化

　マルチデバイス対応の Web サイトを制作するとき、特に遅いモバイル回線でもストレスなく表示されるように Web サイトの表示パフォーマンスをできるだけ向上させる必要があります。パフォーマンス向上の手法はいろいろありますが、中でも大きなウエイトを占めているのが「画像のデータサイズを小さくする」という点です。一定のクオリティを保ちながら可能な限りデータサイズを小さくするには、次のポイントを押さえるようにしておきましょう。

## ❶ 画像の内容に適した画像形式を選択する

まずは画像の内容に合わせて適切な画像形式を選択することが大前提です。以下の表にあるように、用途に合わせた画像形式を選択するようにしましょう。

**表 23-3** 画像の特徴と最適な画像形式

| 画像の特徴 | 最適な画像形式 | データサイズ |
| --- | --- | --- |
| 写真やグラデーションなどの階調表現を多用した画像 | JPEG | 中 |
| 色数が少ない画像、ベタ塗り箇所の多い画像 | PNG-8 | 小 |
| フルカラー画像、ボケ足の付いた透過画像 | PNG-32 | 大 |

## ❷ できるだけ圧縮する

それぞれの画像の特徴に合わせた適切な画像形式を選択した上で、保存する際には適切に圧縮をかけるようにしましょう。

**表 23-4** 画像形式と圧縮上の注意点

| 画像形式 | 圧縮のポイント | 注意点 |
| --- | --- | --- |
| JPEG | 画質0～100の間で納得できるクオリティを保てる限界まで画質を下げる。平均60～80程度 | 画質を下げれば圧縮率は飛躍的に高まるが、やりすぎるとクオリティが著しく下がる。また一度圧縮をかけると元に戻らないので、JPEG画像をさらにJPEG圧縮しないように注意する |
| PNG-8 | 色数256色までのインデックスカラーなので、実際に使用している色数まで減らす | 実際に使っている色まで減らされてしまわないように残したい色にはロックをかけるようにする |
| PNG-32 | 角版の大きな画像はJPEGで代用する。ボケ足の付いた透過処理はPNG-8でも可能なので、色数が少なければPNG-8にする | PNG-32はフルカラー表示でファイルサイズが大きいので極力使用しないことを推奨 |

## ❸ 画像最適化ツールを使って不要なメタデータを削除する

Photoshop等から書き出されただけの画像データには、表示には関係のないメタデータ等が含まれています。下記のような専用の画像最適化ツールを使えば、クオリティを下げることなくデータサイズを最適化することも可能です。

▶ ImageOptim
URL https://imageoptim.softonic.jp/mac　※ Mac 用

▶ ImageAlpha
URL http://pngmini.com/　※ Mac 用

▶ Voralent Antelope
URL https://www.vector.co.jp/soft/winnt/art/se506994.html　※ Windows 用

**Point**
- PC環境とモバイル環境の違いを理解して、モバイルにやさしい設計を心がけよう
- モバイル対応のサイト制作ではviewportとデバイスピクセル比の理解が必須
- Retinaディスプレイにおける画像の劣化問題への対処方法を理解しよう

# CHAPTER 07 マルチデバイス対応の基礎知識

## LESSON 24 モバイル対応 Web サイト制作の基礎知識

Lesson24 では、モバイル対応 Web サイト制作の基本方針およびレスポンシブ Web デザインとモバイル専用サイトという、2 つのモバイル対応方法のそれぞれのメリット・デメリットおよび注意点を解説します。

### 講義　モバイル対応の手法とそのメリット・デメリット

#### モバイル対応の 2 つの方法

　いざモバイル対応サイトを制作するとなった場合、大きく分けると 2 つの方法が考えられます。1 つは PC サイトとは別に「モバイル専用サイト」を構築する方法、もう 1 つは PC サイトと同じ HTML を使用して「レスポンシブ Web デザイン」で構築する方法です。いずれの方法でもモバイル対応サイトを構築することは可能ですが、それぞれメリット・デメリットがありますので、自分が制作する Web サイトのユーザにとって、どちらがより望ましいのかよく検討した上で判断する必要があります。

#### ▶ モバイル専用サイトのメリット

　モバイル専用サイトを構築する最も大きなメリットは、モバイルユーザならではのニーズや行動特性に合わせた最適なコンテンツ構成を提供することが容易な点です。

- この後すぐ行ける近くのレストランを検索して、予約を入れる
- これから行く目的地の場所を地図で調べる
- 急ぎで交通機関の指定席を購入する

などのようにユーザの要望がはっきりしている場合、それに最適化されたサイト設計・デザインを自由に行うことができます。またランディングページ等ビジュアル的なインパクトが重視されるようなサイトにおいても凝った画面デザインがしやすくなります。このように設計・デザインの自由度が高いのも専用サイトのメリットとなります。

### ▶ モバイル専用サイトのデメリット

　モバイル専用サイトのデメリットは、制作・運用・メンテナンスが二度手間となり、コストも高くなりがちという点が挙げられます。特に CMS などのコンテンツ管理システムを導入していない静的なサイトの場合、運用時の手間はミスにもつながりやすいので注意が必要です。また、PC サイトもモバイルサイトもほとんど同じような内容だった場合は特に、「手間がかかる」というデメリットばかりが際立つことになりますし、モバイルファーストインデックスが開始された今日では、モバイル専用サイト自体のコンテンツ内容を充実させておかないと評価が下がる恐れもありますので、その点でも構築・運用の負荷が高くなる傾向にあります。

### ▶ レスポンシブ Web デザインのメリット

　レスポンシブ Web デザインでサイトを構築する最も大きなメリットは、PC・モバイル問わず全てのユーザに対して同一のコンテンツ・情報を発信しやすいことです。情報発信が主目的の Web サイトの場合は、基本的に PC ユーザとモバイルユーザのサイト閲覧目的に大きな違いはありません。であれば同じ HTML を使って同一内容を掲載しておき、CSS で画面サイズに応じたレイアウトや UI 設計のみを柔軟に調整するレスポンシブ Web デザインは、情報発信系の Web サイトにとっても最も手早くスマートにマルチデバイス対応できる制作手法として推奨できる方法であると言えます。

### ▶ レスポンシブ Web デザインのデメリット

　レスポンシブ Web デザインの主なデメリットは、PC・モバイルで同じ HTML を使用することによる技術的な制約がありうるという点です。モバイル専用サイトと違い、基本的に同じ HTML 構造を用いて CSS でデザイン・レイアウト変更を行いますので、作りたいデザイン・レイアウトによっては実現が技術的に不可能ということもありえます。また、レスポンシブでありながら PC とモバイルでコンテンツそのものを大きく変えるような構成にしてしまうと、二重メンテによるミスやデータサイズの増大といったデメリットが目立ってしまいます。

　このように、専用サイトを構築することとレスポンシブ Web デザインで構築することのメリット・デメリットは裏表の関係のような形となっています。まずは自らの Web サイトがどちらの手法に向いているか（どちらの手法がよりユーザに高い価値を提供できるか）を判断し、その上で可能な限りデメリットを軽減するための対策を講じるようにすると良いでしょう。

表24-1 モバイル専用／レスポンシブサイトの比較

|  | モバイル専用サイト | レスポンシブサイト |
| --- | --- | --- |
| コンテンツ配信の特性 | PCユーザとは異なるモバイルユーザ独自のニーズ・行動特性に最適化したコンテンツの配信 | PC／モバイルユーザの区別なく同一のコンテンツを配信 |
| 情報設計・デザインの自由度 | 高い | やや低い |
| 新規作成時の技術的難易度 | 低い | 高い |
| 運用時の手間 | 高い | 低い |
| URL正規化の必要性 | 有 | 無 |
| コストと納期 | まるまる2サイト分作るため、高額・長納期になりがち | レスポンシブ向きにうまく作れば低コスト・短納期も可能（※ただし設計次第では逆に専用サイトより高く、納期も長くなる恐れがある） |

## モバイル対応サイトコーディングのための準備

　PCサイトもモバイルサイトも制作の流れは基本的に変わりませんが、モバイル対応サイトを制作する際にはいくつかPCサイト時にはなかった準備やお約束の記述などが必要となってきます。

### ▶ デザインカンプ

　モバイルサイトのデザインカンプを作成する際には、Retinaディスプレイ用の素材を作る意味でも原寸の2倍サイズでカンプを作ることになります。以前は320csspx基準×2倍=640pxで作るのが普通でしたが、iPhone6の登場で375csspx基準×2倍=750pxで作る方が良いという流れも出てきています。どちらでカンプを作っても良いですが、いずれの場合も「全てのサイズを2の倍数で作成すること」と、「320px〜640px程度の幅で横幅可変になること」の2点に注意してデザインするようにしてください。

### ▶ viewport

　既に説明した通り、モバイル向けサイトの場合には必ずviewportの設定が必要となります。基本的には

```
<meta name="viewport" content="width=device-width">
```

もしくは

```
<meta name="viewport" content="width=device-width, initial-scale=1">
```

としておけば良いかと思います。

　この状態にした場合、ユーザはピンチイン・ピンチアウトによる拡大・縮小が許可されます。「initial-scale=1」は初期状態での拡縮比率を等倍とするための指定ですが、基本的には記述しなくても初期状態は等倍となるのが普通ですので、今は念のための記述という意味合いが強くなっています。

　なお、何らかの事情でユーザによるピンチイン・ピンチアウトを許可したくない場合には以下のようにviewportを記述することもあります。

Memo: iOS5以前のiPhoneでは横向き（landscape）にしたときに画面全体が約1.5倍に拡大表示となるため、これを避けるために「initial-scale=1」を記述していました。この回転時の拡大仕様はiOS6から改善されたため、今では特に記述しなくても問題ありません。

```
<meta name="viewport" content="width=device-width, initial-scale=1, minimum-scale=1,
maximum-scale=1, user-scalable=no">
```

古い iOS や Android のブラウザは、ピンチイン／アウトができる状態だと position:fixed; が機能しないなど、レイアウト崩れの原因になることが多かったため、比較的古いスマートフォン専用サイトなどでこの記述が多く見られました。しかし制作の都合でユーザ操作の自由を制限することは好ましくないため、よほど致命的な問題が発生するのでもなければ拡大縮小の禁止はしないことをおすすめします。

### ▶ 回転時の文字サイズ自動調節機能

　iPhone や Android のブラウザには縦向きと横向きで文字サイズを自動調整する機能があり、横向きにした際に文字が拡大されるようになっています。文字が大きくなることによって 1 行あたりの文字数が少なくなり読みやすくなるため、このような機能が搭載されているものと思われます。しかし 1 画面に入る情報量が減ってしまうことや、画像と文字の間でデザインバランスが崩れてしまうこと等から、一般的にこの機能はオフにするのが慣例です。

　文字サイズ自動調節機能をオフにするには、CSS で以下のように指定します。

```
html {
-webkit-text-size-adjust: 100%;
}
```

### ▶ 電話番号自動認識機能

　iPhone にはテキスト中に電話番号があると自動的にリンクを作成し、タップで電話できるようにする機能があります。しかし電話番号と FAX 番号は区別できませんし、電話番号ではない数字であっても配列が似ていると誤認識してリンクを作ってしまうため、通常この機能は meta タグでオフにしておきます。

```
<meta name="format-detection" content="telephone=no">
```

### ▶ URL 正規化

　PC サイトとは別にモバイル専用サイトを制作する場合には、URL の正規化を行う必要があります。URL 正規化とは、異なる URL を持つ Web ページの内容が同一もしくはほぼ同じ内容だった場合に、検索エンジンから「重複コンテンツ」とみなされて SEO 上不利な扱いを受けてしまうことがないよう、オリジナルの URL を指定しておくことを指します。

　PC サイトとモバイルサイトを別々に作っており、URL も異なるような場合には、次のような処理をして PC 用とモバイル用のページを 1 対 1 で参照できるようにしておく必要があります。例えば

- PC 用 URL 　………… http://www.example.com/
- モバイル用 URL 　…… http://www.example.com/sp/

だった場合には以下のようにそれぞれのページに対して URL 正規化の記述を入れておくようにします。

❶ rel="alternate" でスマートフォン用ページの存在を明示する

まず、「PC 用サイト」の HTML に rel="alternate" という属性を使用してスマートフォン用のページが別に存在することを検索エンジンに対して伝えます。

```
<link rel="alternate" media="only screen and(max-width:640px)" href="http://
www.example.com/sp/">
```

❷ rel="canonical" で PC サイトの URL と紐付ける

次に「モバイル用サイト」の HTML に rel="canonical" でそのページに対応する PC 用 URL を紐付けし、URL を正規化します。

```
<link rel="canonical" href="http://www.example.com/">
```

この正規化の処理は、PC 用ページとモバイル用ページを 1 対 1 で紐付けし、正しくクロール、インデックスしてもらうためのものですので、1 ページずつ全てのページを正確に紐付けする必要があります。ただし、PC ／モバイルどちらか一方にしか存在しないページの場合は無理に正規化する必要はありません。また、これは「モバイル専用サイト」で「PC サイトと表示される URL が異なる」場合に行うものになりますので、レスポンシブ Web デザインで構築している場合や、.htaccess などサーバ側の設定で URL を統一している場合にも記述する必要はありません。

Memo：レスポンシブの Web サイトで「rel="canonical"」だけ設定することがありますが、これは同じページに対する URL 表示のバリエーション（パラメーターや index.html 表記の有無など）を 1 つに統一することで SEO 効果を高めるためのものであり、モバイル対応とは目的が異なります。

▶ ホームアイコンの設定

PC サイトの favicon のように、モバイル端末では Web サイトへのショートカットを「ホームアイコン」としてデバイスのホーム画面に登録できます。

特別な指定をしなければ Web サイトの画面キャプチャがホームアイコンとして自動的に使われるため、それで良ければ特に何もする必要はありませんが、専用画像を用意した方が見栄えが良くなるため、できれば対応することをおすすめします。

図 24-1 ホームアイコンの有無

### ▶ ホームアイコンに必要な画像

　ホームアイコン用に用意する画像は PNG 形式の正方形の画像で、厳密には端末によって適合サイズが異なります（表 24-2 参照）。しかし適合サイズがなくても端末側が存在するホームアイコンの中から適宜選んで表示してくれるので、手間を省きたければ一番大きなサイズだけ用意しておくのでも構いません。

**表 24-2** iOS 端末のホームアイコン必要サイズ

| 端末（デバイスピクセル比） | サイズ（px） |
| --- | --- |
| iPhone6 Plus（@3x） | 180×180 |
| iPhone5 / 6（@2x） | 120×120 |
| iPhone4（@2x） | 120×120 |
| iPad / iPad mini（@2x） | 152×152 |
| iPad 2 / iPad mini（@1x） | 76×76 |

### ▶ ホームアイコン設定用の記述

　iOS デバイスは、「apple-touch-icon.png」という名前の PNG 画像をサーバのルートディレクトリに入れておけば自動認識してホームアイコンとして使用してくれます。しかし Android では HTML に <link rel="apple-touch-icon"～> の記述をしないと読んでくれません。また Android Chrome ではこの記述が将来的にサポートされなくなる可能性があるということですので、Google 推奨の <link rel="icon"～> という記述をしておく方が無難です。

```html
<!-- iOS Safari・Android標準ブラウザ -->
<link rel="apple-touch-icon" href="apple-touch-icon.png">
<!-- Android Chrome -->
<link rel="icon" sizes="192x192" href="apple-touch-icon.png">
```

　なお、PC 用の favicon とモバイル用のホームアイコンを 1 つの元画像から一式作成し、さらに HTML への設置記述まで一発で作成してくれる便利な Web サービスもありますので、こういったツールを活用するのも良いでしょう。

### ▶「favicon generator」　URL http://favicon.il.ly/

## 確認環境の用意

モバイル対応サイト制作の場合、制作の途中段階で何か修正するたびにいちいち FTP でサーバにアップロードして、複数の実機で URL を打ち込んで再読み込みして……とやっていたのでは手間がかかって仕方がありません。最終的な動作確認は実機でする必要がありますが、ある程度形になるまでの間の表示確認はコーディング作業をしている PC 環境で手軽に済ませてしまうのも 1 つの方法です。

### ▶ Chrome デベロッパーツール

iOS や Android のブラウザは Webkit であり、中身は Safari や Chrome に近いものになります。従って -webkit- プレフィックスの有無など、事前にある程度モバイルブラウザ側の癖に注意しながらコーディングしておけば、途中段階の表示確認についてはデスクトップ用の Safari や Chrome のブラウザ幅を狭くしたりしながらの確認でもさほど問題ありません。

ただ、Safari や Chrome は 400px より幅を狭くすることはできないため、より実機の表示領域に近い状態で確認ができるよう、Chrome デベロッパーツールのデバイスモード機能を活用することをおすすめします。

デベロッパーツールのデバイスモードの使い方は、Chapter06 の Lesson22 で既に紹介していますのでそちらを参考にしてください。

## モバイルフレンドリーテスト

Google は Web サイトがモバイルに最適化されているかどうかを判断するためのツール「モバイルフレンドリーテスト」（https://search.google.com/test/mobile-friendly）を提供しています。

専用サイトにしろレスポンシブサイトにしろ、その Web サイトがモバイルにやさしい作りになっているのかどうか、客観的に判断してくれますので、チェックした上で問題を指摘されたら修正するようにしましょう。

図 24-2 モバイルフレンドリーテスト

## モバイルフレンドリーテストに合格するための 5 つの最低条件

モバイルフレンドリーテストに合格するためには、次の 5 つの最低条件があります。ひとつひとつは難しいものではありませんので、これらを満たすように制作することを心がけましょう。

**❶ タップ要素同士が近くなりすぎないようにする**

Apple のガイドラインではタップ（リンク）領域は最低 44 × 44px を推奨していますが、Google のガイドラインでは 48 × 48px 以上を推奨しています。またひとつひとつのタップ領域が 48 × 48px 以上あったとしても、それらがぴったりくっつくような状態で配置されている場合、誤って隣を触ってしまうことがあるので、十分な余白を取るように心がけてください。

**❷ 拡大しなければ読めないような小さな文字にしない**

使用するフォントサイズはユーザが拡大しなくても読める十分なサイズを確保するようにしましょう。12〜16px 程度あれば問題ありません。

**❸ モバイル用の viewport を設定する**

様々な画面幅のデバイスで問題なくコンテンツが表示されるよう、HTML には viewport を設定してください。基本的に width は固定値より "device-width" の方が推奨されます（固定値が絶対にダメというわけではありませんが、固定値にしたことによってモバイル環境の表示に悪影響が出る場合には修正項目として指摘される可能性があります）。

**❹ コンテンツが viewport からはみ出さないようにする**

viewport の値が「width=device-width」となっていても、HTML 要素や画像に固定値が設定されているとコンテンツが viewport からはみ出してしまう場合があります。HTML 要素の width は基本的に auto か % 指定、画像には max-width: 100%; を設定するようにしておきましょう。

なお固定幅のネット広告は基本的にユーザ側で幅を可変にすることはできないため、可変幅の広告に切り替えるか、PC とモバイルでコンテンツの出し分けをする等の対策が必要となります。

**❺ Flash を使用しない**

ほとんどのモバイルブラウザは Flash に対応していませんので、Flash コンテンツは使わず HTML5 + CSS3 + JavaScript で対応するようにしましょう。

- モバイル専用サイトとレスポンシブサイトそれぞれのメリット・デメリットを理解しよう
- モバイルサイト制作で必要なお約束の記述をテンプレートに記述しよう
- モバイルフレンドリーテスト対策の 5 項目を理解しよう

# CHAPTER 08

## レスポンシブサイトの設計と下準備

LESSON 25

26

ここから先のChapter08・09では、これまでに学習したHTMLとCSSの基本的な知識やモバイル対応サイトを制作する際の基礎知識をベースにして、本格的なレスポンシブサイトを制作する方法を学んでいきます。これまでよりもかなり実践的な内容となりますので、焦らずゆっくり取り組んでください。

なお本格的なWebサイトを作るには事前の設計と準備が重要となりますので、Chapter08ではまず、実際に手を動かす前に取り組むべき「サイト設計・コーディング設計」について詳しく解説していきます。

CHAPTER 08 レスポンシブサイトの設計と下準備

# LESSON 25 レスポンシブサイトの画面設計

Lesson25 では、レスポンシブ Web デザインのサイトを構築する上でとても重要となる画面設計のポイントと注意点について解説していきます。なお、Lesson25 は分業制で制作する場合は主に Web ディレクターが担当する工程となります。コーディングに直接関係するところだけ早くやりたい場合は、この Lesson は後回しにして次の Lesson26 に進んでも構いません。

## 講義 レスポンシブ Web デザイン設計のポイント

### 本格的な Web サイト制作のワークフローと各工程で行うこと

レスポンシブ Web デザインで作る Web サイトの設計ポイントを解説する前に、まずは本格的な Web 制作の現場における一般的なワークフローと、その各工程で行うことを確認しておきたいと思います。

**図 25-1** 一般的な制作ワークフロー

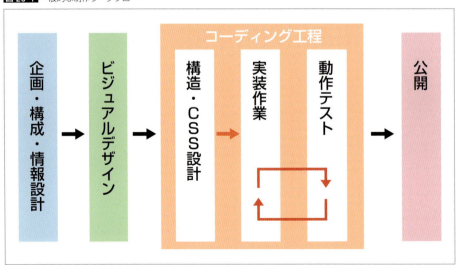

図 25-1 は以前からある、ごく一般的な Web サイト構築における制作ワークフローです。

この場合まず上流工程で Web サイトのコンテンツを企画し、掲載する情報を整理し、ユーザの目的を叶えるための動線や操作性を考慮しながら画面構成（ワイヤーフレーム）を検討します。

次に、検討した Web サイト全体の設計図であるワイヤーフレームをもとに、デザイナーがビジュアルデザインをほどこしてブランドイメージや使い勝手をブラッシュアップし、最後にそこから本番用の HTML/CSS/JavaScript でコーディングを行い、実際にブラウザで動くように機能実装していきます。

PC 専用、あるいは PC/ モバイルサイトを別々に構築する場合には、自由に画面構成を考えてもらっても多くの場合は特に問題が生じることはありません。しかしレスポンシブサイトの場合、Lesson24 でも解説した通り「原則として同じ HTML 構造を使用する」という大原則があります。そのため最初の画面構成（ワイヤーフレーム）の段階で無理があると、最悪の場合、情報設計工程までさかのぼってやり直しをしないと物理的に構築できない、あるいは無理に構築したとしてもメンテナンス性の悪い、レスポンシブのメリットを活かせないサイトが出来上がってしまう危険性があります。

## コンテンツファーストでの設計

無理なく、レスポンシブのメリットを活かした Web サイトを構築するために押さえておきたい最初のポイントは、「全てのデバイス向けに原則として同じ情報を一律に配信するのに向いているサイト」を企画することにあります。その上で、

❶ 画面に必要なコンテンツ部品（コンポーネント）の洗い出しをする
❷ 情報の重要度を考慮してコンポーネントを縦一列に並べる
❸ コンポーネント同士を必要に応じてグルーピングして最後にレイアウトに展開する

といった手順で画面構成を検討することをおすすめします。

レイアウトの枠を決めてから中にコンテンツをはめ込むのではなく、まずコンテンツを先に洗い出しておき、レイアウトは最後に展開することから、この手法は「コンテンツファースト」と呼ばれます。

図 25-2 コンテンツファーストによる画面設計

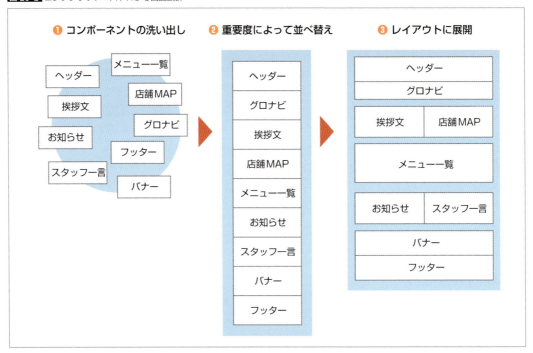

　レスポンシブサイトの制作においては、手順❷で検討したコンテンツの並び順が基本的にマークアップの記述順となり、同時にスマートフォンでの表示順にもなります。また、❸のレイアウト展開時には原則として❷で決定したコンポーネント順序をCSSで並べ替えて作れる範囲のレイアウトにしておくことで、実装上無理のない画面構成が自然と作られます。このように、コンテンツファーストで考えることは、それ自体がレスポンシブサイトの構成と非常に相性が良いと言えるのです。

▶ ブレイクポイントの決定とレイアウトパターンの検討

　❸でレイアウトに展開する際に検討しなければならないのが「ブレイクポイント」です。レスポンシブWebデザインでは、ある一定の画面サイズを基準としてCSSでレイアウトを切り替えるように作ります。このレイアウトが切り替わる画面サイズの基準点をブレイクポイントと呼んでいます。

　ブレイクポイントを設定するサイズをいくつにするのか、いくつブレイクポイントを用意するのか、といったことはレイアウトパターンの数とも連動することになるため、やみくもに増やすことはあまりおすすめできません。

- スマートフォン向けとPC向けの2つのレイアウトパターンを用意してその境目にブレイクポイントを1つ設定
- スマートフォン向け・小型タブレット向け・PC向けの3つのレイアウトパターンを用意してその境目にブレイクポイントを2つ設定

のどちらかをベースとして、後はコンポーネント単位で必要があれば微調整する形が良いと思われます。

# レスポンシブサイトの画面設計

Memo　スマートフォン向け／PC向けといった根本的にレイアウトフォーマットを切り替えるようなブレイクポイントのことを「メジャーブレイクポイント」と呼びます。これに対して部分的にレイアウトを調整するために設定するブレイクポイントを「マイナーブレイクポイント」と呼びます。実際の案件ではメジャーブレイクポイントとマイナーブレイクポイントを組み合わせてレイアウトを調整していきます。

図 25-3 ブレイクポイントとレイアウトパターンの例

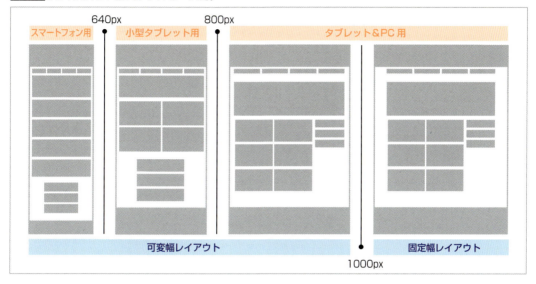

▶ ブレイクポイントの決め方

　ブレイクポイントを設定する具体的な数値（画面サイズ）や数に業界全体で統一されたものなどは特にありません。デバイスの種類が少なかった頃にはiPhone、iPadなどの代表的なデバイスのサイズを基準にスマートフォン用、タブレット用、PC用といった感じでデバイスを切り分けるイメージのブレイクポイントを設定することも多かったのですが、現在ではデバイスの種類も増え、サイズによってデバイスを単純に切り分けることはできなくなっています。従って主なデバイスのサイズは意識しつつも、基本的にはウィンドウサイズに対するコンテンツの見せ方によってブレイクポイントを設定することが多くなってきています。

　なおブレイクポイントを決める際には、

❶ 最小ブレイクポイントの場所
❷ 最大ブレイクポイントの場所
❸ 中間ブレイクポイントの場所

といった順に考えると初心者でも比較的スムーズに決定できるかと思います。

❶ 最小ブレイクポイント

　最小ブレイクポイントは、「スマートフォン向けレイアウトとそれ以外とを切り分ける」ための重要なブレイクポイントです。基本的にこのブレイクポイントを境に小さい画面ではシングルカラム、大きい画面ではマルチカラムがレイアウトのベースとなります。比較的よく見られるのは 640px、768px といった数値です。

❷ 最大ブレイクポイント

　レスポンシブ Web デザインではコンテンツの横幅は原則として可変ですが、一定サイズ以上は PC 専用サイトと同様にコンテンツ幅を固定とする場合が多くなります。その場合、最大ブレイクポイントは「それ以上は横幅固定レイアウトに変更する」ためのブレイクポイントとなり、基本的に PC レイアウトにおけるコンテンツ固定幅と同じとなります。比較的よく見られる数値は 960px、978px、1024px といった 1000px 前後の数値ですが、近年ディスプレイの大型化も進んでいますので、それ以上のサイズで固定することもよくあります。

❸ 中間ブレイクポイント

　600〜900px 前後の中間サイズ付近は、コンテンツやレイアウトによって「スマートフォン向けレイアウトでは間延びしすぎる」「PC 向けレイアウトでは窮屈すぎる」といった不具合が出やすいサイズとなります。従って最小と最大のブレイクポイントが離れすぎている場合には 1〜2 箇所中間ブレイクポイントを追加した方が良いと思われます。

## 画面設計を検討する際の注意点

　具体的にレスポンシブサイトの画面設計を検討する際に最も注意する必要があるのは、何度も言いますが「同じ HTML を使う」という点です。コンテンツの位置調整は CSS のみで行いますので、CSS の技術的制約を超えた配置変更は原則としてできません。

　仮に同一 HTML での実装が物理的に不可能だった場合、どうしてもそれを実現したいならスマートフォン用・PC 用でそれぞれ別々のコードを両方記述しておき、CSS で画面幅に応じて表示・非表示を切り替えるという方法で実現することはできます。ただし、このような形で二重にコードを埋め込む箇所があまりに多くなると、「二重メンテが不要で管理・運用がしやすい」というレスポンシブの大きなメリットをなくすことにつながってしまいます。従って、やはりあくまで原則として同一 HTML で実現できる構成とし、スマートフォン用 /PC 用を別々に記述するのはやむを得ない場合に限るようにすることをおすすめします。

　実際にコードを書く人と画面設計をする人が同一人物であれば、何が可能で何が不可能なのかは大体判別がつくでしょうが、画面設計をする人にコーディングの知識がない場合はそれができないため、問題の多い画面設計をしてしまう可能性が高くなります。

　実際のコードをイメージできない人が画面設計の担当であった場合には、次のような方法で比較的簡単に問題の有無を見分けることができます。

## レスポンシブサイトの画面設計

**図 25-4** 画面設計チェック①

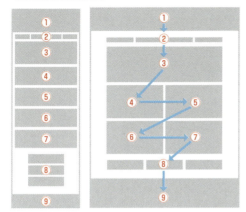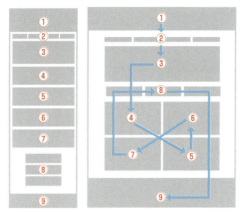

　左の例のように連番をつないだ線がスムーズに一筆書きで流れるような状態であれば、CSSでのレイアウト上、技術的な制約はほぼないと考えて大丈夫です。逆に右の例のようにつないだ線が上下方向に行ったり来たりしたり、線がクロスするように複雑な流れになっている場合は、本当にそれがCSSだけで実現可能なのか必ず事前に確認する必要があると考えてください。

　近年はfloatレイアウトだけでなく、flexboxレイアウトやgridレイアウトなど、CSS側から表示の順番を柔軟にコントロールできる最新のレイアウト手法が使えるようなってきていますので、そうした新しい技術まで視野に入れればかなりのケースで同一HTMLのままレイアウトの実現が可能となる場合が多いでしょう。しかしそれは逆に「新しいレイアウト手法を使わなければ実現できない」と言い換えることもできますので、今度はサイト制作上の「動作保証環境」の条件によって使えるか使えないかが変わってきます。複雑なレイアウト構成を実現したい場合には、そこまで考慮した上で実現方法について検討する必要があるので注意しましょう。

図 25-5 画面設計チェック②

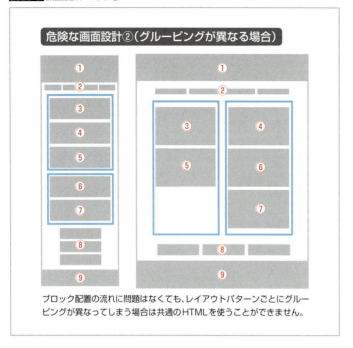

　なお図 25-5 のように、各ブロックの流れに問題はなくてもレイアウトパターンによってグルーピングが変わってしまうような設計・デザインは、仮に flexbox レイアウトや grid レイアウトを使ったとしても同一 HTML でのレイアウトはできないため、避けるべき典型的な例となります。

　以上のことは実際のコーディング作業以前の話ではありますが、レスポンシブで作るメリットを最大限に活かしながら効率よく制作していくための重要なポイントとなっていますので、実際にコーディングする人だけでなく、ディレクターやデザイナーなどのプロジェクトに関わる全員が理解をしておくことが望ましいと言えます。

**Point**
- レスポンシブサイトの設計は全ての工程で「同じ HTML を使う」ということを意識することが重要
- 画面設計はレスポンシブと相性の良いコンテンツファーストを採用するとスムーズ
- 実制作に入る前の段階で具体的な実装方法まで考慮して画面設計を作ることがポイント

CHAPTER 08　レスポンシブサイトの設計と下準備

LESSON
# 26 スムーズに制作するためのコーディング設計

Lesson26では、本格的なWebサイトの構築にあたって、できるだけスムーズに制作するためのコーディング設計について解説します。今回はレスポンシブのサイトを題材としていますが、基本的な考え方はレスポンシブ以外の専用サイトでも同じです。

## 講義　コーディング設計のポイント

### 本格的なWebサイト制作におけるコーディング設計の役割

趣味や勉強でWebサイトを作る場合と違い、仕事でコーディングする際には「コーディング設計」が非常に重要なポイントとなります。単にその場で見た目が整えば良い、という作り方ではなく、

- できる限り早く、正確に、無駄なく実装する
- 複数人で作業することを想定して実装する
- 修正・変更が発生した場合に素早く柔軟に対応できるように実装する

といったことを考えながらコーディングしていくことが求められるからです。
　このようなことを考えながらいきなり作り始めるのは相当な慣れが必要であるため、基本的には一度紙面（またはモニタ上）でコーディングのための「設計図」を作ることが重要となります。

　実際の制作現場ではワークフローも制作体制も様々であり、コーディング設計についても「何を最重視して設計するか」という点で現場ごとに多少異なることが考えられますが、いずれにしても設計工程はコーディングの全工程を通じて最も重要な工程であることに変わりはありません。設計工程をおろそかにして行き当たりばったりで作ってしまうと、制作や運用にストレスがかかり、全体のクオリティが低下したりコストが増大してしまう可能性が高くなってしまいますので、作り始める前には十分に考える時間を取るようにしましょう。

## 設計時に検討しておくこと

コーディング設計時に検討することは、大きく分けると「実装の前提条件となる項目の整理」と「具体的なコーディング設計項目」の2つに分かれます。

### ▶ 実装の前提条件となる項目の整理

#### ❶ コーディング規格・動作保証環境

Webサイトを制作する際には、必ずそのサイトが正しく動作する環境（動作保証環境）を定義してクライアントとの間で取り決めをしておく必要があります。そこで取り決めた動作保証環境の条件によっては制作時に使用できる技術が変わってきてしまうことがあるため、後で覆されるとトラブルに発展しかねないからです。また、これに加えてマークアップや文字コード・改行コード等の各種規格についても最初に決めておきましょう。

今回の前提条件は以下の通りです。

**表26-1** コーディング規格

| マークアップ | HTML5 |
|---|---|
| 文字コード | utf-8 |
| 改行コード | LF (UNIX) |

**表26-2** 動作保証環境

| Windows | Windows7、8.1、10+ (Chrome, Firefox, Edge最新版、およびIE11) |
|---|---|
| macOS | macOS10.10(Yosemite)+ (Chrome, Firefox, Safari最新版) |
| Android | Android 5+ (Android標準ブラウザ、Chrome Lite) |
| iOS | iOS10+ (Mobile Safari) |

#### ❷ デザイン設計仕様

レスポンシブWebデザインは「どんな画面幅で見ても横幅100%で柔軟にコンテンツ幅が伸縮する」というのが基本的なデザイン仕様となりますが、実はもう1つ「複数の固定幅レイアウトを画面幅によって切り替える」というデザイン仕様も存在します（こちらは厳密にいうとレスポンシブではなく「アダプティブ方式」という別のデザイン設計仕様なのですが、現場においてはレスポンシブのデザイン設計仕様の1パターンとして認識されています）。

**図26-1** レスポンシブ方式とアダプティブ方式

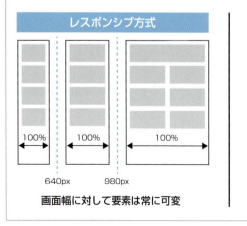
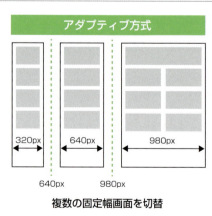

# スムーズに制作するためのコーディング設計

デザインカンプをもとにレスポンシブのサイトをコーディングしようとするとき、まれに「常に100%で伸縮させる」というレスポンシブの基本仕様の実現が難しい場合があります。そのようなときには以下の図26-2のようにアダプティブ方式との折衷方式を採用することで実装難易度を下げ、コストと納期を圧縮することが可能となります。

図 26-2 レスポンシブ方式とアダプティブ方式の折衷案

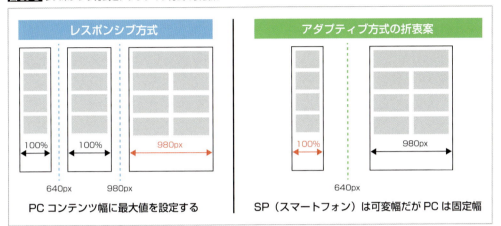

どのようなデザイン仕様でレスポンシブを実現するのかは、後から変更することが難しい上、後述の文書構造設計にも影響する可能性があるため、事前に決めておきたい項目の1つとなります。

> Memo
> アダプティブの折衷方式を採用した方が良いと思われるのは、「広い横幅があることを前提としたデザイン」が含まれる場合です。非常に細かい注釈が沢山入った大きくて複雑な図版や地図、イラストなどは、そのまま縮小するとコンテンツが読めなくなりますし、狭い横幅に対応させるためにコーディング側で配置の調整をすることも困難であるため、中間サイズ用に別途デザインを追加して制作してもらえない場合はアダプティブ方式を選択した方が良い典型例となります。なお、デザインや実装の難易度を下げてコスト削減する目的で、最初からアダプティブ前提でデザインするという場合もあります。

## ▶ 具体的なコーディング設計項目

コーディングに着手する前に設計しておくべきものは主に次のようなものがあります。

❶ 文書構造設計
❷ 情報グループの構造化とレイアウト枠の設計
❸ 画像ファイル命名ルール
❹ セレクタ設計
❺ セレクタ命名ルール
❻ サイズ計測・色コード指定

一部複数の工程に関わるものもありますが、❶・❷は主にHTMLマークアップ時、❸は画像スライス時、❹〜❻は主にCSSコーディング時に必要な情報となります。

このような情報は手を動かしながらその都度決めていくこともできますが、デザインカンプが手元にあるなら、コーディング着手前に全体を把握しながらまとめてルール化してしまった方が効率が良い場合が多いと言えます。

## 講義　各コーディング設計項目の詳細

### 文書構造設計

いわゆる HTML 文書の「マークアップ」そのものの作業です。基本的には作成する文書の内容に応じて見出し・段落・箇条書き・表組み等の文書構造を決定していけば良いのですが、h1 要素に関しては SEO における内部対策との関係で、トップページと下層ページで位置を変更するケースが考えられます。h1 は全ての見出し要素の基点となるものですので、h1 要素をどのように設定するのか最初に方針を固めておいた方が良いでしょう。

図 26-3 h1 要素の配置パターン例

**文書構造と SEO**

title 要素や h1 要素に含まれる単語は、その他の要素と比較して相対的に重要であると判断されます。一般論としては h1 要素の中には検索キーワードとなり得る文言が入っていた方が SEO 的に有利であると言われます。ただし、実際にはコンテンツ自体の質や独自性、外部サイトからの被リンク数等、マークアップ構造以外の要因の方が圧倒的に検索順位に対する影響力が大きいため、h1 の調整だけでなんとかなるというようなものではありません。

### 情報グループの構造化とレイアウト枠の設計

文書全体における情報のグルーピングです。これはグループ化するものの性質によって大きく 2 つに分かれます。

❶ 情報構造としての役割を持つ領域
❷ デザインを再現するために必要となる領域

「情報構造としての役割を持つ領域」とは、例えばヘッダー、フッター、サイドバー、メイン領域、といった大枠の情報構造に加え、「見出しとそれに伴うコンテンツ」や「ナビゲーション」といった細かいコンテンツのセクション構造、同じ機能・役割を持った領域などを指します。これらの領域は基本的にその役割に応じたセクション要素、セクション関連要素などを使って文書構造を明確化できます。

> **Memo** 適当なセクション関連要素がない場合や、HTML5 以前の規格を使用する場合など、そもそもセクション関連要素自体を使わない前提の場合は div で代用してください。

完成されたデザインカンプをもとに設計する場合は、上記に加え具体的にレイアウト・デザインを再現するために必要な枠も全て事前に見つけ出しておく必要があります。

例えば、「コンテンツ幅を設定するためのコンテナ枠」などは、文書構造的には特別な意味は持ちませんが、CSS でレイアウト・デザインを再現するために必要な領域です。純粋なレイアウト用の枠は、原則として全て div でマークアップします。

グループ化した領域には後述の命名ルールに則した形で役割が分かりやすい名前を付けておきます。

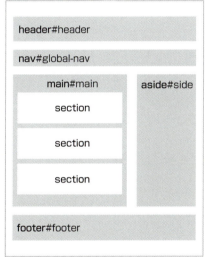

図 26-4 情報構造設計の例

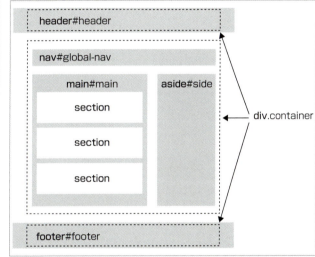

図 26-5 レイアウト枠を追加した例

## 画像ファイル命名ルール

サイト全体のディレクトリ・ファイル名は事前に Web ディレクターの方で決定済みであることが多いと思いますが、素材となる画像ファイル名は多くの場合コーディングする人が自分で決めることになります。画像の命名ルールは面倒でも事前にある程度決めておかないと、制作時や運用時に非常に手間がかかる恐れがあります。

専門の制作会社などではルールがある場合も多いですが、自分で決めなければならない場合には以下の点に注意して命名ルールを検討するようにしましょう。

- 一覧表示されたときに探しやすいようにする
- ファイル名を見ただけである程度内容や使う場所が推測できるようにする
- 規則性のある識別子や連番を活用する
- 更新によって増減する可能性がある画像にはむやみに連番は使わない

以下は筆者がよく使っている命名ルールですので1つの例として参考にしてください。

図 26-6 画像命名ルール例

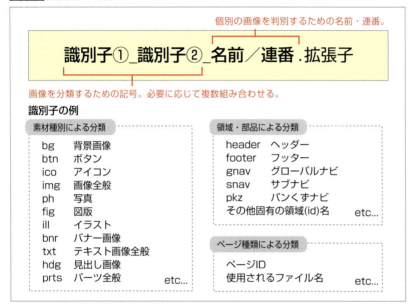

## セレクタ設計

CSSの設計で最も重要なことは「どのようにセレクタを作るか」という点です。この分野は様々な考え方や手法があるのですが、初心者や経験の浅い人でも最低限次のポイントを押さえておくことで誰にでも分かりやすく、運用しやすい設計に近づけることができます。

- idとclassを適切に使い分ける（方針を決める）
- CSSファイルをスタイルの機能別にカテゴライズしてまとめる
- 分かりやすく運用しやすい命名ルールを決める

### ▶ idとclassの使い分け

idとclassはどちらもセレクタとしてスタイル定義に使うことができます。しかし、それぞれには次のような特長があります。

表26-3 id セレクタと class セレクタの比較

| id セレクタ | class セレクタ |
| --- | --- |
| ・id 名はユニークである必要があるため、同じ名前の id は 1 ページ内に 1 箇所のみ<br>・1 つの要素には 1 つの id しか設定できない<br>・詳細度が高いため上書きされづらい | ・必要に応じて自由に何度でも使い回し可能<br>・1 つの要素に複数の class の設定が可能<br>・詳細度が低いため上書きしやすい |

　文法的には「そのページの中で 1 回しか出てこないもの」であれば id セレクタを使っても間違いではないのですが、将来にわたってずっと特定の 1 箇所にしか存在しないという保証ができる部品はそう多くはないため、むやみに id セレクタでスタイル定義することはあまりおすすめできません。
　どのような部品であれば id 属性でスタイル定義をしても問題ないかというと、「1 ページ内の特定の 1 箇所にしか存在せず、かつ別の場所で使い回したり、違う場所に移動してしまったりする可能性がないもの」であり、ヘッダー・フッター・メイン・サイドバー、といった Web サイトの大枠の基本フォーマットブロックなどがそうした性質のものに該当します。そうしたもの以外で id セレクタを使っても間違いではありせんが、後々そのパーツを同じページ内で使い回したくなったり、流用してバリエーションを増やしたくなったりしたときに、とてもやりづらい状況になる恐れがあるため、基本フォーマットブロック以外のパーツについては原則 class ベースのセレクタにしておくことをおすすめします。また、運用上デメリットが生じやすい id 属性でのスタイル定義はしないと決めて、全てを class ベースのセレクタで運用するという選択肢もあります。

### ▶ スタイルのカテゴライズとファイル管理

　次に考えておきたいのが、定義するスタイルのカテゴライズです。一般的にスタイルは

- レイアウトフォーマット系（ヘッダー／フッター／メイン／サイトバーなど）
- 汎用コンポーネント系（サイト全体を通じて複数箇所で繰り返し使われるもの）
- コンテンツ固有の部品系（特定のページだけに存在する、ページ固有のもの）
- ユーティリティ系（マージン設定やフォント設定等、特定のプロパティを適用するためのもの）

といったものに大きくカテゴライズすることができると思いますので、部品の性質をよく考えて、ファイル内で分かりやすく整理しておくようにしましょう。CSS コメントで見出しを作るなどすると見た目にも分かりやすくなるのでおすすめです。
　なお、Web サイトの表示パフォーマンスを最優先するなら全てのスタイルを 1 ファイルに整理して記述するスタイルを採用しますが、CSS 自体の管理効率の方を優先して、敢えて機能別、あるいはページ／カテゴリ別に CSS ファイルを複数に分割するという選択肢もあります。特に、各ページの固有デザインパーツが非常に多く、使い回しできるものがほとんどないようなサイトだった場合には、無理せず下層のページ／カテゴリ専用の CSS を別途作り、共通 CSS と個別 CSS を 2 枚読ませる方法を取った方が良いと思われます。

図 26-7 CSS 設計例

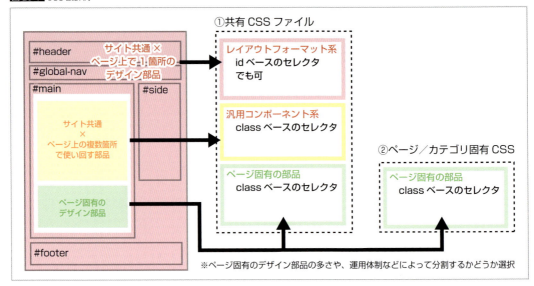

## セレクタ命名ルール

　セレクタ設計の3番目のポイントである「分かりやすく運用しやすい命名ルールを決める」という点は、セレクタ設計の中でも最も重要なポイントとなります。セレクタの命名ルールを決めることは、分かりやすく運用しやすいスタイル管理のための必須項目ですので、少なくとも「実践可能な範囲で何らかのルール化をする」ことと、「決めたルールを守る」ことが重要です。特に複数人で制作・管理する場合は、ルールをドキュメント化して周知徹底するようにしておかないと、のちのち誰も管理できない CSS になってしまう危険性が高まります。

　命名ルールにはいくつかのレベルがありますが、まずは最低限、

- 原則としてその部品の「見た目」ではなく「内容」を表す英単語を使う
- 複数の単語をつなぐ場合にはつなぎ方のルールを統一する

くらいは守っておくようにしましょう。

図 26-8 つなぎ方式 3 種類

表26-4 レイアウト用のid・classでよく使われる名称

| レイアウト上の機能・エリア | id / class名の例 |
| --- | --- |
| ページ全体の外枠コンテナ | container, wrapper, wrap |
| ヘッダー | header, header-area |
| フッター | footer, footer-area |
| グローバルナビゲーション | gnav, global-nav, global-navigation |
| ローカルナビゲーション | lnav, local-nav, local-navigation |
| パンくずナビゲーション | topicpath, breadcrumbs, pankuzu |
| コンテンツ領域 | contents, contents-area |
| メインコンテンツ | main, main-contents |
| サイドバー | side, sidebar, sub |
| メインビジュアル | mainvisual, keyvisual |
| 検索ボックス | search, search-box, search-area |

　また、できるだけセレクタの名前を見てどこの何に使っているスタイルなのかが推測しやすいよう、名前自体を構造化することを意識すると、より分かりやすく、命名時に頭を悩ませる時間を減らすこともできます。
　よくあるパターンとしては、以下のような命名ルールが考えられます。

　ルール①：ボタン、背景、アイコン、囲み線など、様々な場所でよく使われ、バリエーションも多い汎用部品については、<mark>部品の種類を表す識別子を冒頭に付ける</mark>

表26-5 部品の識別子の例

| 部品種別 | 識別子 | 部品種別 | 識別子 |
| --- | --- | --- | --- |
| ボタン | .btn- | ラベル | .label- |
| 見出し | .ttl- | 線 | .line- |
| 背景 | .bg- | 囲み枠 | .box- |
| アイコン | .ico- | リスト | .list- |

【メリット】
- 識別子を見れば、部品の種類が一目瞭然
- 同じような部品の命名をするときに「部品識別子＋固有名」の組合せにすれば良いと決まっているので命名しやすい

　ルール②：複数の部品を組み合わせて一つの大きなコンポーネントを構成するようなものについては、<mark>親ブロックの名称を中の部品にも継承させる</mark>

図 26-9 親ブロックの名称を継承させる

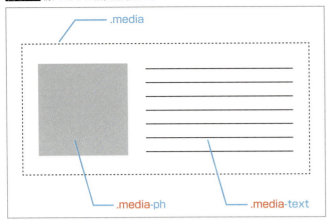

【メリット】
- 同じ親ブロックの名称を使うので、関連部品が分かりやすく、修正時にも他のコンポーネントに意図しない影響が及びにくい
- 似たような部品構成のコンポーネントを作る場合でも子ブロックには汎用的な単語を使い回せるので、名前が枯渇しにくい

小規模～中規模程度の Web サイトであれば、上記の考え方を踏まえて簡単な命名ルールを決めておくだけでもかなり見通しが良くなります。特に始めたばかりの初心者の方は、これらを参考に自分で把握できる範囲の命名ルールを考えて運用してみることをおすすめします。

## サイズ計測・色コード指定

デザインとコーディングが完全に分業化されている場合は、各要素のサイズや余白の規則性、文字色や背景色や境界線の色等、デザイナーの設計思想をあらかじめきちんと数値化しておく必要があります。この作業は CSS のコーディング時にその都度行っても構いませんが、作業開始前にまとめて計測・メモしておくことで CSS 用の設計図を作ることができ、複数人での分担作業や時間をおいての作業の際に役立つことがあります。また、サイズや色などの数値に規則性が見られないようであれば、その意図を確認した上で必要に応じてコーディング側で数値を統一するといった対処もしやすくなります。

スムーズに制作するためのコーディング設計

**図 26-10** 計測例

では実習パートで次のサンプルサイトを実際にコーディング設計してみましょう。

なお /chapter08/lesson26/design/ に、PC 用、SP 用のデザインカンプデータを用意しておきましたので、可能であれば印刷する等して実習パートでの設計作業に活用してください。

**図 26-11** デザインカンプ

## 実習　デザインカンプをもとにコーディング設計をする

### 文書構造設計をする

#### 1　hx 要素で文書構造の骨格を決める

　まず文書構造の基本となる「見出し」を見つけていきます。講義の方で解説した通り、h1 は SEO 対策との兼ね合いでどこにするか検討する必要がありますが、今回はトップページなので素直にサイトロゴを h1 とし、各コンテンツの見出しに該当するところを h2 とします。なお、デザインカンプをもとに見出しを決定する場合、「見出しのデザイン」にマークアップが左右されてしまう可能性があります。

　原則としては「同じレベルの見出しは同じデザイン」になることが多いと思われますが、時には意図的に同一レベルであってもデザインを変える場合もありえますので、見た目に惑わされずあくまで情報構造を意識して見出しレベルを決定するように注意しましょう。

#### 2　ナビゲーション／並列コンテンツをリスト要素でマークアップする

　Web サイトは通常の「書類」と違って、他のコンテンツを見て回るための「ナビゲーション」が沢山配置されます。デザイン上では縦並び・横並びといろいろあるでしょうが、基本的にどのようなスタイルになっていてもこれらは全てリスト要素（ul または ol）でマークアップしましょう。また、基本的には ul 要素を使えば良いのですが、パンくずやステップ解説のように並びの順序に意味があるようなものの場合には ol 要素の方が適切です。

　メニュー類以外のコンテンツについては、複数のアイテムが並列で列挙されているようなものをリスト要素でマークアップします。li 要素の中には基本的に何を入れても良いので、ある程度複雑な内容であってもそのコンテンツの固まりが並列（同じ意味合い、同じ重み付け）で並べられているのであればリスト要素でマークアップして構いません。ただし、li 要素の中に見出し要素を入れるのはおすすめできません。本来ひと固まりで同列のアイテムの集まりであるはずのリスト要素が、別々のアウトラインに分割されてしまうことになるからです。見出しを立てる必要があるようなコンテンツなのであれば、リスト要素にせず、素直に section 要素＋見出し要素でグループ化した方が適切でしょう。

#### 3　その他の要素をマークアップする

　残りのコンテンツ要素をそれぞれ適切な要素でマークアップします。今回の文書ではあまり種類はありませんが、p 要素、dl 要素、table 要素、address 要素、form 要素などがよく使われます。

　p 要素は「見出しでも箇条書きでもその他の要素でもないテキストの固まり」くらいに考えておけば問題ありません。

　なお、フッターのコピーライト情報のように、細かい意味付けが必要な箇所も可能な限り同時に検討するようにしましょう。

## スムーズに制作するためのコーディング設計

● 今回の個別要素のマークアップ

情報の構造化とレイアウト枠の設計をする

### 1 コンテンツの情報構造をグルーピングする

　次に、ページ全体の情報構造を検討します。ヘッダー・フッター・ナビゲーション・メイン領域・サイドバー領域といった、大きなブロック単位で文書全体の構造を意味付けしている領域だけでなく、「見出しとそれに伴うコンテンツ」の固まりや、各ブロック内で同じ機能・役割を持つ領域もそれぞれ個別にグルーピングしておきます。

### 2 グルーピングした構造を適切な要素でマークアップする

　HTML5 以前の規格であればこれらは全て div 要素でマークアップすることになりますが、HTML5 の場合は情報グループの持つ文書構造的な意味合いに合わせて、セクション要素などで適切にマークアップします。「ヘッダー領域」「フッター領域」「メイン領域」などのレイアウト的な意味合いの強いエリアはほぼ機械的に header 要素、footer 要素、main 要素に割り当てれば良いですが、それ以外の情報グルー

341

プについては section/article/aside/nav の 4 つのセクション要素をどのように割り当てるか、あるいは割り当てずに div 要素とするかの判断がその都度必要となります。今回は以下のようにマークアップすることにします。

図 26-12 情報構造

## 3 レイアウトの都合で必要な枠を見つけて div 要素でマークアップする

　情報構造のグルーピング以外で、デザイン・レイアウトの再現のためどうしても必要な枠があれば div 要素でマークアップします。

　レイアウトの都合で div 要素が必要かどうかを判断する際には、デザイン仕様を確認しておく必要があります。今回のサイトであれば、以下の点を考慮する必要があります。

❶ ヘッダー／フッター／グローバルナビの背景は横 100% で伸びる
❷ 各領域のコンテンツ幅は最大 940px で固定され、それ以上は広がらずにセンター揃えとなる
❸ 「information」と「staff からの一言」のブロックは、PC レイアウト時に 2 段組みになる
❹ フッター内の「店舗写真」と「店舗情報」は、PC レイアウト時に 2 段組みになる

　❶と❷の条件を実現するためには、横幅 100% で伸びる枠と最大横幅 940px で固定される枠の 2 つが必要となるため、ヘッダー／フッター／グローバルナビの各領域は、外枠と内枠の二重構造が必要となることが分かります。また、❸と❹は、SP レイアウトの実現だけなら不要でも PC レイアウトの実現には必要な枠があることが分かります。

　このように、デザイン仕様の条件によって必要となる HTML の構造は変わってくるので、ウィンドウやコンテンツのサイズが変更された場合にどのように表示させたいのかという情報を事前にきちんと整理・確認しておくことが重要です。特にレスポンシブ Web デザインの場合は原則として「同一 HTML で異なるレイアウトを実現する」ことが求められるため、レイアウト枠を検討する際には PC/SP 両方のデザインを比較して、双方で必要となる全ての枠を網羅した状態の「全部入り」レイアウト枠を用意するようにしてください。

　なお、これらの枠は原則として意味付けに関係のない div 要素を使いますが、レイアウトのための枠が必要な箇所に、既に意味付け用のマークアップ要素が存在している場合は、それを意味付け・レイアウト兼用としても構いません。今回はレイアウト枠と兼用できそうなところは兼用する方針でマークアップしますので、新たに div 要素を追加する箇所は最小限としています。

図 26-13 レイアウトの都合で必要な枠

## 4 アウトラインチェックをする

本格的にマークアップする前に、念のためセクション構造と見出しだけを仮にマークアップし、スケルトン状態の HTML を「HTML5 Outliner」でアウトラインチェックしておきます。

### 図 26-14 アウトライン結果

```
1. おいしい紅茶と手作り焼き菓子の店 Cafe Leaf
    1. Untitled Section
    2. Pickup Menu more
    3. Information more
    4. スタッフから一言
    5. Access
    6. Untitled Section
    7. Cafe Leaf
```

**Memo｜アウトラインチェックのタイミング**
全てのマークアップが終わってから文法チェックと同時にアウトラインチェックをする形でも構いませんが、構造がおかしかった場合、マークアップ完了後だと他の要素との兼ね合いで修正がやりづらくなる恐れはあります。あまり自信がない場合や試行錯誤しながら進めたい場合は先にスケルトン状態でチェックする方がおすすめです。

### ▶ 階層構造と見出し内容をチェック

アウトラインチェックで確認すべきポイントは、==階層構造と見出し内容の2箇所==です。チェック結果のインデントの下がり具合が、情報の階層構造＝アウトラインを示していますので、この状態を見てセクション同士のグルーピングが正しく行われているかどうかを確認しましょう。

また、見出し内容については「Untitled」となっている部分に着目します。aside要素とnav要素を使ったところが「Untitled」になっている場合はそのままでOKですが、section要素とarticle要素を使ったところが「Untitled」になっていた場合は、本来セクション要素とすべきでない領域にセクション要素を使ってしまっている可能性がありますので構造を再検討した方が良いでしょう。

### 図 26-15 アウトラインのチェックポイント

↓最上位の見出し（h1）

```
1. おいしい紅茶と手作り焼き菓子の店 Cafe Leaf
    1. Untitled Section      ←nav 要素
    2. Pickup Menu more
    3. Information more
    4. スタッフから一言
    5. Access
    6. Untitled Section      ←aside 要素
    7. Cafe Leaf
```

↑コンテンツの階層構造

- nav/aside 以外で Untitled Section が出ていないか？
- 階層構造は意図した通りになっているか？

## Column

### nav と aside の見出し

　nav 要素と aside 要素については、ブラウザが内部的に「navigation」などの見出しを持っているため、マークアップ上で見出しを明示しなくても良いとされています。ただ、HTML5 Outliner はそこを区別せず、見出しがなかった場合に一律で Untitled にしてしまいます。もし分かりづらいようであれば「Nu Html Checker（https://validator.w3.org/nu/）」の方を使うと良いでしょう。

図 26-16 Nu Html Checker でのアウトラインチェック結果

```
Structural outline
  └おいしい紅茶と手作り焼き菓子の店 Cafe Leaf
    ├[nav element with no heading]
    ├Pickup Menu more
    ├Information more
    ├スタッフから一言
    ├Access
    ├[aside element with no heading]
    └Cafe Leaf
```

## 文書構造・レイアウト設計で割り出した枠に id/class 名を設定する

　全てのマークアップ構造の洗い出しができたら、あらかじめ決めておいた命名ルールに基づいて適切な名前を付けていきます。今回は原則としてスタイルの設定・管理には class ベースのセレクタのみを使用することとします。命名規則は「ハイフンつなぎ」と「識別子・親パーツ名を継承」のスタイルを採用しています。

　なお、大枠ブロックについては別途 id 属性も設定しておきます。これらはページ内アンカーのリンク先として利用したり、念のため各エリアに固有の名称を与えたりするためのものであり、原則としてスタイル管理のためのセレクタとしては使用しません。

> **Memo**
> id 属性を設定しておくことはページ内ジャンプのアンカー目的の場合以外は必須ではありません。しかし、例えば id 属性の方が JavaScript から特定の要素を選択する際のパフォーマンスが良くなったり、特定エリアの中で利用されている場合だけ例外的に異なるスタイルを設定したい場合に、確実にスタイルを上書きできたりするなど、一定のメリットもあるため一種の保険として大枠ブロックごとにあらかじめ設定しておくこともあります。

図26-17 id/class名

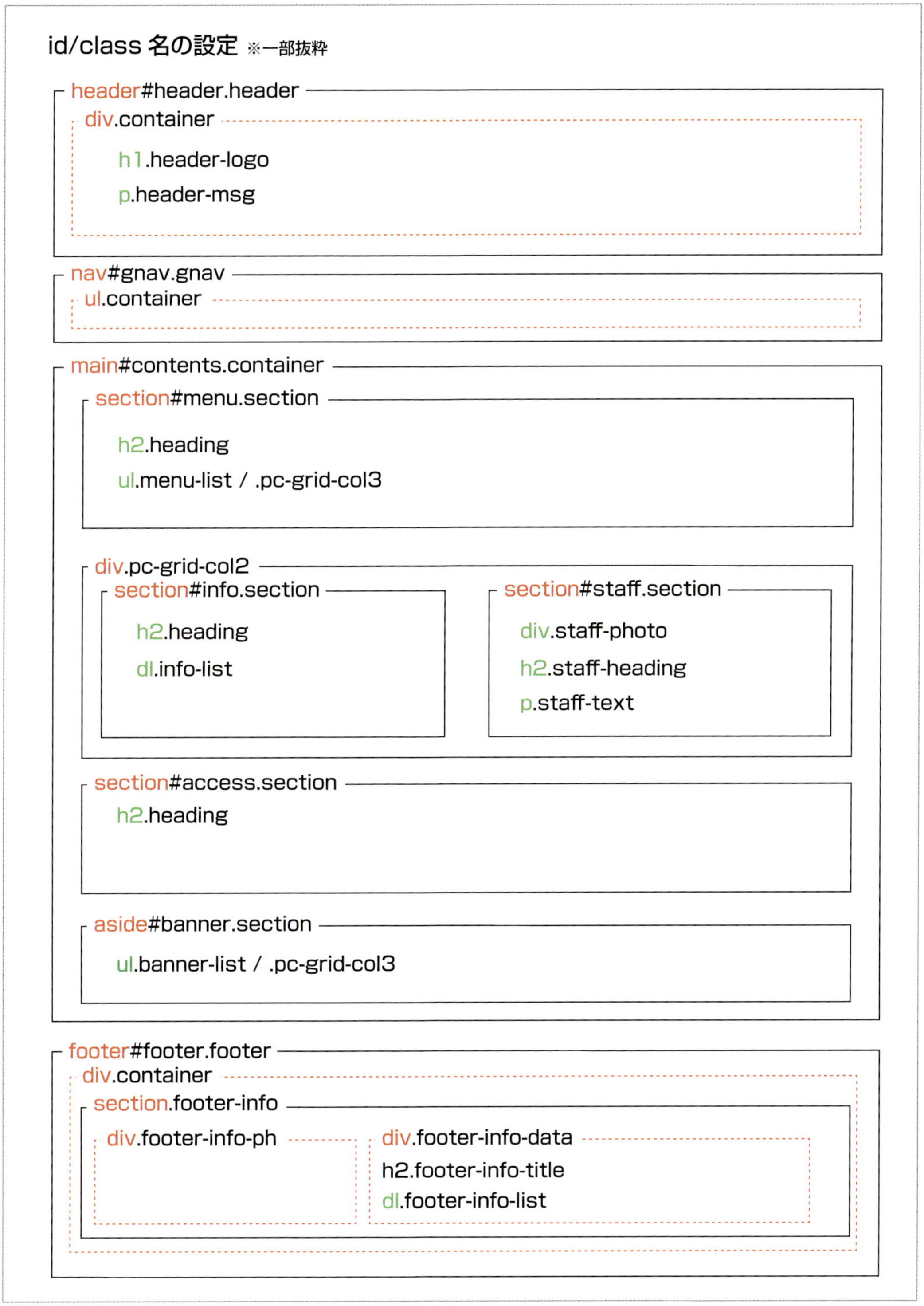

## id/class名の設定 ※一部抜粋

- header#header.header
  - div.container
    - h1.header-logo
    - p.header-msg

- nav#gnav.gnav
  - ul.container

- main#contents.container
  - section#menu.section
    - h2.heading
    - ul.menu-list / .pc-grid-col3
  - div.pc-grid-col2
    - section#info.section
      - h2.heading
      - dl.info-list
    - section#staff.section
      - div.staff-photo
      - h2.staff-heading
      - p.staff-text
  - section#access.section
    - h2.heading
  - aside#banner.section
    - ul.banner-list / .pc-grid-col3

- footer#footer.footer
  - div.container
    - section.footer-info
      - div.footer-info-ph
      - div.footer-info-data
        - h2.footer-info-title
        - dl.footer-info-list

> **Memo　2カラム/3カラムの汎用化**
> メニュー・バナーの3カラム、お知らせ・スタッフの2カラムレイアウト部分は、他で使い回しができるように段組みレイアウトだけを管理する専用のclassを追加しています。

## 画像として切り出す部分と実装方法を決定する

マークアップの設計図ができたら、次は画像素材を準備します。画像素材を準備する際には

❶ 画像化する必要のある部分を見つける
❷ 背景画像化するか、imgとしてHTMLに配置するか判断する
❸ 画像の命名ルールを決める
❹ 必要な素材を書き出す

といった手順を踏みますが、ここでいくつか考えておくことがあります。まずは「どこまでCSSだけで再現できるか」という点と、「Retina対策を考慮した場合の実装方法をどうするか」という点です。

### ▶ ブラウザ環境によってCSSで再現できるデザインの範囲が異なる

現在のWeb制作では、CSSで再現できるものは極力CSSで記述し、画像素材は必要最小限にとどめるのが主流となっています。Chapter06のLesson20で学習した通り、「角丸・グラデーション・ドロップシャドウ・複数の色を使った多重線・透過色」といった基本的なデザイン要素は、現在の標準的なブラウザ環境では全てCSSで再現できます。しかし、filter効果のようにIE11非対応のものもあるため、画像化する／しないの判断の際には各種ブラウザのCSS3サポート状況に配慮した上で事前に方針を立てる必要があります。

### ▶ ベクター化できる素材は極力ベクター素材にする

Lesson23で解説した通り、デバイスによる画面密度の違いから、原寸のビットマップ画像を使うとRetinaディスプレイなどで画像がぼやけてしまう問題が発生します。そこでレスポンシブのサイトを制作する際には、極力ビットマップ画像を使わない方針で実装方法を検討します。

今回のデザインでは以下のような方針でベクター素材化することが可能です。

**表26-6** 各デザインパーツをベクター化する方法

| デザインパーツ | 実装方法 |
| --- | --- |
| 欧文の特殊書体 | Webフォント（Google Fonts等）の利用 |
| 見出しのドットアイコン | SVG画像 |
| 見出しの「more」ボタン | CSS＋Webフォント |
| 斜めストライプ | CSS (repeating-linear-gradient) |
| フッターロゴ | SVG画像 |
| SNSアイコン | アイコンフォント（font awesome、icomoon等）の利用 |
| TOPへ戻るボタン | CSS＋デバイステキスト |

※サイトタイトルロゴも頑張ればCSS+SVG+テキストで表現できないこともありませんが、ロゴ一体として全体に伸縮させるときのサイズバランスのキープが難しく、実装の手間が大きいため、今回は透過PNG画像とします。

### ▶ 写真素材は最も大きく使用する状態のものを用意する

　ベクター化できない写真などのビットマップ画像素材は、原則として全てのレイアウトパターンにおいて「最も大きく表示される状態」のものを素材として切り出すようにします。PCレイアウトの方が写真を大きく使うようなイメージがあるかもしれませんが、ブレイクポイントが768pxと比較的大きい場合は、PCよりもスマートフォン向けレイアウトでの最大幅の写真の方が大きくなることも少なくありません。

図 26-18 必要な写真素材のサイズ

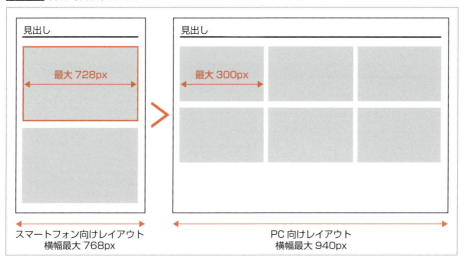

### ▶ トリミング状態が異なる写真の実装方法を検討する

　もう1点、レスポンシブならではの問題として「PCとスマートフォンのレイアウトで画像素材のトリミングエリアが異なる場合」の実装方法です。今回のデザインの場合、メインビジュアルの画像がそれにあたります。

図 26-19 メインビジュアルで見せたい画像のトリミング

実装方法としては、

❶ 共通の画像を1枚用意しておき、CSSで表示領域を調整する
❷ PC / SP 別々の画像素材を用意しておき、メディアクエリで表示／非表示を切り替える
❸ PC / SP 別々の画像素材を用意しておき、picture 要素を使って表示環境によって自動的に使用する画像が切り替わるようにする

の3パターンが考えられます。どの方法が最適かは、デザインの意図やサポートするブラウザ環境等の条件によって変わってきますので一概には言えませんが、以下のようなメリット／デメリットがありますので総合的に検討してその都度実装方法を決定するようにしましょう。

表 26-7 各実装方法のメリットとデメリット

| 実装方法 | メリット | デメリット |
| --- | --- | --- |
| 1 | ・画像1枚で済むので素材管理が楽<br>・2枚使うより転送量が少なくて済む<br>・背景画像の場合は特に実装が容易 | ・SP/PCそれぞれのレイアウトで表示させたい領域まで全て含んだ状態の素材を別途用意する必要がある<br>・表示領域内で見せる画像領域の厳密な制御が難しい<br>・img要素の場合は実装が難しい |
| 2 | ・デザインした通りの画像表示領域を確実に見せることができる | ・ソースを2重に埋め込むため、コードが少し煩雑になる<br>・非表示にしている素材もダウンロードされてしまうため転送量が増える |
| 3 | ・デザインした通りの画像表示領域を確実に見せることができる<br>・コード内で指定した条件に合致する画像のみが選択的にダウンロードされるので、無駄な転送が発生しない | ・IE11、Android4.4.4、Safari9以前のバージョンなど、非対応環境が存在する |

今回はメインビジュアル画像を背景画像として使用することと、あくまでイメージ画像であり、表示領域を厳密に制御する必要がないことなどから、1番の方法を採用することにします。なおトリミング状態が異なる2種類のデザインをカバーできるようにするため、幅はPCレイアウトで見せたい範囲まで、高さはSPレイアウトで見せたい範囲までを全て含んだ状態の素材を用意しておく必要があります。

図 26-20 用意する素材と各レイアウトで見せるエリア

## CSS プロパティで設定する箇所の数値を調べる

　CSSで指定する必要がある部分の情報を調べます。主な項目はボックスのサイズ・余白、線や背景の色、文字サイズ・行間などです。大枠のレイアウトフォーマットに関わる部分については全体を把握する上でも設計図としてあらかじめ計測・メモしておいた方が良いと思われますが、細かい個別のスタイル情報は、グラフィックソフトでその都度調べながらコーディングしても構いません。

図 26-21 CSS で設定する数値

以上でコーディング工程に入るまでの事前準備が完了です。

　最初はかなり検討事項や作業量が多くて大変かもしれませんが、ここでしっかり設計・準備をしておけば、後は設計図に基づいて作るだけの状態にすることができます。最初から全てをもれなく事前に設計できなくても構いませんので、理想として何をどこまで準備しておくのかを知っておき、できるだけ理想に近づけるように頑張ってみましょう。

**Point**
- 実制作に入る前にしっかり「設計」することがワークフロー上重要
- レスポンシブの場合はPC・SP（スマートフォン）両方のレイアウトをできるだけ同一HTMLで実現できるようにマークアップを検討する
- サイズや画像の種類など、マルチデバイス対応に配慮した形で素材の準備をする

# CHAPTER 09

## レスポンシブサイトのコーディング

LESSON 27

28

29

30

Chapter09ではChapter08で設計したオリジナルデザインのWebサイトを自力でレスポンシブコーディングするために必要な知識とテクニックを解説していきます。
レスポンシブサイトのコーディングでは、HTML・CSS・マルチデバイス対応の知識を総合的に活用していきますが、「レスポンシブならでは」のノウハウはさほど多くありません。本章で基本的なレスポンシブコーディングのポイントを学習していけば、同時にレスポンシブではない固定レイアウトのWebサイトの作り方もマスターすることができますので、どの部分がレスポンシブのときだけ注意すべき点なのか、ということを意識しながら学習するのもおすすめです。

# CHAPTER 09　レスポンシブサイトのコーディング

## LESSON 27　ベースのテンプレートを準備する

Lesson27 では本格的な Web サイトを制作するための HTML/CSS テンプレートを準備します。
マークアップ済みの HTML とベースの CSS を用意しておきましたので、効率よく Web サイトを制作できるようにテンプレートを整えましょう。

**Sample File**　chapter09 ▶ lesson27 ▶ before ▶ css ▶ base.css
　　　　　　　　　　　　　　　　　　　　　　　▶ index.html

● Before

● After

## 実習　HTML・CSS ベーステンプレートを準備する

CSS で効率よくコーディング作業を進めるためには、

❶ 各種ブラウザの初期状態を統一する
❷ 各種ブラウザを全て同じルールで表示コントロールできるようにする

という 2 つの重要なポイントがあります。このことは Web 制作の実務現場では常識ですが一般の方にはほとんど知られていないため、初心者の方がつまずきやすいポイントとなっています。

### 「リセット CSS」を読み込ませてブラウザの初期スタイルシートの問題を解決

HTML でマークアップしただけの状態でブラウザに表示をさせると、見出しは見出しらしく、箇条書きリストは箇条書きリストらしくそれなりに表示されます。この状態は実は何もスタイルシートが適用されていない状態ではなく、ブラウザ側が最初から持っている初期スタイルシートが適用された状態となっています。

ブラウザの初期スタイルには次のような問題点があります。

❶ ブラウザごとに微妙に初期スタイルのプロパティや設定されている値が異なる
❷ 初期スタイルの中には若干のバグが含まれている
❸ 一般的な Web 制作にとってはスタイル設定の過不足が多い

図 27-1 初期スタイルによる表示の違い

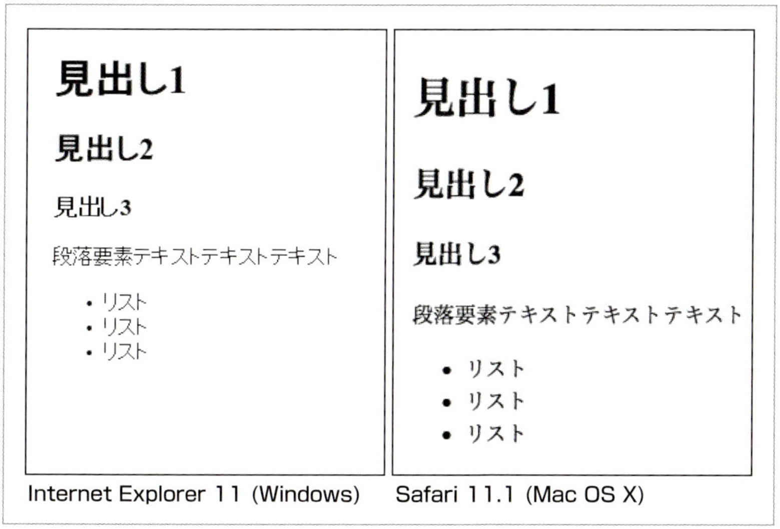

効率が最優先される実務の現場では、初期スタイルのまま制作せず、ブラウザごとの違いを吸収し効率よく制作できるように、制作者にとって都合が良い形にブラウザの初期スタイルをリセットするということが行われています。そのための CSS を一般に「リセット CSS」と呼んでいます。

## 1 リセット CSS を読み込む

リセット CSS と呼ばれるものは世の中に沢山ありますが（※表 27-1 参照）、「ブラウザごとの違いやバグをなくして効率よく CSS コーディング作業をできるように地ならしするためのもの」という点では共通していますので、それぞれの特徴を比較して好みのものを選択すれば構いません。また、選択したものをベースにして自分なりのカスタマイズを加えても構いません。

今回は Eric Meyer's Reset CSS v2.0 をベースにして少しカスタマイズしたオリジナルのリセット CSS を用意しておきましたので、これを読み込ませてリセット前後の表示の違いを確認してください。

● index.html

```
18  <!-- stylesheets -->
19  <link rel="stylesheet" href="css/base.css" media="all">
```

● リセット前

● リセット後

● 今回利用するリセット CSS

```
html, body, div, span, object, iframe,
h1, h2, h3, h4, h5, h6, p, blockquote, pre,
abbr, address, cite, code,
del, dfn, em, img, ins, kbd, q, samp,
small, strong, sub, sup, var,
b, i,
dl, dt, dd, ol, ul, li,
fieldset, form, label, legend,
table, caption, tbody, tfoot, thead, tr, th, td,
article, aside, canvas, details, figcaption, figure,
```

```
footer, header, main, menu, nav, section, summary,
time, mark, audio, video{
    margin:0;         ─┐
    padding:0;        ─┴── 要素のmargin/paddingを0にする
}

article,aside,details,figcaption,figure,
footer,header,main,menu,nav,section{
    display:block;        ─── 旧ブラウザの表示対策
}

html{
    -webkit-text-size-adjust: 100%;   ─── スマートフォン等の横長表示での文字サイズ拡大防止
}
```
─────────────── 省略 ───────────────
```
img{
    border: 0;            ─── リンク時に画像に枠線が表示されるのを防止
}

ul,ol{
    list-style-type: none;   ─── リストの冒頭マーク非表示
}

table {
    border-collapse: collapse;  ─┐
    border-spacing: 0;          ─┴── 表組みの罫線を重ねて表示
}

img, input, select, textarea {
    vertical-align: middle;     ─── インライン中のアイテム表示位置調整
}
```

**表27-1** 主なリセットCSSとその特徴

| 名称 | 特徴 |
|---|---|
| Eric Meyer's Reset CSS<br>URL https://cssreset.com/scripts/eric-meyer-reset-css/ | XHTML時代から存在する老舗のリセットCSS。設定項目が少なく簡素。HTML5対応済み。※content-boxベース |
| html5 Doctor HTML5 Reset Stylesheet<br>URL http://html5doctor.com/html-5-reset-stylesheet/ | HTML5に特化した老舗のリセットCSS。Erick Meyer'sより詳細な設定がされている。※content-boxベース |
| Normalize.css<br>URL https://necolas.github.io/normalize.css/ | 初期スタイルのバグを修正して「正常化」し、ブラウザ間の表示を統一することに特化したリセットCSS。初期スタイルの有用なスタイルはそのまま維持されるため、読み物系と相性が良い。※content-boxベース |
| sanitize.css<br>URL https://github.com/csstools/sanitize.css | Normalize.cssをベースにマルチデバイス時代に最適化したリセット内容が追加されている。※border-boxベース |
| ress.css<br>URL https://github.com/filipelinhares/ress | Normalize.cssをベースにマルチデバイス時代に最適化したリセット内容が追加されている。margin/paddingを0としているので、Normalize.cssより自由なデザインの適用がしやすい。※border-boxベース |

> Memo
> リセット CSS は「オリジナルの初期状態」を作るものであるため、全てのスタイルシートの中で最初に 1 回だけ読み込ませるものになります。CSS ファイルの途中で読み込ませたり、何度も繰り返し読み込ませたりするのはトラブルのもとなので絶対にやめましょう。

## 2 IE の「互換表示」を防止する

ブラウザの初期スタイルシート以外に、ブラウザごとの思わぬ表示の違いに悩まされる可能性があるのが Internet Explorer の「互換表示」機能です。この機能がオンになっていると、一番新しい IE11 で閲覧しているにも関わらず、「IE7 相当」という旧時代のレンダリング仕様で表示されてしまいます。IE7 というのはそもそも HTML5・CSS3 が存在しなかった時代のブラウザですので、当然これらの表示はできません。

通常の Web サイトは互換表示機能を使って閲覧されたくないのが普通だと思いますので、この機能を防止するため、head に次の一行を入れておくようにします。

● index.html

```
12  <meta http-equiv="X-UA-Compatible" content="IE=Edge">
```

## 3 モバイル対応のための各種テンプレート記述を確認する

リセット CSS と IE 互換表示の防止は、全ての Web サイト制作で共通して必要な下準備ですが、モバイル用 Web サイト・レスポンシブ Web サイトの場合にはモバイルデバイス用の各種記述が必要となります。以下のソースコードの赤色の部分がモバイル向けの各種記述となります。詳細については Chapter07 の Lesson24 で解説済みですので、不明なコードがあったらそちらで確認をしておいてください。

● index.html

```
<!DOCTYPE html>
<html lang="ja">
<head>
<meta charset="utf-8">

<title>Cafe Leaf</title>
<meta name="description" content="">
<meta name="keywords" content="">

<meta name="viewport" content="width=device-width,initial-scale=1.0">
<meta name="format-detection" content="telephone=no">
<meta http-equiv="X-UA-Compatible" content="IE=Edge">

<!-- icons -->
<link rel="icon" href="img/favicon.ico">
<link rel="icon" sizes="192x192" href="img/apple-touch-icon.png">
<link rel="apple-touch-icon" href="img/apple-touch-icon.png">
```

```
<!-- stylesheets -->
<link rel="stylesheet" href="css/base.css" media="all">

</head>
```

● base.css
```
html{
    -webkit-text-size-adjust: 100%;
}
```

## 4 サイト全体の共通スタイルを指定する

　最後にこの段階でサイト全体に共通する基本スタイルなどがあれば一緒に設定してしまいましょう。どの項目を要素の基本スタイルとして設定するのかはサイトごとに異なりますので一概には言えませんが、少なくとも基本のフォントとリンクのスタイルについてはどのサイトでも基本スタイルを用意しておいた方が良いでしょう。

● base.css
```
49  a {
50      color: #59220d;
51      transition: 0.5s;
52  }
53  a:hover {
54      color: #d53e04;
55  }
56  a:hover img {
57      opacity: 0.7;
58  }
```

　以上で今回のサイト用のベーステンプレートが完成です。
　本来はここから実際に事前設計に従って HTML マークアップを行うのですが、今回は時間の節約のためマークアップも完了した状態となっていますので、次のレッスンに入る前に一通り内容を確認しておくようにしておいてください。

**図 27-2** コンテンツ部分のマークアップ内容（※一部省略）

```
<body>
    <header id="header" class="header">                                        ─── タイトル領域
        <div class="container">
            <div class="header-title">
                <h1 class="header-logo"><a href="index.html"><img src="img/logo_header.png"
                alt=" おいしい紅茶と手作り焼き菓子の店 Cafe Leaf"></a></h1>
                <p class="header-msg">Cafe Leaf は、港区青山一丁目にある紅茶専門カフェです。<br>
                オーナー自らが目利きして買い付けた厳選された茶葉を、ポットでお出ししています。<br>
                都会の隠れ家カフェで、くつろぎのティータイムをごゆっくりお楽しみください。</p>
            </div>
        </div>
    </header><!-- /#header -->

    <nav id="gnav" class="gnav">                                               ─── ナビゲーション領域
        <ul class="container">
            <li><a href="#">Home</a></li>
            <li><a href="#">Concept</a></li>
            <li><a href="#">Menu</a></li>
            <li><a href="#access">Access</a></li>
        </ul>
    </nav><!-- /#gnav -->

    <main id="contents" class="contents">                                      ─── メイン領域
        <div class="container">

            <section id="menu" class="section">                                ─── メニュー
                <h2 class="heading">Pickup Menu <a href="#" class="more">more</a></h2>
                <ul class="pc-grid-col3 menu-list">
                    <li class="col">
                        <img src="img/ph_menu01.jpg" alt="">
                        <p class="menu-text">ダージリン <br><b>800 円 </b></p>
                    </li>
- - - - - - - - - - - - - - - - - - - - - - - - - 省略 - - - - - - - - - - - - - - - - - - - - - - - - -
                </ul>
            </section><!-- /#menu -->

            <div class="pc-grid-col2">                                         ─── 2 カラム

                <section id="info" class="col section">                        ─── お知らせ
                    <h2 class="heading">Information <a href="#" class="more">more</a></h2>
                    <dl class="info-list">
                        <dt>2015-07-28</dt>
                        <dd><a href="#"> 臨時休業のお知らせ </a></dd>
- - - - - - - - - - - - - - - - - - - - - - - - - 省略 - - - - - - - - - - - - - - - - - - - - - - - - -
                    </dl>
                </section><!-- /#info -->

                <section id="staff" class="col section">                       ─── スタッフの一言
                    <div class="staff-photo"><img src="img/ph_staff.jpg" alt=" スタッフ近影 "></div>
                    <div class="staff-msg">
                        <h2 class="staff-heading">スタッフから一言 </h2>
                        <p class="staff-text">ティーインストラクターの資格を持つスタッフが、一杯ずつ丁寧にお入れします。</p>
                    </div>
                </section><!-- /#staff -->

            </div><!-- /.grid -->

            <section id="access" class="section">                              ─── アクセス
                <h2 class="heading">Access</h2>
                <div class="map">
                    <iframe
src="https://www.google.com/maps/embed?pb=!1m16!1m12!1m3!1d3241.177172339873!2d139.
72505595!3d35.672639249999996!2m3!1f0!2f0!3f0!3m2!1i1024!2i768!4f13.1!2m1!1z5p2x5Lq
s6YO95riv5Yy66Z2S5bGxMS0x!5e0!3m2!1sja!2sjp!4v1439816808418" width="600"
height="450" frameborder="0" style="border:0" allowfullscreen></iframe>
                </div><!-- /.map -->
```

ベースのテンプレートを準備する

```html
        <div class="add">
          <p>東京都港区青山1-x-x 第一青山ビル1F</p>
          <p><a href="tel:03-0000-0000" class="btn-tel">03-0000-0000</a></p>
        </div>
      </section><!-- /#intro -->
```
バナー
```html
      <aside id="banner" class="section">
        <ul class="pc-grid-col3 banner-list">
          <li class="col"><a href="#"><img src="img/bnr_blog.jpg" alt="ブログ始めました"></a></li>
          <li class="col"><a href="#"><img src="img/bnr_lesson.jpg" alt="紅茶教室のご案内"></a></li>
          <li class="col"><a href="#"><img src="img/bnr_recipe.jpg" alt="焼き菓子レシピ"></a></li>
        </ul>
      </aside><!-- /#banner -->

    </div><!-- /.container -->
</main><!-- /#main -->
```
フッター領域
```html
<footer id="footer" class="footer">
  <div class="container">
```
店舗情報
```html
      <section class="footer-info">
```
店舗の外観
```html
        <div class="footer-info-ph"><img src="img/ph_shop.jpg" alt="店舗外観"></div>
```
営業時間等
```html
        <div class="footer-info-data">
          <h2 class="footer-info-title"><img src="img/logo_footer.svg" alt="Cafe Leaf"></h2>
          <dl class="footer-info-list">
            <dt>【営業時間】</dt>
            <dd>10:00～19:00（火曜定休）</dd>
```
省略
```html
          </dl>
        </div>

      </section>
```
SNS一覧
```html
      <ul class="sns">
        <li><a href="#" class="icon-twitter" title="Twitter"></a></li>
        <li><a href="#" class="icon-facebook" title="Facebook"></a></li>
        <li><a href="#" class="icon-pinterest" title="Pinterst"></a></li>
      </ul>
```
コピーライト
```html
      <p class="copyright"><small>Copyrights (c) Cafe Leaf All Rights Reserved.</small></p>
```
ページトップ
```html
      <p class="pagetop"><a href="#header">TOP</a></p>

  </div><!-- /.container -->
</footer><!-- /#footer -->

</body>
```

Point
- リセットCSSでブラウザの初期スタイルを地ならししてからコーディングを始める
- IEの互換表示を防止しておく
- レスポンシブの場合にはモバイル向けのテンプレート記述を追加する

CHAPTER 09　レスポンシブサイトのコーディング

LESSON
28
# ベースとなるスマートフォン向け画面のコーディング

Lesson28ではスマートフォン向け画面のコーディングを行います。スマートフォン向け画面は原則シンプルなシングルカラムとなっていますので、これがそのまま全画面向けのベースとなるよう、ある程度他の画面サイズのことも視野に入れながらコーディングしていきます。

Sample File　chapter09 ▶ lesson28 ▶ before ▶ css ▶ base.css
　　　　　　　　　　　　　　　　　　　　　 ▶ index.html

● Before

● After

# 実習 ベースのシングルカラムレイアウトを作成する

##  ブラウザ両端まで広がる一番外側の枠のスタイルを設定する

　Webサイトのコーディング手順は「外側から内側へ、上から下へ」の順番で作り込みをしていくという原則があります。必ずしもこの順番でなくてもコーディング自体は可能ですが、スタイル指定が親要素から子要素へ継承される性質があることと、ある要素へのスタイル指定が後続要素の配置に影響を及ぼす可能性があることなどから、この順番でコーディングするのが最もトラブルが少ないというのがその理由です。

　従って今回もまずは一番外側に配置され、ブラウザ両端まで100%で伸びる枠である「ヘッダー」「グローバルナビ」「フッター」へのスタイルを最初に設定することにします。

● base.css

```css
 82    /*header
 83    -------------------*/
 84    .header {
 85        height: 500px;
 86        background: url(../img/bg_header.jpg)
           center center no-repeat;
 87    }
 88
 89    /*global navigation
 90    -------------------*/
 91    .gnav {
 92        background: #d8c7a0;
 93    }
```
―――――――――――――省略―――――――――――――
```css
103    /*footer
104    -------------------*/
105    .footer {
106        padding: 20px 0;
107        background: #d8c7a0;
108    }
```

> **Memo** base.cssにはあらかじめ各パーツ用のコメント見出しを用意していますので、以後該当のコメント見出し箇所に対して必要なコードを追記していってください。

　なお「ブロックレベルの要素（=display:block）の場合、幅を指定しなければ親要素の幅を継承する」というのが仕様ですので、幅100%にしたい場合には特別な理由がない限りwidth自体を指定しないのが原則です。

## 2 画像と地図をフルードイメージ化する

　レスポンシブ Web デザインのようにコンテナの幅が可変であることが前提のレイアウトを組む場合、その中に埋め込まれている画像や iframe 等の埋め込みメディアの横幅も伸縮可能となるように設定しておく必要があります。このように「親要素の幅に応じて伸縮する画像・メディア」のことを「フルードイメージ」と呼びます。

　フルードイメージ化する必要があるコンテンツは、主に img 画像、背景画像、iframe 埋め込み要素（動画や地図など）がありますが、それぞれ対処方法が異なります。

### ▶ img 画像のフルード化

● base.css

```
39  img{
40      border: 0;
41      max-width: 100%;
42      height: auto;
43  }
```

max-width: 100%; height: auto; ── フルードイメージ化設定

図 28-1 フルードイメージ

フルードイメージ化前 / フルードイメージ化後
ウィンドウからはみ出している / ウィンドウに収まるように縮小される

## ベースとなるスマートフォン向け画面のコーディング

　レスポンシブサイトの制作では、原則として全てのimg画像はフルードイメージとして伸縮するように設定しますので、img要素に直接フルードイメージにするための記述を加えておきましょう。フルード化のコードを加えたら、ブラウザの幅を広げたり縮めたりして画像のサイズが伸縮する様子を確認してみてください。一般的に「フルードイメージ」と言った場合、width:100%ではなく max-width:100% で設定されますので、画像自身の本来の横幅サイズ以上には拡大されません。従ってこの場合は全てのレイアウトパターンを通して最大となるサイズで画像を準備しておく必要があります。

> **Memo**　諸々の事情により必要な最大幅の素材を準備できない場合には、img要素をwidth: 100%にすることも可能です。基本的にはmax-width: 100%で対応することを推奨しますが、どうしても難しい場合には柔軟に対応するようにしましょう。

### ▶ 背景画像のフルード化

● base.css

```
84    /*header
85    ---------------------*/
86    .header {
87        height: 500px;
88        background: url(../img/bg_header.jpg)
            center center no-repeat;
89        background-size: cover;
90    }
```

89　ヘッダー領域全体を背景画像で覆うようにフルード化する設定

図 28-2　背景画像のフルード化

　背景画像の場合は、必要な箇所でその都度 background-size を指定することでフルード化します。今回のデザインではヘッダー領域全体を常に覆うように表示したいので background-size: cover を使いますが、例えばアイコン素材などを背景化してフルードイメージにしたい場合などは、画像全体がその領域に常に収まるように表示したいはずなので background-size: contain を使うといったように、デザインと素材に合わせて適宜指定を変更するようにしましょう。

### ▶ iframe 埋め込み要素のフルード化

● index.html

```
<div class="map">
    <iframe src="https://www.google.com/maps/embed?
pb=!1m16!1m12!1m3!1d3241.177172339873!2d139.7250559
5!3d35.672639249999996!2m3!1f0!2f0!3f0!3m2!1i1024!2
i768!4f13.1!2m1!1z5p2x5Lqs6YO95riv5Yy66Z2S5bGxMS0x!
5e0!3m2!1sja!2sjp!4v1439816808418" width="600"
height="450" frameborder="0" style="border:0"
allowfullscreen></iframe>
</div><!-- /.map -->
```

Google Mapの埋め込みコードを貼り付け / 任意の親要素

● base.css（横幅のみ可変の場合）

```
 98    /*Google Map
 99    -------------------*/
100    .map iframe {
101        width: 100%;
102    }
```

図 28-3 GoogleMap のフルード化（高さ固定の場合）

GoogleMap を埋め込んでいる iframe 要素の width を % 指定する

height は固定 px のままなのでどの幅でも同じ高さ

　GoogleMap や YouTube などの外部サービスメディアを Web サイトに埋め込む場合には、iframe 要素が使われます。埋め込み用コードには固定幅が指定されていますので、これをフルード化するには **iframe 要素自体の横幅を % で指定**する必要があります。
　幅だけ可変で高さは固定で良いのであれば単純に iframe { width: 100%;} とすれば幅可変の iframe 領域となりますが、縦横比を固定した状態で全体に伸縮するような形にしたい場合には一工夫が必要です。
　一定の縦横比を保った状態の iframe 領域を作るためには、まず対象の iframe を div 要素などで囲む必要があります。今回は既に <div class="map"> で囲んでいますのでそれを利用して次のように指定します。

● base.css（縦横比一定の可変ボックスとする場合）

```
105  .map {
106      /*絶対配置の基準ボックスを設定*/
107      position: relative;
108
109      /*親要素の幅に対して50%の高さの可変空白領域を確保*/
110      padding-top: 50%;
111  }
112  .map iframe {
113      /*可変空白領域の上にiframe枠を絶対配置*/
114      position: absolute;
115      left: 0;
116      top: 0;
117      /*親要素の幅と高さにフィットさせる*/
118      width: 100%;
119      height: 100%;
120  }
```

Map領域のアスペクト比指定

アスペクト比指定領域内に縦横100%で絶対配置

　このコードのポイントはiframeを囲むdiv要素の高さを親要素の横幅に連動する%指定のpaddingで指定するという点です。これが「paddingハック」と呼ばれるテクニックです。paddingを%単位で指定した場合、上下左右のどの方向のpaddingであっても常に「親要素の横幅」を基準としてサイズが決まる仕様となっています。この仕組みを利用して高さをpadding-top（padding-bottomでも可）で指定することで、要素のアスペクト比を指定できるのです。後はこの要素の上に絶対配置でiframeを重ね、width:100%、height:100%で親要素のサイズいっぱいに広がる状態にしてやればiframeのフルード化が完成します。

**図 28-4** paddingハックを利用したiframe埋め込み要素のフルード化

## 3 コンテンツ幅を決定するcontainerのスタイルを設定する

画像・メディアの伸縮対応ができたので、次にページ全体のコンテンツ幅を決定するcontainerのスタイルを設定します。画面設計の段階で各ブロックの内側にclass="container"という名前でコンテンツ幅を決定するための枠が用意してあります。この枠には、

❶ コンテナの左右両サイドに20pxの余白を確保
❷ コンテナに最大値を設定してブラウザの中央に配置

という2つの機能を持たせておきます。今作っているのはスマートフォン向けのレイアウトなので、❶だけ設定しておいても良いように思われるかもしれませんが、最初からPCレイアウトも視野に入れて❷の設定も合わせて設定しておくことで、全サイズでのコンテナサイズ設定がここだけで完結します。このように全サイズ共通して使える指定はできるだけまとめてベースに指定してしまった方がCSSがシンプルになるのでおすすめです。

**図28-5** .containerの設定

● base.css

```
75   /*container*/
76   .container {
77       max-width: 940px;
78       margin: 0 auto;
79       padding-left: 20px;
80       padding-right: 20px;
81   }
```

最大940pxで固定して中央寄せ
コンテナ左右に余白

**Memo　コンテナ左右の余白**
スマートフォンやタブレットなどの画面全体がブラウザ領域となるデバイスでは、画面の一番端までコンテンツが来てしまうと非常に読みづらいため、両サイドにコンテンツを配置しない余白（プロテクトエリア）を設けるのが一般的です。この余白のサイズは最低でも10px、できれば20px程度確保するのが望ましいと言えます。

## 4　％単位で幅可変の段組みレイアウトを組む

　横並びの段組みレイアウトを可変対応にするためには、サイズの単位に px ではなく ％ を使います。ボックスの幅である width を ％ で指定した場合は「親要素の横幅を100％とした場合の割合」を意味します。グローバルナビやお知らせ一覧のように、段間がない段組みの場合は、シンプルに表示したいサイズの割合を ％ で指定するだけとなります。

**Memo**
横並びのボックスレイアウトを実現する方法はいくつかありますが、Chapter09 では原則として flexbox を採用しています。float での実装方法を知りたい方は、会員特典 PDF の方で解説をしていますので、興味があれば参照するようにしてください。

● base.css（global navigation）

```
97    /*global navigation
98    -------------------*/
99    .gnav {
100       background: #d8c7a0;
101   }
102   .gnav ul {
103       display: flex; /*アイテムを横並びにする*/
104   }
105   .gnav li {
106       width: 25%; /*アイテム幅を親要素の1/4とする*/
107   }
108   .gnav a {
109       display: block;
110       padding: 15px 0;
111       color: #fff;
112       text-align: center;
113       text-decoration: none;
114       font-size: 20px;
115   }
116   .gnav a:hover {
117       background: #ecdfc2;
118   }
```

各メニューを均等に
1/4=25% に設定

● base.css（information）

```
144    /*information
145    -------------------*/
146 ▼  .info-list {
147        display: flex; /*アイテムを横並びにする*/
148        flex-wrap: wrap; /*複数行表示にする*/
149    }
150 ▼  .info-list dt {
151        width: 30%; /*親要素の30%幅にする*/
152        padding: 10px 0;
153        border-top: 1px #d8c7a0 dotted;
154    }
155 ▼  .info-list dd {
156        width: 70%; /*親要素の70%幅にする*/
157        padding: 10px 0;
158        border-top: 1px #d8c7a0 dotted;
159    }
160 ▼  .info-list :first-of-type {
161        border-top: none;
162    }
```

日付とお知らせ内容のカラムを
3:7 の比率に設定

　スマートフォン向けのレイアウトは原則としてシングルカラムですので、ここまでの設定で基本的なレイアウトについてはほぼ完了です。ここからさらに各パーツについてデザインに合わせた装飾をほどこす必要はありますが、色や線、余白など、これまで学んできた基本的な CSS による装飾の繰り返しですので解説は割愛させていただきます。完成形は /lesson28/after/ にありますので、気になる方は確認しておいてください。

- コーディングは「外側から内側へ」「上から下へ」の順に作り込むのが原則
- レスポンシブでは画像やメディアを「フルードイメージ」化する
- スマートフォン向けのベースコーディングの段階で画面を広げたときにも適用される設定は同時に処理しておくと効率的

CHAPTER 09 レスポンシブサイトのコーディング

# LESSON 29
## メディアクエリを使った レイアウトの調整

Lesson29 では、メディアクエリを使って PC 向けにレイアウトを変更・調整し、レイアウトを完成させる過程を解説します。中でもレスポンシブで凝ったレイアウトを作る際のポイントとなる % 幅の計算方法は特に重要ですので、しっかり理解するようにしましょう。

**Sample File** chapter09 ▶ lesson29 ▶ before ▶ css ▶ base.css
▶ index.html

● Before

● After

371

| 実習 | メディアクエリを使って画面サイズごとの
レイアウトを調整する |

## 1 ブレイクポイントとレイアウトパターンを確認する

初めに今回のサイトでのブレイクポイントと、各レイアウトのパターンを確認しておきましょう。

図 29-1 ブレイクポイントとレイアウトパターン

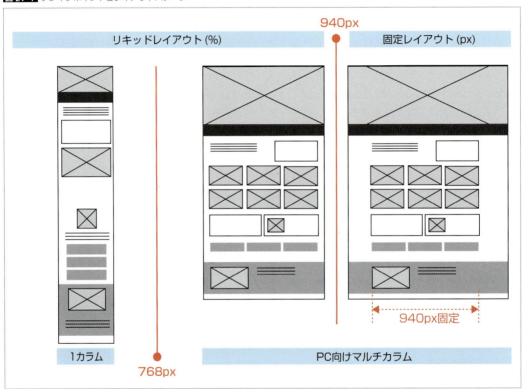

768px 以上で PC 向けマルチカラムレイアウトに変更、940px 以上でコンテンツ幅固定となっていますが、「940px 以上で幅固定」については既に container に max-width を設定することで実装済みですので、実際にはブレイクポイントは 768px の 1 箇所のみ、レイアウトパターンはスマートフォンと PC の 2 パターンのみという最もシンプルな構成のレスポンシブになっているのが分かるかと思います。

> Memo ブレイクポイントが複数あっても以降の過程でやることは全く同じです。

## 2 モバイルファースト方式でメディアクエリを記述する

必要なブレイクポイントの数値を確認したら、スタイルを切り分けるためのメディアクエリを記述します。

今回はスマートフォン向けのレイアウトをベースとして、画面幅が大きくなった場合にレイアウトを切り替えるという手法で作成していますので、メディアクエリの条件は以下のように「min-width:768px（768px 以上）」と指定することになります。

```
@media screen and ( min-width: 768px) {
    /*ここに768px以上向けのスタイルを記述*/
}
```

なお、今回のようにスマートフォン向けのレイアウトをベースにして作っていくレスポンシブの手法のことを「モバイルファースト方式」、逆に PC 向けのレイアウトをベースにして作っていくレスポンシブの手法のことを「デスクトップファースト方式」と呼んでいます。どちらの方式で作っても最終的に出来上がるものは同じですので、どちらを選択しても良いのですが、図 29-2 のような特徴があり、モバイルファースト方式の方がスマートフォンにやさしい作りであるため、特別な理由がなければ基本的にはモバイルファースト方式で作成することを推奨します。

図 29-2 モバイルファースト方式とデスクトップファースト方式の CSS 継承の比較

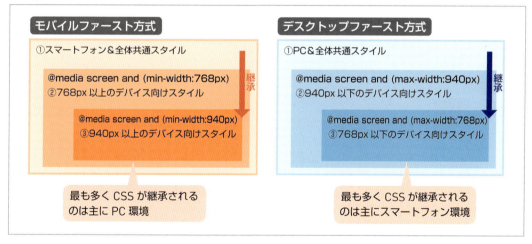

> **Memo** デスクトップファースト方式を選択するケース
> 基本はモバイルファースト方式ですが、既存の PC サイトをレスポンシブ化する場合や、PC レイアウトのデザインが先に出てきた場合、PC レイアウトデザインしかないといった場合にはデスクトップファースト方式で作ることになります。

373

また、メディアクエリを記述する場所としては

❶ ベーススタイル記述の末尾に 1 箇所にまとめて @media 構文を記述する
❷ コンポーネントごとにベース記述の後ろに続けて @media 構文を記述する

のように 2 通り考えられます。どちらで記述しても同じように作ることは可能なので、自分の好みで選択しても構いません。ただ、比較的複雑なレイアウト調整が必要なデザインの場合は、ベースレイアウト記述との比較がしやすいため❷の方法の方が作りやすいでしょう。練習用の簡単なサンプルであれば❶の方法でも問題ありませんが、実務レベルの制作であれば❷の方法をおすすめします。

今回は実務レベルの制作と同じように各コンポーネントの末尾にメディアクエリを分散記述する❷の方法で制作していくことにします。

図 29-3 メディアクエリの記述場所

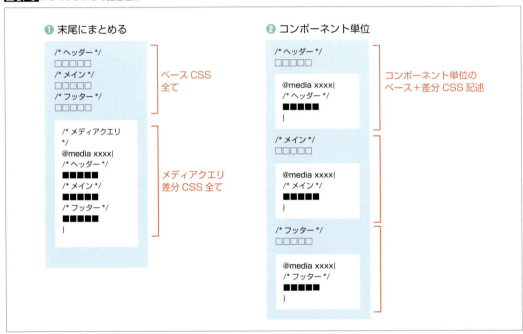

Memo　メディアクエリの @media をベース記述の後ろに記述するのは、メディアクエリ内の記述も通常の CSS と同じように継承と上書きのルールが適用されるからです。あくまで「条件付きで上書きする」という機能であるため、記述する場所に気をつけないと正しくスタイルが適用されませんので注意してください。

## 3 2カラム、3カラムレイアウトにする箇所のサイズを％で算出する

PCレイアウトで2カラム、3カラムになる箇所は図29-4の通りです。段間が必要な場合や、各カラムが均等幅ではないなど、やや複雑なレイアウトを厳密にレスポンシブ化する場合は、デザインカンプ上でのpxサイズをもとに個別に計算して％の数値を算出します。具体的には、「対象となる要素の幅÷親要素の幅×100」という計算式となります。

図 29-4 各カラムのpx計測値と％計算

デザインカンプをもとに各カラムの％を割り出したら、メディアクエリで768px以上の場合にのみ適用して可変幅の段組みレイアウトを実装しましょう。

● base.css（汎用2カラム/3カラム）

```
83   /*grid*/
84   @media screen and (min-width: 768px) {
85     /*汎用2カラム,3カラム指定*/
86     .pc-grid-col2,
87     .pc-grid-col3 {
88       display: flex;
89       flex-wrap: wrap;
90       justify-content: space-between;
91     }
92     /*2カラムの列幅*/
93     .pc-grid-col2 .col {
94       width: 48.9361%;
95     }
96     /*3カラムの列幅*/
97     .pc-grid-col3 .col {
98       width: 31.9148%;
99     }
100  }
```

● base.css（footer）

```
283   @media screen and (min-width: 768px) {
284     .footer-info {
285       display: flex;
286       justify-content: space-between;
287     }
288     .footer-info-ph {
289       width: 31.9148%;
290     }
291     .footer-info-data {
292       width: 65.9574%;
293     }
294   }
```

## 4 「スタッフの一言」エリアを作り込む

### ▶ paddingと背景パターンの追加

「スタッフの一言」のエリアには斜めストライプの背景パターンがデザインされています。エリア全体に背景を付ける場合、中のコンテンツの可読性を高めるためにエリアの内側にpaddingで余白を設定しますので、まずはpaddingと背景パターンを追加しましょう（このスタイルはスマートフォンレイアウトの場合も必要なのでメディアクエリの外側であるベース記述の方に追記します）。

● base.css（スタッフの一言）

```
198    /*staff
199    --------------------*/
200 ▼  #staff {
201        padding: 20px;
202        background:
203            repeating-linear-gradient(135deg, #fff,
               #fff 10px, #fcf2d9 10px, #fcf2d9 20px);
204    }
```

　すると、キャプチャのようにそれまで2カラムできちんと表示されていたレイアウトが崩れてしまうのが分かると思います。段組みレイアウトを組んでいるとき、本来横に並んでほしいボックスが次の行に改行されてしまう現象のことを「カラム落ち」といいますが、カラム落ちが発生する原因は基本的に「横並びにする子要素のサイズが親要素の幅を超えている」という点にあります。

　手順❸の段階できちんと均等2カラムになるように%で幅を計算したにもかかわらず、手順❹でカラム落ちしてしまったのは、後からpaddingが追加されたことが原因です。ボックスモデルの計算（※Chapter02 Lesson10参照）は、widthのサイズにpadding、borderを含まないのが原則ですから、手順❸でwidth:48.9361%とした後で同じ要素に対してpadding:20pxを追加したら、その分だけボックス全体のサイズが大きくなってしまうため、親要素の幅を超えてカラム落ちするのは当然と言えます。

▶ box-sizingによるカラム落ちの修正

　このような場合、固定幅のレイアウトであればwidthのサイズをpaddingを除いた数値に変更することで解決できます（例：460px - 40px = 420px）。しかし今回のようにwidthが%単位、paddingがpx単位である場合、単位が異なるため単純にwidthの数値からpaddingの数値を引くことができません。レスポンシブの場合は基本のサイズ単位が%となるためこのような問題に直面するケースが多くなります。

対処方法はいくつかありますが、最もシンプルで簡単なのは、width のサイズの中に padding も含めて計算できるように box-sizing の値を border-box に変更するという方法になります。

● base.css（スタッフの一言）

```
198    /*staff
199    --------------------*/
200 ▼  #staff {
201        padding: 20px;
202        background:
203            repeating-linear-gradient(135deg, #fff,
               #fff 10px, #fcf2d9 10px, #fcf2d9 20px);
204        box-sizing: border-box;
205    }
```

padding 込みで width を計算してくれるようになったのでカラム落ちが解消

今回は勉強が目的なので必要に応じてその都度 box-sizing の値を border-box に変更する形で制作していますが、実務の場合に毎回このような形で box-sizing の値を変更するのは効率が悪いので、レスポンシブのサイトを制作する際にはリセット CSS の段階で最初から全ての要素に box-sizing:border-box を適用しておくのが良いでしょう。その場合、初めから border-box ベースで設計されているリセット CSS を採用するのでも良いですし、自分で border-box にするためのコードを追記する形でも構いません。自分で追記する場合には次のようなコードをリセット CSS に加えておきましょう。

```
* { box-sizing: border-box;}  /*全ての要素をborder-boxにする*/
*::before, *::after { box-sizing: inherit; }   /*疑似要素のbox-sizingは親要素の値を継承する*/
```

▶ スタッフ写真のサイズを % 計算

スタッフ写真のサイズがまだデザイン通り指定されていないのでデザイン上の px 数値を % に直します。PC/ スマートフォンそれぞれのデザイン時の詳細サイズは図 29-5 の通りです。

図 29-5 「スタッフの一言」の詳細サイズ

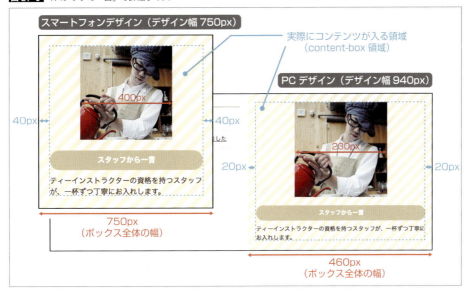

幅の計算なのでこれまで同様、「対象となる子要素の幅÷親要素の幅×100」で計算すれば良いのですが、親要素となる「スタッフの一言」エリアには 20px の余白が設定されています。このような条件の場合、子要素の % サイズ計算する際の基準となる親要素のサイズは、ボックス全体のサイズではなく padding を除いた<u>純粋なコンテンツ領域のサイズ（=content-box）</u>となります。なぜなら、子要素が配置される最大領域（子要素の幅が 100% となる領域）は padding の内側にあるコンテンツ領域となるからです。

Memo：スマートフォン用のデザインカンプは Retina ディスプレイ対策のため実機 2 倍サイズでのデザインとなっています。そのためスマートフォン用のカンプではエリア左右の余白も 2 倍の 40px となっているので % サイズ計算のときには注意が必要です。

また、今回は親要素自身に box-sizing:border-box も設定されていますが、それでも子要素の % サイズ計算の基準となる領域はやはり content-box 領域です。親要素自身の width を算出する領域が border-box になっていたとしても、子要素が配置される最大領域はそのこととは関係なく padding の内側である content-box 領域であることに変わりないからです。従って、スタッフ写真のサイズを % で指定する場合には以下の計算式に基づいて % を算出することになります。

図 29-6 % 単位の width 計算式

対象要素のサイズ ÷ <u>親要素のcontent-boxのサイズ</u> × 100

● base.css（スタッフ写真）

```
206 ▼  .staff-photo {
207      width: 59.7014%; /* 400÷670×100 */
208      margin: 0 auto 20px;
209    }
210 ▼  @media screen and (min-width: 768px) {
211 ▼    .staff-photo {
212        width: 54.7619%;/* 230÷420×100 */
213      }
214    }
```

親要素のcontent-boxサイズ

　このように、レスポンシブWebデザインのサイトをコーディングするときの最大のポイントは、状況に合わせて適切に%単位の数値を算出することになります。一部例外はありますが、基本的には%で算出したい子要素のwidthは、図29-6の計算式で割り出せますのでしっかり覚えておきましょう。

> Memo　%算出の基準となるものはプロパティによって若干異なります。width以外のプロパティについては補講「レスポンシブにまつわる各種TIPS」を参照してください。

- モバイルファースト方式でメディアクエリの設定をするのが基本
- デザインカンプからレスポンシブサイトを制作する場合は、デザインカンプ上のpx数値を計算式で正確に%に変換する
- 子要素の横幅の%サイズを算出する基準は、親要素の「content-box」領域

CHAPTER 09　レスポンシブサイトのコーディング

LESSON
# 30 | マルチデバイス対応を意識した各種デザイン実装

Lesson30 では、マルチデバイス環境で閲覧されることを意識した上での細かいパーツのデザイン実装方法や、CSS の新しい機能の実践での活用方法などを紹介します。

Sample File　chapter09 ▶ lesson30 ▶ before ▶ css ▶ base.css
　　　　　　　　　　　　　　　　　　　　　　　▶ index.html

● Before

● After

## 実習　様々なデバイス・環境で閲覧される前提で細部のデザインを実装する

### 1 キービジュアルとグローバルナビが常にファーストビューいっぱいに表示されるようにする

　Lesson29 ではキービジュアル領域はスマートフォンでも PC でも高さ 500px 固定で作成しましたが、近年は最初に表示された画面領域（ファーストビュー）全体にメインビジュアルを広げて見せるデザインも多く見られます。このようなデザインの実装は、かつては JavaScript を利用しなければ実現できませんでしたが、現在はシンプルなものなら CSS だけで実装することもできます。

● base.css

```
108    /*header
109    --------------------*/
110    .header {
111        position: relative;
112        /*height: 500px;*/
113        height: 100vh;
114        background: url(../img/bg_header.jpg)
               center center no-repeat;
115        background-size: cover;
116    }
```

　ファーストビューいっぱいに要素を表示したい場合、height を「vh」という単位を使って指定すると簡単に実現できます。vh とは「viewport height」のことで、「ビューポートの高さを 100 とした相対単位」を表しています。1vh はビューポートの高さの 1%、100vh はビューポートの高さの 100% ですので、メインビジュアルの要素の高さを 100vh とすることで、スマートフォンでは常にデバイスの画面の高さいっぱい、PC では常にウィンドウの高さいっぱいに要素を表示することができます。PC でウィンドウの幅や高さを変えてみて、常にメインビジュアルで覆われることを確認してみましょう。

> **Memo** **vw**
> 「vh」とセットとなる単位で「vw」（viewport width）という単位もあります。こちらは「ビューポートの幅を 100 とした相対単位」となり、親要素のサイズに関わらず常にビューポート（≒ウィンドウ）幅に比例したサイズ指定ができるため、こちらも便利な単位です。ただし vw にはスクロールバー領域のサイズも含まれるため、環境や状況によって微妙にサイズが変わってしまう恐れがあります。単純に「ボックスをウィンドウ幅いっぱいに広げたい」という場合は素直に % 単位を使う方がおすすめです。

#### ▶ グローバルナビ領域分だけキービジュアルの高さを小さくする

　メインビジュアルがファーストビューいっぱいに広がるようになったのは良いのですが、その下にあるメインメニューがスクロールしないと見えなくなってしまいました。そこでメインメニューまでをファーストビューに含めるように変更したいと思います。
　実装方法はいくつかありますが、今回はグローバルナビ領域の高さの分だけキービジュアルの高さを小さくすることで対処しようと思います。

図 30-1 メインメニューまでをファーストビューに含めて表示

今回はメインメニューの高さが 60px と固定サイズとなっていますので、キービジュアルの高さが常に「100vh - 60px」となるように指定すれば良さそうです。このように CSS で値を計算してその結果を利用したい場合には「calc()」という機能を使います。

● base.css

```
108    /*header
109    --------------------*/
110    .header {
111        position: relative;
112        /*height: 500px;*/
113        height: calc(100vh - 60px);
114        background: url(../img/bg_header.jpg) center center no-repeat;
115        background-size: cover;
116    }
```

## 2 拡大縮小に耐えられる画像や図形を実装する

### ▶ 見出しにポットのイラスト画像を設定する

図 30-2 見出し完成デザイン

今回のデザインでは大見出しの先頭にポットのイラスト画像があしらわれています。シンプルに PNG 画像を背景画像に設定しても良いのですが、Retina ディスプレイでの閲覧を考えた場合は PC 用の等倍画像の 2 倍サイズの画像を用意して、それを 1/2 に縮小して表示するといった手間をかける必要が出てきます。

図 30-3 PNG 画像で実装する場合の仕組み

近年は 2 倍だけでなく 3 倍画質のディスプレイも増えてきていますので、このようなデザインでは SVG 画像やアイコンフォントなどのベクター形式の画像を使った方がより多くの環境で画質を担保することができます。ここでは PNG 画像の代わりに SVG 画像を使用することにしましょう。

SVG 画像であれば素材 1 つでどのようなデバイスでも美しいエッジを維持することが可能なので、PNG 画像での実装のようにメディアクエリで等倍／2 倍を切り替えるような手間は必要ありません。

● base.css

```
394     /*ポットアイコン*/
395 ▼  .heading::before {
396         content: "";
397         display: inline-block;
398         width: 35px;
399         height: 26px;
400         margin-right: 5px;
401         background: url(../img/ico_pot.svg) no-repeat;
402         background-size: contain;
403         position: relative;
404         bottom: -3px;
405     }
```

▶ 三角アイコンを CSS で描画する

見出しの右端にある「more」リンクボタンの三角アイコンは CSS で描画します。三角形の描画には border プロパティを使うので、古い環境でも問題なく再現可能です。

● base.css

```
422     /*三角アイコン*/
423 ▼  .heading .more::after {
424         content: "";
425         display: inline-block;
426         width: 0;
427         height: 0;
428         margin-left: 5px;
429         border: transparent 5px solid;
430         border-left-color: #fff;
431         vertical-align: middle;
432     }
```

図 30-4 border を使った三角形描画の仕組み

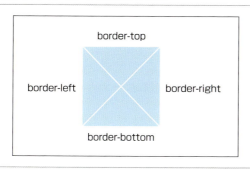

width:0、height:0 のボックスに**透明な border を引き、矢印の向きと反対側の border にだけ色を設定**すると、簡単に三角形（二等辺三角形）を描画できます。
この方法は CSS2.1 の範囲で可能なので、IE8 でも問題なく表示できます。

385

なお二等辺三角形以外の三角形は若干プロパティの調整がややこしいので、ジェネレーターを使ってCSSを自動生成すると楽に作ることができます。

図 30-5 「CSS triangle generator」(http://apps.eky.hk/css-triangle-generator/)

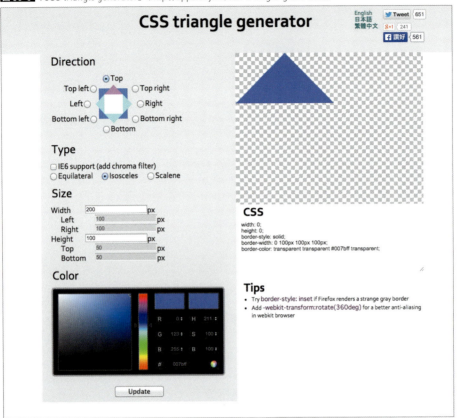

## 3 Google Fonts を使う

グローバルナビ、見出しのデバイスフォントではない欧文イタリック書体には、無料のWebフォントを使用したいと思います。しかしデザインカンプに使ったLucida Calligraphyは無料Webフォントの提供がないため、Google Fonts（https://www.google.com/fonts）の中から似たような印象になるものを選び直して使用することにします。今回は「Cardo」というフォントを選んでください。

使用するフォントを選択すると、フォントデータを読み込むための記述と、目的のWebフォントを利用するためのCSS記述が表示されますので、これをそれぞれ自分のHTMLとCSSにコピー&ペーストして使用しましょう。

マルチデバイス対応を意識した各種デザイン実装

図 30-6　Google Fonts の使い方

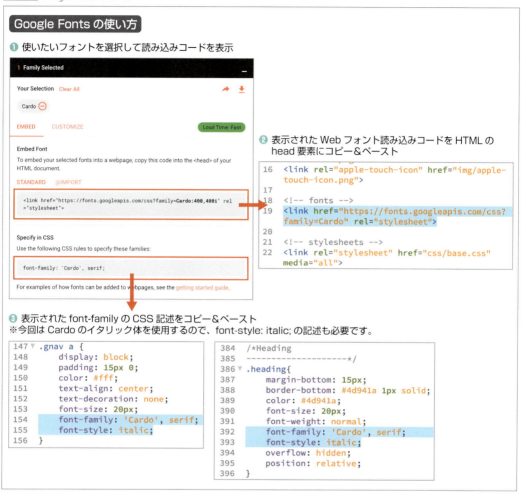

Web フォントが正しく設定されるとこのような表示に変わります。

　Web フォントを活用することは Web サイトにとって良いことが多いですが、必ずしも使いたい書体が Web フォントとしてライセンス提供されているとは限らないという問題があります。従って、特にデザイン的に重要な部分に Web フォントを使う予定であれば、あらかじめライセンス上問題のない Web フォント書体を先に決めておき、それを使ってデザインすることをおすすめします。また、日本語フォントについては無料で使用できるものは限られていますので、事前の調査が必要です。Google Fonts では Noto Sans JP など日本語フォントも一部提供していますので、検討してみると良いでしょう。

387

> Memo
> レスポンシブ Web デザインでは見出しを画像化することは原則としてご法度です。特に本文中の小見出しなど、文字量が多く画面サイズによって自動折返しが想定されるような箇所は、画像化してしまうと非常に面倒なことになってしまうからです。日本語フォントの場合は無料で使える Web フォントは少ないですが、コストをかけられないのであれば割り切ってデバイスフォント前提でデザインすることをおすすめします。

主な国内・海外 Web フォントサービス
▶ FONTPLUS（ URL  http://webfont.fontplus.jp/）
▶ TypeSquare（ URL  http://www.typesquare.com/）
▶ Fonts.com（ URL  http://webfonts.fonts.com/）
▶ Google Fonts（ URL  https://www.google.com/fonts）
▶ Adobe Fonts（ URL  https://fonts.adobe.com/）

## 4 アイコンフォントを使う

　SNS アイコンのように、Web サイトでよく使われる一般的なアイコンであれば、アイコンフォントを使って画像作成の手間を省くことができます。無料のアイコンフォントをダウンロードできるサービスはいくつかありますが、今回は「IcoMoon」（https://icomoon.io/app/）というサイトのものを利用したいと思います。

　利用の手順は以下の通りです。

**図 30-7** IcoMoon の使い方

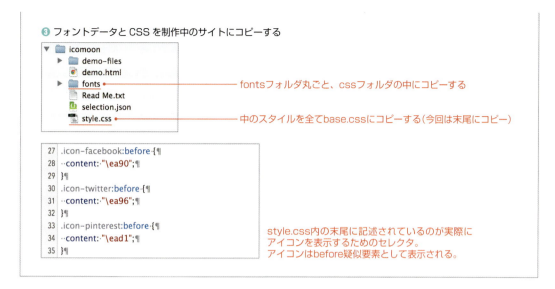

　フォントデータをダウンロードしたら、HTML 上の SNS アイコンの a 要素に指定の class を設定します。アイコンフォントは before 疑似要素として表示されるため、テキストデータは削除し、アクセシビリティ対策のために a 要素の title 属性に移しておきましょう。
　最後に、アイコンのフォントサイズを調整したら完了です。

● HTML

```
141  <ul class="sns">
142      <li><a href="#" class="icon-twitter" title="Twitter"></a></li>
143      <li><a href="#" class="icon-facebook" title="Facebook"></a></li>
144      <li><a href="#" class="icon-pinterest" title="Pinterst"></a></li>
145  </ul>
```

● CSS

**自作アイコンフォント**
IcoMoon では自作の SVG 素材をアイコンフォントデータに変換してくれる機能もあります。今回は画像で実装したポットのアイコンなども、Illustrator などで SVG 形式のデータを用意できれば、SNS アイコンと同じ要領でアイコンフォントとして組み込むことが可能です。

**Font Awesome**
IcoMoon 以外で有名なアイコンフォントサービスとしては、「Font Awesome」（https://fontawesome.com/）というものがあります。フリーアイコンと自作アイコンを一緒に Web フォント化できるのが IcoMoon のメリットですが、自作アイコンを使う必要がないのであれば Font Awesome の方がアイコンの種類が豊富なのでおすすめです。

以上で今回のレスポンシブサイトのコーディング実装は完了です（通常は動作確認をしておかしいところや気になるところがないか確認し、必要があれば修正を加えます）。

> **Point**
> - vw/vh、calc() といった単位や機能を使うとレスポンシブ対応のデザイン再現が比較的簡単に実現できる
> - ベクター形式の SVG 画像を活用することでマルチデバイス対応が楽になる
> - レスポンシブサイトのフォント周りは Google Fonts や IcoMoon などの Web サービスを活用することでクオリティを下げずに実装の手間を省くことができる

## SUPPLEMENTARY LESSON

# 補講 | レスポンシブにまつわる各種 TIPS

　レスポンシブのコーディングでは作りたいサイトのデザイン・仕様によって実に様々な技術や知識が必要となります。本書の実習で取り上げた内容は、レスポンシブの中でも非常にベーシックで基本的な知識・テクニックだけでしたので、最後に技術的な引き出しを増やせるように、少し掘り下げた知識・テクニックを紹介しておきたいと思います。

### メディアクエリの書き方の注意点

　Chapter09 ではできるだけシンプルに作るため、ブレイクポイントは1箇所のみで作りましたが、実際にはもう少しブレイクポイントを増やして細かくレイアウト調整することが多いと思われます。例えば 480px、640px、940px の3箇所にブレイクポイントを設けて段階的にレイアウトを変更していくことを想定した場合、モバイルファースト方式とデスクトップファースト方式ではそれぞれ以下のようにメディアクエリを記述することになります。

● モバイルファースト方式

```
/*スマホ&全環境向けの記述 */
〜省略〜
/*480px以上*/
@media screen and (min-width: 480px){
〜 480px以上向けの差分CSS 〜
}
/*640px以上*/
@media screen and (min-width: 640px){
〜 640px以上向けの差分CSS 〜
}
/*940px以上*/
@media screen and (min-width: 940px){
〜 940px以上向けの差分CSS 〜
}
```

● デスクトップファースト方式

```
/*PC&全環境向けの記述 */
〜省略〜
/*940px以下*/
@media screen and (max-width: 940px){
〜 940px以下向けの差分CSS 〜
}
/*640px以下*/
@media screen and (max-width: 640px){
〜 640px以下向けの差分CSS 〜
}
/*480px以下*/
@media screen and (max-width: 480px){
〜 480px以下向けの差分CSS 〜
}
```

メディアクエリで段階的にレイアウト変更する場合のポイントは、原則として

❶ モバイルファースト方式では小さいブレイクポイントから順に、デスクトップファースト方式では大きいブレイクポイントから順にメディアクエリを記述する
❷ モバイルファースト方式では「min-width（〜以上）」、デスクトップファースト方式では「max-width（〜以下）」のメディア特性条件式を使用する

という点です。
　このように指定するのは、CSSが持っている「スタイルの継承と上書き」という仕組みをうまく活用することで、最小限の記述で済むようにするためです。基本的に各メディアクエリは「〜以上全て」もしくは「〜以下全て」という条件分岐で作りますので、複数のブレイクポイントがある場合、画面サイズの大きさに応じて順次スタイルが継承されていくように記述するということに注意をするようにしてください。

　ちなみにメディアクエリの文法としては、

```
/* 640px未満*/
@media screen and (max-width: 639px){
〜640px未満専用〜
}
/*640px以上940px未満*/
@media screen and (min-width: 640px) and (max-width: 939px){
〜640px以上940px未満専用〜
}
/*940px以上*/
@media screen and (min-width: 940px){
〜940px以上専用〜
}
```

のように、各レイアウト段階で完全にCSSを切り分けて他のサイズ用のスタイルの影響を受けないように作ることも可能ではあります。ただしこのやり方の場合、よほどそれぞれが全く別のデザインでもない限りスタイル指定の重複が多く発生し、無駄の多いCSSになってしまう恐れが高いのであまりおすすめはできません。
　デザインの特性を見極めた上で、部分的にこのような特定の画面サイズ専用のメディアクエリを使用する箇所があるのは構いませんが、基本的には通常のCSS同様にスタイルの継承と上書きという仕組みをうまく利用し、最小限の記述でスタイル指定ができるように工夫することが重要です。

### %算出における基準サイズの各種パターン

　レスポンシブWebデザインでは、ほとんどのサイズ指定をpxではなく%単位で指定しますが、%を算出する際の基準となるサイズが、割り出したいプロパティの種類によって若干異なりますので注意が必要です。

#### ❶ width / height

　レスポンシブサイトの構築において一番利用頻度の高いwidth / heightの%を算出する際の基準は、「直近親要素のcontent-boxサイズ」です。また、このときwidthの基準は「直近親要素のcontent-boxの幅」、heightの基準は「直近親要素のcontent-boxの高さ」とそれぞれ基準とするものが異なります。
　なお実習中でも解説した通り、親要素にbox-sizing:border-box;が指定されていたとしても、基準となるのは常にpadding, borderを除いた「コンテンツ領域＝content-box」のみのサイズとなります。

● width / height の % 算出基準

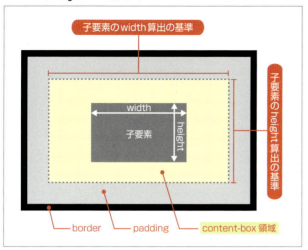

❷ margin / padding

　margin と padding の % を算出する基準も、「直近親要素の content-box サイズ」です（自分自身のサイズは関係ありません）。親要素に box-sizing: border-box; が指定されていたときの挙動も width/height と同じです。ただし、左右の margin / padding だけでなく、上下の margin / padding の値も、「直近親要素の content-box の幅のみ」を基準として算出し、親要素の高さは関係ない点に注意が必要です。

● margin/padding の % 算出基準

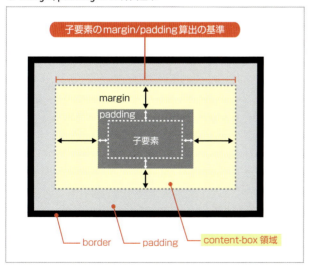

❸ left / right / top / bottom（絶対指定の座標）

　position: absolute; で絶対配置する場合に使用する left / right / top / bottom の % を算出する基準は、「基準ボックスの padding-box サイズ」です。「基準ボックス」とは、絶対配置をする要素の座標系の基準として指定された要素で、「position: static; 以外の値が指定された直近の先祖要素」が基準ボックスとなります。

　絶対配置の座標は border を除いたボックスの内側の領域（padding 含む）を基準として指定する仕様であるため、% 指定をする際にも padding-box のサイズを基準として算出する必要があります。

● left / right / top / bottom の % 算出基準

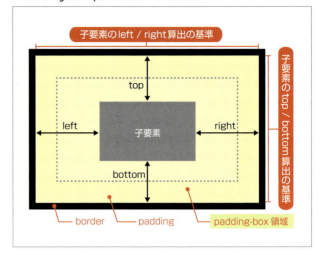

## スマートフォン／PC で HTML コードを使い分ける必要がある場合

　レスポンシブ Web デザインでは、原則として全ての環境で同一の HTML 構造を使います。しかし、ユーザビリティ向上のためにやむを得ずスマートフォン向け・PC 向けそれぞれに対して独自のパーツが必要となることも実際には多くあります。

　このような場合、あらかじめブレイクポイントごとにパーツの表示・非表示を切り替えるための専用の class を用意しておくとコーディングが少し楽になります。

● 表示・非表示を切り替えるスタイル

```
/*スマホ表示*/
.sp{ display: block; }
.pc{ display: none; }
/*PC表示*/
@media screen and (min-width: 640px) {
  .sp{ display: none; }
  .pc{ display: block; }
}
```
※640pxでスマートフォン／PCレイアウト切り替え、モバイルファースト方式の場合

　上記のようなスタイルを用意しておけば、スマートフォンのレイアウト時だけ表示したいパーツには「class="sp"」、PC レイアウト時だけ表示したいパーツには「class="pc"」と class 指定するだけで後は自動的に指定のブレイクポイントで表示・非表示を切り替えることができるようになります。

　この仕組みを乱用して安易にソースコードの二重管理をすることは避けなければなりませんが、例えば「文章の読みやすさに配慮して PC レイアウトのときだけ任意の句点の後ろに改行を入れたい」などといったケースや、PC とスマートフォンで異なるナビゲーションを表示したいケースのように、どうしても必要な場合には参考にしてみてください。

● 改行位置の制御に活用した例

> `<p>PCのときだけ<br class="pc">任意の場所で改行</p>`

●スマートフォン表示

PCのときだけ
任意の場所で
改行

●PC表示

PCのときだけ⏎
任意の場所で改行

## スライダーやモーダルウィンドウなどの動的UIを導入したい場合

本書ではHTMLとCSSだけで対応可能な範囲でのレスポンシブサイト構築を解説しています。しかし実際に作り始めると、どうしてもjQueryプラグインなど、何らかのJavaScriptを使わなければならなくなることが多くなってきます。

特に比較的よく使われるスライダー、モーダルウィンドウ、要素の高さ揃え、レスポンシブメニューなどの動的UIをjQueryプラグインで導入する際に気をつけたいことは、「レスポンシブ対応のプラグインを選択する」という点です。数あるjQueryプラグインの全てがレスポンシブに対応しているわけではないため、最初から「レスポンシブ対応」を謳っているものを選んでおかないと無駄に手間取ることになってしまいます。当たり前のことなのですが、案外見落としがちなポイントですので気をつけましょう。

### ▶ レスポンシブ対応おすすめプラグイン

レスポンシブ対応で動作が軽快・安定しており、カスタマイズ性も高いおすすめのプラグインをいくつか紹介しておきます。なお使い方は配布元サイトなどで各自調べるようにしてください。

| | |
|---|---|
| スライダー | 「slick」（URL http://kenwheeler.github.io/slick/） |
| モーダル | 「Magnific Popup」（URL http://dimsemenov.com/plugins/magnific-popup/） |
| 高さ揃え | 「matchHeight」（URL http://brm.io/jquery-match-height/） |
| レスポンシブメニュー | 「MeanMenu」（URL http://www.meanthemes.com/plugins/meanmenu/） |

# INDEX

## 記号、数字

| | |
|---|---|
| !DOCTYPE | 16, 229 |
| !important | 91 |
| % | 369, 392 |
| ♯ (id 名) | 77 |
| . (class 名) | 78 |
| /* ～ */ | 96 |
| : (コロン) | 11, 88 |
| ; (セミコロン) | 11 |
| @import | 58 |
| @keyframes 関数 | 285 |
| @media | 374 |
| 2 カラム | 151, 189 |
| 3D 変形 | 280 |
| 3 カラム | 153, 191, 192 |
| 16 進数 | 59, 71, 104 |

## A、B、C

| | |
|---|---|
| align-content | 182 |
| align-items | 181 |
| align-self | 184 |
| animation | 284 |
| 　特徴 | 284 |
| 　ライブラリ | 287 |
| article 要素 | 208, 211 |
| aside 要素 | 208, 213, 346 |
| audio 要素 | 226 |
| Autoprefixer | 205 |
| a 要素 | 46, 222 |
| background-attachment | 94 |
| background-image | 93 |
| 　linear-gradient() | 104 |
| 　radial-gradient() | 104 |
| background-position | 94 |
| background-repeat | 93 |
| background-size | 95, 257, 365 |
| body | 22 |
| border | 67 |
| border-box | 119 |
| border-image | 254 |
| border-radius | 102, 249 |
| box-shadow | 104, 252 |
| box-sizing | 378, 379 |
| br 要素 | 43 |
| calc() | 383 |
| child | 235 |
| class 属性 | 77 |
| clear | 116 |
| clearfix | 118, 164 |
| content-box | 119 |
| CSS | 56 |
| 　generator | 269 |
| 　色指定 | 59 |
| 　基本書式 | 59 |
| 　装飾 | 102 |
| 　単位 | 60 |
| 　プロパティ一覧 | 70 |
| 　プロパティの継承 | 72 |
| 　役割 | 10 |
| CSS4 セレクタ | 244 |

## D、E、F

| | |
|---|---|
| data-* 属性 | 228 |
| display | 110, 120 |
| display: flex; | 193, 196 |
| display プロパティ一覧 | 122 |
| div 要素 | 31 |
| dl・dd・dt 要素 | 36 |
| DOCTYPE 宣言 | 16 |
| em | 60 |
| fieldset 要素 | 148 |
| figcaption 要素 | 217 |
| figure 要素 | 217 |
| filter | 266 |
| flex-basis | 188 |
| flexbox | 178 |
| 　バグ | 200 |
| flexbox アイテムプロパティ | 199 |
| flexbox コンテナプロパティ | 198 |
| flex-direction | 179, 183 |
| flex-grow | 185 |
| flex-shrink | 187 |

396

# INDEX

flex-wrap ……………………………… 182
flex アイテム ……………………… 178, 184, 196
flex コンテナ ………………………… 178, 180
float ………………………………… 115, 150, 162
footer 要素 ……………………………… 216
form 要素 ………………………………… 127
FTP ……………………………………… 12

## G、H、I、J

Google Fonts ……………………………… 105, 386
grid ……………………………………… 201
grid アイテムプロパティ ……………………… 205
grid コンテナプロパティ ……………………… 205
header 要素 ……………………………… 216
head 要素 ………………………………… 17
height …………………………………… 68, 392
HTML
　基本構文 ………………………………… 14
　タイトル ………………………………… 9
　バージョン ……………………………… 16
　文書構造 ……………………………… 15, 24
　骨組み ………………………………… 8
　マークアップ …………………………… 20
html 要素 ………………………………… 17
id 属性 …………………………………… 76
id と class ……………………………… 346
　使い分け ……………………………… 334
　よく使われる名称 ……………………… 337
iframe 要素 ……………………………… 366
image-set() ……………………………… 309
img 要素 ………………………………… 45
input 要素 ……………………………… 128
justify-content ……………………… 180, 192, 194

## L、M、N、O、P

lang 属性 ………………………………… 17
linear-gradient() ……………………… 259
list-style-type ………………………… 110
main 要素 ………………………………… 217
margin …………………………………… 67, 393
mark 要素 ………………………………… 226
meta 要素 ……………………………… 18, 21
more ……………………………………… 385
nav 要素 ………………………… 208, 214, 346
ofType …………………………………… 238

ol 要素 …………………………………… 35
order …………………………………… 185, 193
overflow ………………………………… 165
padding ………………………………… 67, 393
picture 要素 …………………………… 227, 309
position ………………………………… 167, 176

## R、S、T

rem ……………………………………… 61
repeating-linear-gradient() ……………… 264
repeating-radial-gradient() ……………… 265
Retina ディスプレイ …………………… 305, 306
　対策 …………………………………… 307
role 属性 ……………………………… 228
rotate() ………………………………… 275
rp 要素 ………………………………… 226
rt 要素 ………………………………… 226
ruby 要素 ……………………………… 226
scale() ………………………………… 273
section 要素 …………………… 81, 208, 210
select 要素 …………………………… 129
skew() ………………………………… 276
small 要素 ……………………………… 45
srcset 属性 …………………………… 309
strong 要素 …………………………… 44
SVG 画像 ……………………………… 385
textarea 要素 ………………………… 128
text-shadow ……………………… 103, 245
text-stroke …………………………… 247
time 要素 ……………………………… 225
title 要素 ……………………………… 18, 21
transform ……………………………… 271
transform-origin ……………………… 279
transition …………………………… 281
　特徴 ………………………………… 284
translate() …………………………… 272

## U、V、W、Z

UI 疑似クラス ………………………… 243
ul 要素 ………………………………… 35
vh ……………………………………… 382
video 要素 …………………………… 226
viewport ……………………………… 303
vw ……………………………………… 383
W3C HTML Validator Service …………… 54

397

| -webkit- | 141, 247, 248 |
|---|---|
| Web サーバ | 12 |
| Web フォント | 105, 387 |
| 　サービス | 388 |
| width | 68, 392 |
| z-index | 171 |

## あ行

| アイコン | 388 |
|---|---|
| アウトライン | 208 |
| アウトラインチェック | 344 |
| 移動 | 272 |
| 入れ子 | 35, 39 |
| インデックス | 299 |
| インライン | 57 |
| インライン要素 | 40 |
| エンボス | 246 |
| 親子関係 | 39 |
| 親要素 | 222 |

## か行

| 解像度 | 305 |
|---|---|
| 回転 | 275 |
| 外部 CSS ファイル | 65 |
| 外部参照 | 58 |
| 拡大縮小 | 273 |
| 拡張子 | 7 |
| 箇条書き | 35 |
| 画像 | 45 |
| 画像形式 | 101 |
| 画像素材 | 348 |
| 画像データサイズの最適化 | 310 |
| カテゴリ | 219 |
| 角丸 | 250 |
| 画面サイズ | 305 |
| 画面設計 | 326, 327 |
| 空要素 | 43 |
| カラム落ち | 377 |
| キーフレームアニメーション | 284 |
| 疑似クラス | 83, 88, 235 |
| 基準ボックス | 168 |
| 疑似要素 | 83, 88 |
| 強調 | 44 |
| グラデーション | 104, 259 |
| グループ化 | 28 |

| グループセレクタ | 82 |
|---|---|
| グロー | 246, 253 |
| クロスブラウザ対応 | 199 |
| 傾斜 | 276 |
| コーディング規格 | 330 |
| コーディング設計 | 329, 340 |
| 固定配置 | 173, 176 |
| コンテンツ幅 | 368 |
| コンテンツファースト | 323 |
| コンテンツモデル | 40, 220 |

## さ行

| 識別子 | 337 |
|---|---|
| 軸 | 179 |
| 子孫セレクタ | 79 |
| 情報グループの構造化 | 332 |
| ショートハンド | 96 |
| シングルカラムレイアウト | 363 |
| スタイルのカテゴライズ | 335 |
| スライダー | 395 |
| 正円 | 251 |
| セクション | 29, 208 |
| 絶対配置 | 168, 176 |
| 絶対パス | 49 |
| セルの結合 | 146 |
| セレクタ | |
| 　種類 | 85 |
| 　設計 | 334 |
| 　ルール | 85 |
| 送信ボタン | 131 |
| 相対配置 | 171 |
| 相対パス | 50 |
| 属性 | 15 |
| 　セレクタ | 84, 87, 232 |

## た行

| ターゲット疑似クラス | 242 |
|---|---|
| 楕円 | 251 |
| 段落 | 34 |
| チェックボックス | 130 |
| 著作権表記 | 44 |
| テキストエディタ | 6 |
| テキストの装飾 | 245 |
| デザインカンプ | 339, 340 |
| デスクトップファースト | 373, 391 |

# INDEX

| デバイス | 298 |
| デバイスピクセル比 | 305 |
| 動作保証環境 | 330 |
| ドキュメントツリー | 16 |
| トランジションアニメーション | 281 |
| トランスペアレント | 222 |
| ドロップシャドウ | 246, 248, 253 |

## な行

| 内部参照 | 58 |
| 名前 | 76 |
| 入力補助属性 | 134 |
| ネオン | 247 |
| ネスト | 39 |

## は行

| 背景画像 | 92, 255, 257 |
| パス | 49 |
| 否定疑似クラス | 241 |
| 表組み | 124 |
| 　構造化 | 143 |
| 　スタイリング | 137 |
| ファーストビュー | 382 |
| ファイル管理 | 335 |
| フィルター | 266 |
| フォーム | 124 |
| 　グループ化 | 147 |
| 　構造化 | 143 |
| 　スタイリング | 137 |
| 　部品 | 135, 136 |
| 袋文字 | 247, 248 |
| ブラウザ | 7 |
| プラグイン | 395 |
| フルードイメージ | 364, 365 |
| プルダウンメニュー | 129 |
| ブレイクポイント | 324, 325, 326, 372, 391 |
| プレースホルダー | 133 |
| ブロック要素 | 40 |
| ブロックレベル | 33 |
| 文書構造設計 | 332 |
| 文法チェック | 53 |
| ベーステンプレート | 355 |
| ベクター形式 | 307 |
| ベベル | 246 |
| 変形 | 271 |

| ベンダープレフィックス | 142, 200 |
| ボックス | 67 |
| 　装飾 | 249 |
| ボックスモデル | 109, 114, 119 |

## ま行、や行

| マルチカラム | 189 |
| 　レイアウト | 150 |
| マルチクラス | 116 |
| 回り込み | 115 |
| 見出し | 209 |
| 見出し要素 | 25 |
| 命名ルール | |
| 　画像ファイル | 333 |
| 　セレクタ | 336 |
| メールアドレス | 48 |
| メディアクエリ | 288, 371, 373, 391 |
| モーダル | 395 |
| 文字コード | 18 |
| モバイル対応 | 312 |
| モバイルファースト | 299, 373, 391 |
| モバイル向けデザインガイドライン | 303 |
| 要素 | 14 |
| よく使う要素 | 26 |

## ら行、わ行

| ラジオボタン | 129 |
| ランドマークロール | 228 |
| リスト | 35 |
| リセットCSS | 355, 356 |
| リセットボタン | 131 |
| リンク色 | 67 |
| ルート相対パス | 52 |
| レイアウト | |
| 　CSS grid | 201 |
| 　flexbox | 178, 196 |
| 　float | 150 |
| 　position | 167, 176 |
| レイアウト枠の設計 | 332 |
| レスポンシブ・イメージ | 308 |
| レスポンシブ Web デザイン | 289, 312, 322 |
| ワイヤーフレーム | 323 |

399

著者プロフィール

# 草野あけみ Akemi Kusano

愛知県立高校の世界史教諭から一念発起。20世紀の終わりに専門学校を経てWeb制作の現場へと転身を図る。リクルート関連子会社のデジタル制作部門を経て2003年に独立。以来HTML+CSSのコーディング（+jQuery）だけを武器にフリーランスとして活動中。近年はサポタント株式会社主催の初心者・中級者向けのコーディングセミナー講師としての活動にも力を入れている。黒猫の小町と白猫の小夏、そして2017年夏に誕生したムスコ氏に囲まれて日々ドタバタしながらお仕事中。基本、ぼっちなのでフリーランスのワーママ仲間が欲しい今日この頃。

```
Twitter        @ake_nyanko
Facebook       https://www.facebook.com/akusano1
コーディングTips 掲載  https://webtant.net/category/column/blog85
とあるコーダーの備忘録  http://roka404.main.jp/blog/
```

デザイン：宮嶋章文
DTP：BUCH⁺

# HTML5&CSS3標準デザイン講座
# 30LESSONS【第2版】

2019年5月24日 初版第1刷発行

| 著　　　者 | 草野 あけみ（くさの あけみ） |
|---|---|
| 発　行　人 | 佐々木 幹夫 |
| 発　行　所 | 株式会社 翔泳社（https://www.shoeisha.co.jp） |
| 印刷・製本 | 株式会社 廣済堂 |

©2019 Akemi Kusano

＊本書は著作権法上の保護を受けています。本書の一部または全部について（ソフトウェアおよびプログラムを含む）、株式会社翔泳社から文書による許諾を得ずに、いかなる方法においても無断で複写、複製することは禁じられています。
＊本書へのお問い合わせについては、2ページに記載の内容をお読みください。
＊落丁・乱丁はお取り替えいたします。03-5362-3705までご連絡ください。

ISBN978-4-7981-5813-6　　Printed in Japan